全国电力行业"十四五"规划教材

安徽省一流教材建设项目

土力学

主　编	缪海波	朱　杰	
副主编	牛婷婷	林　斌	
参　编	邹久群	温　亮	
主　审	刘忠玉		

中国电力出版社

CHINA ELECTRIC POWER PRESS

内 容 提 要

本书是安徽省省级一流教材建设项目（2021yljc035）的成果。本书着重阐述土力学基本理论、基本原理，适当融入了国内外土力学的发展历史，并增加工程案例和工程问题的介绍，以帮助学生提高对工程问题的理解和分析能力。本书涉及的所有规范、标准均采用国家颁布的最新文件。全书共分八章，主要内容包括土的物理性质与工程分类、土的渗透性及渗流问题、地基中的应力计算、土的压缩性与地基沉降计算、土的抗剪强度及其参数确定、土压力计算、地基承载力和土坡稳定性分析。各章后附有思考题和习题。

本书可作为高等学校土木工程专业及相近专业的土力学教材或教学参考书，也可供有关工程技术人员参考。

图书在版编目（CIP）数据

土力学/缪海波，朱杰主编 . —北京：中国电力出版社，2024.4
ISBN 978 - 7 - 5198 - 8276 - 1

Ⅰ.①土…　Ⅱ.①缪…②朱…　Ⅲ.①土力学－高等学校－教材　Ⅳ.①TU43

中国国家版本馆 CIP 数据核字（2023）第 221601 号

出版发行：中国电力出版社
地　　　址：北京市东城区北京站西街 19 号（邮政编码 100005）
网　　　址：http://www.cepp.sgcc.com.cn
责任编辑：孙静（010 - 63412542）
责任校对：黄　蓓　马　宁
装帧设计：郝晓燕
责任印制：吴　迪

印　　刷：北京天泽润科贸有限公司
版　　次：2024 年 4 月第一版
印　　次：2024 年 4 月北京第一次印刷
开　　本：787 毫米×1092 毫米　16 开本
印　　张：13.75
字　　数：339 千字
定　　价：46.00 元

前　言

　　土力学是土木工程专业必修的一门专业基础课程，它是将固体力学和流体力学等学科的基本原理应用于土体的一门应用学科，是力学的一个重要分支。

　　本书紧紧围绕土力学中的三大理论和三大工程应用问题——渗流理论、变形理论和强度理论以及挡土墙上的土压力计算、地基承载力计算和土坡稳定性分析，阐述土的基本物理力学特性（包括渗流、应力、变形和强度及其在工程中的应用）。土力学是一门理论性和实践性都很强的课程，本书在编写过程中，为顺应工程教育认证标准要求，践行理论与实际相结合的原则，并诠释相关的最新国家、行业标准和规范条文，通过对一些工程问题的分析，着力于培养学生分析和解决实际工程问题的能力，同时注意概念的准确和语言的精炼与通畅。

　　本书由安徽理工大学缪海波和朱杰任主编，安徽理工大学牛婷婷和林斌任副主编。全书除绪论外共分八章，其中绪论、第一章、第五章、第八章由缪海波编写，第二章、第三章由朱杰编写，第四章、第七章由牛婷婷编写，第六章由邹久群和林斌编写，其中温亮参与了第一章部分内容的编写工作。全书由缪海波统稿。

　　郑州大学刘忠玉教授审阅了全书，提出许多宝贵意见，在此表示诚挚的感谢。

　　本书的出版得到了安徽省高等学校省级质量工程项目——省级一流教材建设项目"土力学"（2021yljc035）的资助，在此特别致谢。本书在编写过程中，参阅、引用了国内外相关的教材、著作、论文、新闻报道、图片等资料，在此亦对有关作者表示诚挚的感谢！

　　由于编者的学识水平和能力所限，书中不足之处在所难免，恳请广大读者批评指正。

编者

2024 年 1 月

目　　录

绪　　论

一、土的基本特征与特性

土是一种自然界的产物，是地壳岩石经过强烈风化后所产生的碎散矿物集合体。在土的形成过程中，经受了风化、剥蚀、搬运和沉积等不同的阶段，是一个长期而复杂的过程，加上交错复杂的自然环境，构成了土与其他材料显著不同的特征和特性（见图 0-1）。

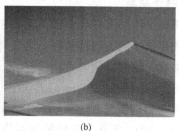

(a)　　　　　　　　　　　　　(b)

图 0-1　大自然中的土
(a) 岩石风化形成的土；(b) 砂土

土的基本特征主要表现在以下三个方面：

（1）碎散性。土体是由大小不同的土颗粒堆积而成的。土颗粒之间存在着大量的孔隙，可以透水和透气。土颗粒之间的胶结力很弱，甚至是松散的，因此，可认为土是碎散的，是一种多孔、非连续介质，是一种以摩擦为主的堆积性材料。土的碎散性表明：土的强度低；受力后易变形；体积变化主要是孔隙变化引起；剪切变形主要由颗粒相对位移引起。

（2）自然变异性或不均匀性。土的生成条件和生成环境的不同，就产生了自然界中的多种不同的土。比如，在同一场地、不同深度的土的性质可能就不一样，甚至相距仅有几厘米也会有变化，即使是同一点的土，其力学性质也可能随方向的不同而不同。土的自然变异性就是指土的工程性质随空间与时间而变异的性质，也称为不均匀性。土的这种变异性是客观的、自然形成的。土的自然变异性包括了不均匀性、各向异性、结构性和时空变异性。

（3）三相组成。土体一般是由固体颗粒、水和气三部分所组成的三相体系。土的沉积年代不同、三相比例不同，土的性质不同。在特殊情况下，土也可以成为二相组成，比如完全饱和土（孔隙中充满了水）和干土（土中不含水）。土的三相组成导致土的性质十分复杂，比如土承受的荷载是由土骨架、孔隙介质共同承担，两者存在着复杂的相互作用关系。

土的特性与其他固体材料相比，也具有显著的不同。

（1）不确定性。土的不确定性一方面是土的性质受环境的影响而变，难以全面掌握。另一方面是土是非线性材料，没有唯一的应力-应变关系，以及土的不均匀性、多相性所引起的复杂力学行为难于掌握。

（2）土的易变性。土的工程特性受外界温度、湿度、地下水、荷载等的影响而发生显著的变化。

土的不确定性和易变性是岩土工程问题的难点和重点，在进行土工结构物的设计和施工时，应该从多方面分析和研究，正确地掌握土体的工程性质，保证其安全和正常使用。由于土的上述特征和特性，借助连续介质力学原理研究土的力学特性，往往要做很多的简化与假设。在处理与土有关的工程问题时，由于缺乏严密的理论予以诠释，因此需要单独设立一门新的研究土的理论对其进行研究，于是土力学应运而生。

二、岩土工程中的土力学

岩土工程是以土力学、岩体力学及工程地质学为理论基础，运用各种勘探测试技术对岩土体进行综合整治改造和利用而进行的系统性工作，是土木工程学科的重要分支。土力学学科承担了研究和解决土体的力学性能和土体内部的应力变形、支挡结构上的外荷载（土压力），以及渗流对土体的作用等岩土工程问题。具体可以分为以下三个方面。

（一）土体的稳定问题

稳定问题是研究土体的强度和内部应力，例如地基的稳定、边坡的稳定等。当地基的强度不足时，将导致建筑物的失稳或破坏；当土体的强度不足时，将导致边坡的滑坡。

典型案例：加拿大特朗斯康谷仓由 5 排 65 个圆筒仓组成，其平面尺寸：长 59.44m，宽 23.47m，高 31.0m，容积 36 368m³，自重 20 000t，相当于装满谷物后满载总重量的 42.5%。谷仓的基础为钢筋混凝土筏基，厚 61cm，基础埋深 3.66m。谷仓于 1911 年开始施工，1913 年秋完工。1913 年 9 月开始填装谷物，10 月当谷仓装了 31 822m³ 谷物时，发现谷仓 1h 内垂直沉降达 30.5cm，结构物向西倾斜，并在 24h 内不断倾倒，倾斜度离垂线达 26°53′。谷仓西端下沉 7.32m，东端上抬 1.52m（见图 0-2）。

分析事故原因，谷仓地基中有一层厚 12.2m 的冰河沉积的黏土层，其平均含水量约为 40%~60%、平均液限 105%、塑限 35%、塑性指数达 70，属高胶体高塑性的黏土。破坏发生时地基压力 329.4kPa，远大于土体强度 193.8kPa。此外，加荷速率过快，根据资料计算，该黏土抗剪强度发展所需时间约为 1 年，而谷物荷载施加仅 45 天。由上述案例分析可知，对谷仓地基土层事先

图 0-2　加拿大特朗斯康谷仓地基强度破坏

未作勘察、试验与研究，采用的设计荷载超过地基土的抗剪强度，导致这一严重事故。由于谷仓整体刚度较高，地基破坏后，筒仓仍保持完整，无明显裂缝，因而地基发生强度破坏而整体失稳。

处理的方法为：在基础下设置了 70 多个支承于深 16m 基岩上的混凝土墩，使用了 388 只 500kN 的千斤顶，逐渐将倾斜的筒仓纠正。经过纠倾处理后，谷仓于 1916 年起恢复使用。修复后基础平面比原来降低了 4m。

（二）土体的变形问题

即使土体具有足够的强度能保证自身的稳定，还应控制土体的变形。对建筑物而言，要求其竖向沉降和不均匀沉降不允许超过规定的变形值，否则将导致建筑物的倾斜、开裂，降低或失去使用价值，严重的将酿成毁坏等安全事故。

典型案例：比萨斜塔位于意大利中部比萨市北部，是比萨大教堂的一座钟塔。在建造中，经历了三个时期：第一期，1173 年 9 月至 1178 年。建至第 4 层，高度约 29m 时，因塔倾斜而停工；第二期，1272 年复工，至 1278 年，建完第 7 层，高 48m，再次停工；第三

期，于 1360 年再次复工，1370 年竣工。全塔共八层，高 55m。全塔总荷重约为 145MN，塔身传递到地基的平均压力约 500kPa。目前塔北侧沉降量约 90cm，南侧约 270cm，倾斜 5.5°。塔顶离开垂直线的水平距离已达 5.27m。基础底面倾斜值 93‰（见图 0-3），我国《建筑地基基础设计规范》（GB 50007—2011）中规定的允许值为 5‰，是我国标准允许值的 18 倍。

分析原因：地基不均匀沉降；基底压力高达 500kPa，超过持力层粉砂的承载力；钟塔地基中的黏土层厚达近 30m，土体发生蠕变沉降；而比萨平原的深层抽水，使地下水位下降，加大了地层下沉。

处理措施：

（1）卸荷处理。为了减轻钟塔地基荷重，1838～1839 年，于钟塔周围开挖一个环形基坑。基坑宽度约 3.5m，北侧深 0.9m，南侧深 2.7m。基坑底部位于钟塔基础外伸的三个台阶以下，铺有不规则的块石。基坑外围用规整的条石垂直向砌筑。基坑顶面以外地面平坦。

（2）防水与灌水泥浆。为防止雨水下渗，于 1933—1935 年对环形基坑做防水处理，同时对基础环周用水泥浆加强。

（三）土体中水的渗流问题

研究渗流对土体变形和稳定的影响。如对土工建筑物（土坝、土堤、岸坡等）、水工建筑物地基，或其他挡土挡水结构，必须要考虑渗流对土体和结构物的影响。

图 0-3　意大利
比萨斜塔

典型案例：提堂坝（Teton dam）位于美国爱达荷州斯内克（Snake）河支流提堂（Teton）河上，为一座心墙土石坝。最大坝高 93m（自河床至坝顶），水库总库容 3.6 亿 m^3，装有 1 台 1.6 万 kW 的水轮发电机组，灌溉面积 6.5 万公顷，兼有防洪作用。工程于 1971 年开工，1975 年 10 月大坝建成并开始蓄水。1976 年 6 月 5 日发生溃坝事故。事故造成 4 万公顷农田被淹，冲毁铁路 52km，11 人死亡，25 000 人无家可归。

提堂坝失事过程：6 月 5 日上午 7：45，发现右岸近坝脚 1537.7m 高程处漏水，至 8：30，估计渗流量为 0.57～0.85m^3/s，至 9：30 渗流量达 1.13～1.42m^3/s。10：30 在坝体下游面 1585m 高程离右坝头 4.56m 处出现湿斑，很快发展成 0.28～0.42m^3/s 的渗漏水，并将坝面块石护坡料冲走，听到流水声和巨响。至 11：00 在上游水库内右岸近处出现一个漩涡，直径迅速扩大，11：50 坝体下游面 1620m 出现陷洞，随即坝顶破坏，至 11：57，大坝溃决（见图 0-4）。

失事原因：右岸坝基键槽处心墙因内部冲蚀（管涌）而破坏。具体破坏模式为渗水由截水槽上游张开节理渗入，沿灌浆帽顶部与粉土接触而流入下游张开节理，通过槽内填土的渗透比降为 710，此比降远远高于粉土的破坏比降，且槽内填土因拱作用易于发生水力劈裂，又由于有分散性粉土易被冲蚀崩解，湿化的填土塌入张开节理，加剧了槽底附近填土的渗流，使渗透比降增大加剧，因而冲蚀成孔洞。通过截水槽的渗水进入下游的斜节理，一部分渗水通过十分破碎的流纹岩和山麓堆积，流进坝体下游部位底面节理发育的岩石，因而在坝趾处出现漏水，逐渐使截水槽填土冲成大洞穴，导致大坝完全溃决。

提堂坝失事在设计上的教训是对不透水心墙土料的内部冲蚀没有提供充分的保护。截水槽底面和侧面基岩的节理裂缝没有很好地封闭；底面过窄；两侧开挖的岩坡过陡，对槽中填

图 0-4 提堂坝失事过程
(a) 6 月 5 日上午 10：30；(b) 6 月 5 日上午 11：00；
(c) 6 月 5 日上午 11：30；(d) 6 月 5 日上午 11：57

土起拱作用，引起水力劈裂。

由以上典型案例可以看出，为了避免上述工程事故的发生，就要研究土的物理性质和工程性质，掌握土体的应力变形性质、强度性质和渗透性质等力学行为及其内在规律，解决岩土工程设计、施工、维护及工程事故处理等问题，这也正是土力学学科的性质和承担的任务。

三、土力学的发展简史

土力学是岩土工程学科的基础课程，是一门既古老又年轻的应用学科。我国古代劳动人民创造了灿烂的文化，留下了令今人叹为观止的工程遗产，如恢宏的宫殿寺院，灵巧的水榭楼台，巍峨高塔，蜿蜒万里的长城、大运河等等。这些工程无不体现出能工巧匠的高超技艺和创新智慧。然而这些工程还仅局限于工程实践经验，受到当时生产力水平的限制，未能形成系统的土力学和工程建设理论。

土力学逐渐形成理论始于 18 世纪兴起工业革命的欧洲，为了满足当时资本主义工业化的发展和市场向外扩张的需要，工业厂房、城市建筑、铁路等大规模的兴建发现了许多与土力学相关的问题，带动了土力学的发展。土力学发展史可分为三个阶段。

第一阶段，土力学基本原理的萌芽阶段。库仑（C. A. Coulomb）于 1773 年和 1776 年分别发表了砂土的抗剪强度公式及计算挡土墙土压力的滑楔理论，1857 年朗肯（W. J. M. Rankine）发表了基于刚塑性平衡的土压力理论，这两种土压力理论至今仍被广泛适用。1852—1855 年，法国工程师达西（H. Darcy）进行了大量的水通过饱和砂的实验研究，并于 1856 年得出了描述饱和土中水的渗流速度与水力坡降之间的线性关系的规律，又称线性渗流定律。1885 年法国科学家布辛内斯克（J. Boussinesq）求得了弹性半无限空间表面竖向集中力作用下的应力与变形的理论解，为土中应力的求解提供了可能，至今仍是地基应力计算的重要方法。1900 年德国科学家莫尔（Mohr）将莫尔应力圆引入到库仑强度理论中，提出了土的莫尔 - 库仑强度准则。1920 年普朗特（Prandtl）发表了地基承载力理论。在这一阶段，边坡稳定性分析理论也得到了很大发展，瑞典科学家费伦纽斯（W. Fellenius）提出了边坡稳定性分析的圆弧滑动法。

第二阶段，古典土力学的开创阶段。1921—1923 年，美籍土力学家太沙基教授（K. Terzaghi）提出了饱和土的一维固结理论和有效应力原理，划时代地将土的特殊工程性质以单独的理论提炼出来，并于 1925 年出版了第一本土力学专著，因此被国际上公认为土力学之父（见图 0 - 5）。此后，在一批杰出的、以土体专属问题为导向开展研究的实践科学家们的努力下，土力学作为一门独立的学科正式被开创。这一阶段，土的基本特性、有效应力原理、固结理论、变形理论、土体稳定性、动力特性、土流变学等进一步得到研究和完善，如斯开普顿（A. W. Skempton）在有效应力原理、毕肖普（A. W. Bishop）和简布（Janbu）在边坡理论方面都做出了贡献。

第三阶段，现代土力学阶段。英国剑桥大学罗斯科（Roscoe）等人于 1963 年提出了描述土体弹塑性变形特征的剑桥模型，标志着土本构理论发展进入新阶段，揭开了现代土力学的发展序幕。此后剑桥模型及修正的剑桥模型成为土力学领域应用最为广泛的本构模型之一。我国学者黄文熙在土的强度和变形以及本构关系方面，陈宗基在黏土微观结构和土流变方面，钱家欢在土流变学及土工抗震方面，沈珠江在软土本构关系方面，都做出了重要贡献，2000 年，沈珠江出版《理论土力学》专著。一般来说，现代土力学可归结为

图 0 - 5　太沙基教授

一个模型、三个理论和四个分支。一个模型即本构关系模型；三个理论即非饱和土固结理论、土的液化破坏理论和土的渐进破坏理论；四个分支即理论土力学、计算土力学、实验土力学和应用土力学。

当前，传统土力学依然有其强大的适用性，但随着我国科技与经济的飞速发展，跨江跨海大桥、超高层建筑、地下空间开发、高速铁路尤其是高寒地区高速铁路建设以及地外行星开发等项目迅速增加，传统土力学须发展新的理论以更好地解决实际工程问题。新时代的土力学依然焕发着勃勃生机。

四、土力学的课程内容和学习方法

土力学课程的内容分为两个部分：①土力学基本原理部分。其核心的研究内容主要有土体强度、变形和渗透性问题三个方面，该部分包含了土体基本的物理性质和力学原理。②应用土力学部分，主要是利用土力学基本原理解决岩土工程实践中遇到的与土体强度、变形有关的问题，包含了挡土结构物上的土压力计算、地基承载力确定和土坡稳定性分析三方面内容。

一般来说，土的物理性质可以从宏观上定义土的工程性质，因此将土的物理性质作为土力学的基础放在本书开始进行介绍，随后围绕土体中水的渗流、地基土中的应力、土体的变

形（沉降）及强度逐次展开介绍。而作为应用土力学部分的挡土结构上的土压力计算、地基承载力计算和边坡稳定性分析，则安排了三章内容分别讲解。由此，本书共分八章，各章的主要内容如下。

第一章，土的物理性质与工程分类。主要介绍土的生成与组成、矿物颗粒及粒组划分、三种黏土矿物及其特性、土中水的赋存状态、土的三相比例指标的定义及其计算与相互换算方法、常规土工试验内容与方法、无黏性土的密实性与判断方法、黏性土的物理特性与工程性质，以及建筑地基土的工程分类方法和土的压实原理与控制等。

第二章，土的渗透性及流量计算。主要介绍达西定律及其适用条件、土的渗透性系数及其测定方法、影响土渗透性的因素、地下水稳定流量计算、流网绘制及其应用、渗透力计算与渗透稳定性分析与控制方法。

第三章，地基中的应力计算。主要介绍土的有效应力原理，地基中的自重应力及其计算方法、地基附加应力及其产生的原因、半无限空间在集中荷载作用下的地基应力计算、地基附加应力的叠加计算方法、不同几何形状基础均布荷载作用下的地基附加应力计算、偏心荷载作用下的地基附加应力计算方法、条形基础不同荷载作用下的地基附加应力计算方法和非均质地基的附加应力计算方法。本章学习为后面地基沉降计算和地基承载力计算提供基础。

第四章，土的压缩性与地基沉降计算。主要介绍土的压缩特性、压缩试验、压缩性指标的确定以及压缩性评价；同时介绍了地基沉降计算方法：分层总和法和《建筑地基基础设计规范》（GB 50007—2011）推荐方法的基本原理与计算过程；考虑应力历史条件下的地基沉降计算；饱和土的单向固结理论，分析了沉降与时间因素的关系等。

第五章，土的抗剪强度及其参数确定。主要介绍土的莫尔 - 库仑强度理论、土的直剪试验、无侧限抗压强度试验和三轴压缩试验、十字板剪切原位试验以及抗剪强度指标确定方法；介绍了不同排水条件下土的抗剪强度以及影响土的抗剪强度的因素；说明了土的极限平衡条件和极限平衡状态；三轴压缩试验中的孔隙水压力系数物理意义以及应力路径的概念。

第六章，土压力计算。主要介绍静止、主动与被动土压力的基本概念、朗肯土压力理论和库仑土压力理论的基本原理及实用计算方法，尤其是在各种特殊条件下土压力的计算方法。

第七章，地基承载力计算。主要介绍浅基础地基破坏的三种模式、地基的临塑荷载和界限荷载的基本概念、理论推导、适用范围和实用计算表达式。介绍现场载荷试验、地基极限承载力和普朗特、太沙基和汉森等地基极限承载力计算公式及其适用条件，并介绍了《建筑地基基础设计规范》（GB 50007—2011）中推荐的经验计算公式。

第八章，土坡稳定性分析。主要介绍均质土坡平面滑动和深层圆弧滑动的稳定分析方法；介绍了摩擦圆法、泰勒法、瑞典条分法、毕肖普条分法的分析计算原理以及非圆弧滑动面土坡稳定性分析的剩余推力计算方法；讨论了地下水对土质边坡稳定性的影响和影响土坡稳定的因素及防治措施。

土力学是力学的一个分支，但与其他力学分支相比，它还很不成熟、很不完善。由于土体是固、液、气三相组成，土的三相比例的变化造成其力学性质的复杂性，往往需要通过假设或简化才能应用到工程实践中去。这对于初学者来说，常常会感到不知所措，抓不住要点和难以消化理解等。为此，编者提出以下几点建议：

（1）着重搞清基本概念，掌握基本计算方法。土力学的每一章都有一些重要而基本的概念和相应的计算方法，它们是这一章的核心与关键，应该在理解的基础上尽可能地熟记这些概念，并掌握基本的计算方法及适用条件。

（2）抓住核心内容，建立内在联系。土力学研究的中心问题是土体的应力、变形、稳定与渗流四大主题，整个课程的安排也是围绕着这一方面展开的。因此，在土力学的学习中应抓住主线，找出内在联系，融会贯通。

（3）在学习理论知识的同时必须重视工程实践、重视动手实验，掌握实验内容与数据处理方法，有意识地培养自己认识土体的工程性质和分析、解决与土力学有关的工程实际问题的能力。

第一章 土的物理性质与工程分类

第一节 土 的 生 成

土，是土力学研究的基本对象，也是建筑物的立足之本。土的物质成分起源于岩石的风化。地球表层的整体岩石在大气中经受长期的风化作用后而破碎，形成形状不同、大小不一的颗粒。这些颗粒受各种自然力作用，被搬运到适当的环境中沉积下来，就形成了土。

天然形成的土是由固体颗粒（固相）、水（液相）和气体（气相）三相所组成的。固体颗粒是最主要的物质成分，构成了土的骨架，颗粒间存在孔隙，并由水溶液及气体充填，三者相互联系、相互作用，共同形成了土的基本性质。随着土的组成和三相之间的比例关系不同，土会表现出不同的物理性质，如土的干湿、轻重、松密和软硬等。而土的这些物理性质在某种程度上又决定了土的力学属性，如松散的砂土层往往强度较低、压缩性大；反之，密实的砂土则强度高、压缩性小。土形成的初期，土颗粒之间是松散的，但随着上覆沉积物逐渐增厚，加之沉积过程中由于气候变化、水溶液运移等影响，形成了颗粒之间具有某种联结结构的土体。因此，土的组成、结构和三相比例关系共同决定了土的工程性质。

在漫长的地质年代中，由于内外动力地质作用，地壳表层的岩石经历了风化、剥蚀、搬运和沉积作用，生成大小悬殊的颗粒，这些颗粒称之为土。土是覆盖在地表的碎散的、没有胶结或弱胶结的颗粒堆积物。堆积下来的土，历经漫长的地质时期，发生复杂的物理化学变化，逐渐压密固结、胶结硬化并再次形成岩石（沉积岩）。现在工程上遇到的大多数土都是第四纪地质年代以来生成的尚未固结的松散物质，所以这一地层也称第四纪沉积层。

一、风化作用

岩石风化后的产物与原岩的性质有很大的区别。通常把风化作用划分为物理风化、化学风化和生物风化三类。

（1）物理风化：岩石经受风、霜、雨、雪的侵蚀，温度与湿度的变化，体积产生不均匀膨胀与收缩而导致开裂、破碎，或者在运动过程中因碰撞和摩擦而破碎，形成小的块体或颗粒的过程，称为物理风化。这种风化只改变颗粒的大小和形状，不改变颗粒的矿物成分。经物理风化形成的土是无黏性土，风化产物的成分与母岩相同，一般称为原生矿物。

（2）化学风化：母岩表面和破碎的颗粒因受环境因素（空气、水溶液）的作用而产生一系列化学变化，不仅岩石颗粒变细，原来的矿物成分也发生了改变，形成新的矿物——次生矿物，这种风化形式称为化学风化。经化学风化形成的土是细粒土，主要成分是黏土颗粒以及可溶性盐等。

（3）生物风化：由植物、动物和人类活动对岩石的破坏称生物风化。生物风化可以分为机械破坏和化学破坏。机械破坏即生物产生的机械力造成的岩石破坏，如植物的根劈作用，人类对岩石的爆破作业等。化学破坏则引起岩石成分的改变，如有机物经微生物分解转化形成的腐殖质，是土壤有机质的主要组成部分；植物分泌的有机酸，会影响矿物的成岩演化和溶蚀作用等。

二、搬运和沉积作用

第四纪土具有各种各样的成因,不同成因类型的土具有不同的分布规律和工程地质特性。即使是同一成因类型的土,沉积形成后也可能由于受不同的自然和人为因素的作用而具有不同的工程性质。按形成土体的搬运作用和沉积条件,可将土体划分为残积土、坡积土、冲积土、洪积土、湖积土、海洋沉积土和风积土等。

1. 残积土

残积土是指岩石经风化后残留在原地未被搬运的那一部分原岩风化剥蚀后的产物,如图 1-1 (a) 所示。气候条件和母岩岩性是影响残积土物质组成的主要因素。它的特征是颗粒表面粗糙、多棱角、粗细不均、无层理。

2. 坡积土

坡积土是雨雪水流的地质作用将高处岩石的风化产物缓慢地洗刷、剥蚀,以及风化产物在重力作用下沿着斜坡向下逐渐移动,沉积在平缓的山坡上而形成的沉积物。坡积土的粒度成分具有显著的分选性,距离斜坡较近则颗粒较粗,远离斜坡则颗粒较细。

3. 冲积土

冲积土是由江、河流水的地质作用剥蚀两岸的基岩和沉积物,经搬运并沉积在平缓地带而形成的沉积物,如图 1-1 (b) 所示。这类土由于经过流水的长途搬运,颗粒磨圆度较好,且具有明显的分选性。

4. 洪积土

洪积土是由暂时性山洪急流挟带着大量碎屑物质堆积于山谷冲沟出口或山前倾斜平原而形成的沉积物。碎屑物质被山洪挟带着流出谷口时,因地势转缓,水流流速骤减形成扇形堆积体,称为洪积扇。搬运距离近的土颗粒较粗,远的则较细,且常具有不规则的交替层理构造。

(a)　　　　　　　　　　(b)　　　　　　　　　　(c)

图 1-1　土的搬运和沉积

(a) 残积土;(b) 冲积土;(c) 风积土

5. 湖积土

湖积土是在极为缓慢的水流或静水条件下沉积而成的堆积物。这种土除了含有细微颗粒之外,通常还具有由生物化学作用形成的有机质,成为软弱的淤泥及淤泥质土,工程性质一般都很差。

6. 海洋沉积土

海洋沉积土是由水流将陆地岩石风化产物挟带到大海并沉积或海水中由生物化学作用形成的各种沉积物。颗粒一般较细,工程性质较差。

7. 风积土

由风力搬运形成的堆积物，如图 1-1（c）所示。颗粒的磨圆度和分选性较好。风积土主要有两种类型，即风成砂和风成黄土。

第二节　土的结构和构造

土的组成是土存在的物质依据，而结构、构造则反映了组成土的物质存在形式，即物质成分间的联结特点、空间分布和变化规律。一般地，土的结构指的是微观结构，借助于光学显微镜和电子显微镜对实体扫描放大数千倍所鉴定到的细节。土的构造是指整个土层（土体）空间构成上特征的总和，它们借助于肉眼或放大镜可以鉴别，也可以说是土的宏观构造。

土的结构和构造与土的工程性质紧密相连。对自然界所存在的各种类型的土在物理性质方面表现出来的巨大差异和各自不同的工程力学性质，除了从成分、成因、形成年代和物理化学影响等方面进行研究外，还可从结构和构造上来探索其根源。事实上，土的结构和构造，不仅是决定土的工程性质的重要因素之一，而且与土的物质成分一样，也是地质历史与环境的产物。

一、土的结构

土的结构是指土颗粒的大小、形状、表面特征，相互排列及其联结关系的综合特征。一般可分为单粒结构、蜂窝结构、絮状结构和片堆结构四种基本类型。

（1）单粒结构：单粒结构是无黏性土的基本组成形式，由较粗的砾石、砂粒在重力作用下沉积而成。因其颗粒较大，比表面积小，粒间的连接力很微弱，土粒的自重远大于粒间相互作用力。当土粒下沉时，就会在重力的作用下滚落到平衡位置，从而形成单粒结构，如图1-2所示。单粒结构的土体性质主要取决于土粒排列的紧密程度，而土粒的紧密随其沉积条件的不同而有所差异。如果土粒沉积缓慢或受到反复冲击作用，则会形成紧密的单粒结构，此时土体强度大，压缩性小，可以作为良好的天然地基。当土粒沉积速度快，如洪水冲积形成的砂层和砾石层，往往形成疏松的单粒结构。土粒间的孔隙大，土粒骨架不稳定，当受到动力荷载或其他外力作用时，土粒容易移动而趋于紧密，同时产生较大的不可恢复的变形。未经处理的这种土层，一般不宜作建筑物的地基。如果饱和疏松的土是由细砂粒或粉砂粒所组成，在强烈的振动作用下，土的结构会突然破坏变成流动状态，引起所谓的"砂土液化"现象，在地震区将会引起震害。

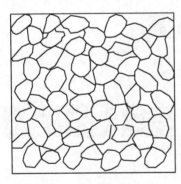

图 1-2　土的单粒结构

（2）蜂窝结构：对于粉粒或细砂颗粒在水中沉积时，若碰到已经沉积的土粒，它们之间的吸引力大于其自重，土粒将停留在接触面上不再下沉，形成具有很大孔隙的蜂窝结构，如图 1-3 所示。当土中应力较高时，蜂窝结构将会破坏并产生较大的压缩变形。

（3）絮状或片堆结构：黏土颗粒通常是具有很大比表面积的片状矿物，其平面上主要分布着负电荷，在边、角处则为正电荷。当颗粒面对面叠加时，会因同号电荷产生静电斥力，而当颗粒之间为边与面、角与面接近时，则因异号电荷而产生吸引力。另外，土颗粒间还存在着分子间的引力——范德华力。颗粒距离很近时，范德华力较大，但它会随距离的增加很快衰减。

因此，粒间作用力既有吸力又有斥力。图 1-4（a）所示为粒间力随离子浓度、离子价数及粒间距离变化的关系曲线。可见，当溶液中阳离子浓度和离子价较高时，粒间距离较小时才会有显著的粒间斥力；当离子浓度或离子价较低时，则粒间距离较大时也会存在粒间斥力。而粒间吸力则随粒间距离的增加而迅速减小。图 1-4（b）所示为粒

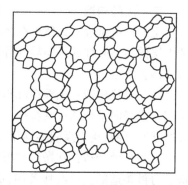

图 1-3　土的蜂窝结构

间净吸力、净斥力与粒间距离的关系曲线。除此之外，细粒土中还存在着由某些水溶盐、游离氧化物及有机质等胶体形成的胶结作用，使其具有一定的黏聚力。

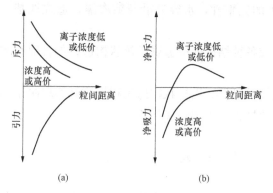

图 1-4　不同溶液离子浓度与价数
条件下土粒间的相互作用
（a）粒间力与粒间距离的关系曲线；
（b）净粒间力与粒间距离的关系曲线

当黏土颗粒在淡水中沉积时，由于水溶液中阳离子浓度低，黏粒表面结合水膜厚度较大，土粒间主要表现为净斥力，下沉的颗粒通常会形成面-面的片状堆积，这种结构称为片堆结构，如图 1-5（a）所示。由于片状土粒呈现平行排列，此种结构具有明显的各向异性，一般密度较大。

当黏土颗粒在咸水中沉积时，由于阳离子浓度高，土粒表面结合水膜较薄，颗粒间表现为净吸力，容易形成以边、角与面或边与边搭接的组合形式，称为絮状结构，如图 1-5（b）所示。这种结构土体通常具有较大的孔隙，但性质比较均匀，呈各向同性。

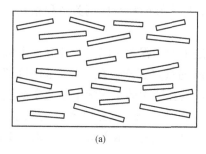
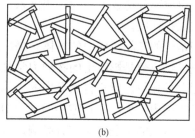

图 1-5　黏土颗粒沉积的结构形式
（a）片堆结构；（b）絮状结构

当然，天然土的结构要比上述基本类型更加复杂。对细粒土来说，土颗粒的排列通常并不是以单个土粒的形式存在的，而多以成团的土粒形式（粒团）为基本单元，进而组成不同的结构形式。

二、土的构造

土的构造是表示天然土在沉积过程中的成层特性、结构单元的分布、颗粒成分的变化以及土层的各向同性或各向异性等内容，一般可分为层状构造、分散构造、裂隙构造和结核状构造四种类型。

(1) 层状构造：土粒在沉积过程中，由于不同阶段沉积土的物质成分、粒径大小或颜色不同，沿竖向呈现的层状特征。常见的有水平层理和交错层理（常带有夹层、尖灭和透镜体等产状）。层状构造反映不同年代、不同搬运条件形成的土层，它是细粒土的一个重要特征。

(2) 分散构造：在搬运和沉积过程中，土层中的土粒分布均匀，性质相近，呈现分散构造。分散构造的土可看作各向同性体。各种经过分选的砂、砾石、卵石等沉积厚度通常较大，无明显的层理，呈分散构造。

(3) 裂隙构造：土体被许多不连续的小裂隙所分割，裂隙中往往充填着盐类沉淀物。不少坚硬和硬塑状态的黏性土具有此种构造。红黏土中网状裂隙发育，一般可延伸至地下 3~4m。黄土具有特殊的柱状裂隙。裂隙破坏了土的完整性，水容易沿裂隙渗漏，造成地基土的工程性质恶化。

(4) 结核状构造：在细粒土中混有粗颗粒或各种结核的构造属结核状构造；如含礓石的粉质黏土、含砾石的冰渍黏土等。

上述四种构造类型的土，分散构造的工程性质最好。结核状构造工程性质好坏取决于细粒土部分；裂隙状构造中，因裂隙强度低、渗透性大，工程性质最差。

第三节 土 的 三 相 组 成

土通常是由固体颗粒、液体和气体组成。土中的固体颗粒是由许许多多大小不等、形状不同的矿物颗粒按照各种不同的排列方式组合在一起的，构成土的骨架主体，称为"土粒"。在土粒的粒间孔隙中，常有液体的水溶液和气体（主要为空气）充填。当土的粒间孔隙中完全充满了水，此时称为饱和土；当粒间孔隙中完全充满了气体，则称为干土。土粒、水、气体这三个基本组成部分构成了土的三相体系，它们之间的相对比例关系和相互作用、相互联系决定着土的工程性质。

土的固相是土的三相组成中的主体，是决定土的工程性质的主要部分。土粒的大小、形状与级配以及矿物成分是影响土的物理力学性质的重要因素。在三相之间相互作用过程中，它们一般占据主导地位。对于自然界中的土体，其孔隙中的水实际上是化学溶液。根据土粒对极性水分子吸引力的大小，孔隙中的水可分为强结合水、弱结合水、毛细水、重力水等。它们性质各异，对土的工程性质亦有影响。气体也是土的组成部分之一，对土的性质也有一定的影响。

一、土的粒度成分

（一）粒组及其划分

土的粒度成分是指土中各种大小土粒的相对含量。自然界中，组成土体骨架的土粒，大小悬殊、性质各异。土粒的大小通常以其平均直径的大小来表示，简称粒径，又称粒度。在自然界中，土粒直径变化很大，如从数米的漂石到几微米的黏土，逐个研究它们的大小是不可能的，也没有必要。为了便于研究土中各种大小土粒的相对含量及其与土的工程性质的关系，可将工程性质相似的土粒按其粒径的大小归并成组，即粒组。每个粒组都以土粒直径的两个数值作为其上下限，并给予适当的名称。工程上根据土的粒径由粗至细划分为：漂石（块石）粒、卵石（碎石）粒、砾粒、砂粒、粉粒和黏粒。其中又把粒径大于 60mm 的土粒统称为巨粒组；0.075～60mm 的土粒统称为粗粒组；小于或等于 0.075mm 的土粒统称为细粒组。根据《土的工程分类标准》（GB/T 50145—2007），各粒组的粒径范围见表 1-1。

表 1-1　　　　　　　　　　　　　土 的 粒 组 划 分

粒组名称			粒径范围/mm
巨粒	漂石（块石）		$d>200$
	卵石（碎石）		$200\geqslant d>60$
粗粒	砾粒	粗砾	$60\geqslant d>20$
		中砾	$20\geqslant d>5$
		细砾	$5\geqslant d>2$
	砂粒	粗砂	$2\geqslant d>0.5$
		中砂	$0.5\geqslant d>0.25$
		细砂	$0.25\geqslant d>0.075$
细粒	粉粒		$0.075\geqslant d>0.005$
	黏粒		$d\leqslant 0.005$

表 1-1 中的前三组（漂、卵、砾粒组）多为岩石碎块。由这种粒组形成的土，孔隙粗大，透水性极强，毛细上升高度微小，甚至没有；无论在潮湿和干燥状态下，均没有联结，既无可塑性，也无胀缩性；压缩性极低，强度较高。

砂粒组主要为原生矿物颗粒，其成分大多是石英、长石、云母等。由这种粒组组成的土，其孔隙较大，透水性强，毛细上升高度很小，随粒径变小而增大；湿时粒间具有弯液面力，能将细颗粒联结在一起；干时或饱水时，粒间没有联结，呈松散状态，既无可塑性，也无胀缩性；压缩性极弱，强度较高。

粉粒组是原生矿物与次生矿物的混合体。它的性质介于砂粒和黏粒之间。由该粒组组成的土，因其孔隙小而透水性弱，毛细上升高度很高，极易出现冻胀现象。湿润时略具有黏性，但失水时连接力减弱；有一定的压缩性，强度较低。

黏粒组主要由次生矿物组成。由该粒组组成的土，其孔隙很小，透水性很弱，毛细上升高度较高；有可塑性和胀缩性；湿时具有较高的压缩性，强度较低。关于黏粒组和粉粒组的界限，国内外采用 0.005mm 或 0.002mm。从理论上看，采用 0.002mm 更为合理，因为小于 0.002mm 土粒主要是次生黏土矿物，胶体性质明显。相关资料表明，以 0.075mm 作为界限能够反映土的基本特性和实际工程要求，因此我国工程上广泛采用 0.005mm 作为粉粒组和黏粒组的界限。小于 0.002mm 的粒组，通常在科研上定名为黏粒组或胶粒组。

（二）土的粒度成分的测定方法

土的粒度成分，通常各粒组的质量百分含量来表示，说明各粒组的分配情况，也称颗粒级配。在实验室内，测定土的粒度成分或颗粒级配常采用筛析法和密度计法（或静水沉降法）两种。前者适用于粒径大于 0.075mm 的土，即粗粒土，后者适用于小于 0.075mm 的土，即细粒土。当土中兼含粗粒土和细粒土时，需两种方法联合测定。

　　对于粗粒土，筛析法主要设备有电动筛析机和一套孔径由大到小的筛子，如图 1-6 所示。筛子的孔径分别为 60，40，20，10，5，2，1，0.5，0.25，0.1，0.075mm。将这套孔径不同的筛子，按从上至下筛孔逐渐减小放置。将事先称过重量的烘干土样过筛，称出留在各筛上的土重，然后计算占总土样的百分数。

图 1-6　电动筛析机

　　对于细粒土，采用密度计法的主要仪器是土壤密度计和容积为 1000mL 的量筒。此方法的依据是斯托克斯定律，即球状的细颗粒在静水中的下沉速度与颗粒直径的平方成正比。不同粒径的土粒在水中的沉降速度不同，从而形成混合溶液的密度具有差异，利用密度计测定不同时间土粒和水混合溶液的密度，据此计算出某一粒径土粒占总颗粒的百分数。具体操作步骤可参阅《土工试验方法标准》（GB/T 50123—2019），本章不予详述。

　　（三）土的粒度成分的表示方法

　　根据实验室测得的土的粒度成分数据，可用多种方法表示，以便找出粒度成分的变化规律。常用的表示方法有列表法和颗粒级配曲线法。

　　（1）列表法。该方法是以表格的形式直接表达各粒组的含量，但对于大量土样进行对比时，比较困难，难以获得直观的概念。

　　（2）颗粒级配曲线法。该方法是比较全面和通用的一种图解法，其特点是可简单获得定量指标，特别适用于几种土级配好与差的相对比较。

　　颗粒级配曲线法的横坐标为粒径（d，单位为 mm），采用常用对数表示；纵坐标表示小于某一粒径的土质量的百分含量，如图 1-7 所示。在级配曲线上，可求得某些特征粒径，从而得到两个有用的指标，即不均匀系数 C_u 和曲率系数 C_c，即

$$C_u = \frac{d_{60}}{d_{10}} \tag{1-1}$$

$$C_c = \frac{(d_{30})^2}{d_{60} \times d_{10}} \tag{1-2}$$

式中　d_{60}——控制粒径，为颗粒级配曲线上纵坐标为 60% 所对应的粒径，表示小于该粒径的土粒含量占总质量的 60%；

　　　　d_{30}——连续粒径，为颗粒级配曲线上纵坐标为 30% 所对应的粒径，表示小于该粒径的土粒含量占总质量的 30%；

　　　　d_{10}——有效粒径，为颗粒级配曲线上纵坐标为 10% 所对应的粒径，表示小于该粒径的土粒含量占总质量的 10%。

　　不均匀系数 C_u 是表示土的粒径分布特征的重要指标。从颗粒级配曲线的坡度可以大致判断土粒的均匀程度。对于级配连续的土，当 C_u 很小时，曲线很陡，表示土粒均匀，级配不良；当 C_u 很大时，曲线平缓，表示土粒不均匀，级配良好。一般而言，土的不均匀系数大，土就有足够的细土粒去充填粗土粒形成的孔隙，因此，当它压实后就能得到较高的密实度。但是对于某些级配不连续的土，例如在颗粒级配曲线上某一位置出现水平段（见图 1-7

中的曲线 2 和曲线 3），显然水平段范围所包含的粒组含量为零，这时级配曲线的斜率不连续。为表示这一特点，用曲率系数 C_c 来表示土的颗粒级配曲线的连续与否。经验表明，当级配曲线连续时，C_c 的范围为 1～3；反之，当 $C_c<1$ 或 $C_c>3$ 时，均表示级配曲线不连续。由图 1-7 和表 1-2 可知，当土中缺少的中间粒径大于连续级配曲线的 d_{30} 时，曲率系数变小，而当土中缺少的中间粒径小于连续级配曲线的 d_{30} 时，曲率系数变大。

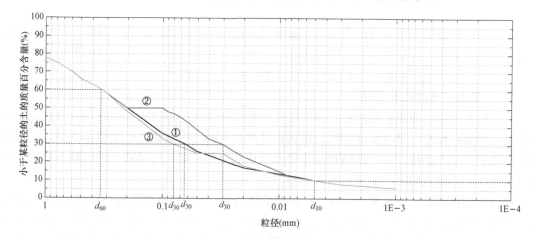

图 1-7　土的颗粒级配曲线

表 1-2　　　　　　　　　图 1-7 中的特征粒径、不均匀系数和曲率系数

特征粒径					不均匀系数 C_u			曲率系数 C_c		
d_{60}	d_{10}	d_{30}								
		曲线①	曲线②	曲线③	曲线①	曲线②	曲线③	曲线①	曲线②	曲线③
0.33	0.005	0.063	0.03	0.081	66			2.41	0.55	3.98

　　综上所述，土的级配好坏可由土粒的均匀程度和级配曲线的连续性来决定，也就是说可用不均匀系数 C_u 和曲率系数 C_c 来定量判定土的级配好坏。从工程观点看，当 $C_u \geq 5$，且 $C_c=1～3$ 时的土，称为级配良好的土，不能同时满足上述两个条件的土，称为级配不良的土，这在《土的工程分类标准》（GB/T 50145—2007）中也得到了体现。此外，在评价土层的机械潜蚀、流土等渗透变形的工程问题时，都需要用到不均匀系数的指标，在判别砂土的振动液化中常用到平均粒径 d_{50} 与不均匀系数这两个指标。土中最具代表性的粒径 d_{10}，即有效粒径，也常见于机械潜蚀、透水性、毛细性等的评价中。

二、土的矿物成分

（一）土的矿物成分的类型

　　土中的固体颗粒是岩石风化后的碎散矿物集合体，按其成因和成分分为原生矿物、次生矿物和有机质三大类。

　　1. 原生矿物

　　原生矿物是指岩石风化后残留的化学性质没有发生变化、化学性质稳定的矿物，主要有石英、长石、云母、角闪石等。这些矿物是组成土中卵石、砾石、砂粒和粉粒的主要成分。它们是岩石经物理风化后的产物，颗粒粗大，物理、化学性质稳定，抗水性和抗风化能力强，亲水性弱。

2. 次生矿物

岩石风化后的原生矿物在搬运过程中经反复化学风化作用后，化学成分发生显著变化，形成新的矿物，称次生矿物。次生矿物包括黏土矿物、倍半氧化物（Al_2O_3、Fe_2O_3）、可溶盐以及次生二氧化硅（$SiO_2 \cdot nH_2O$）等，其中黏土矿物是最主要的一种。

3. 有机质

土中的有机质是土层中动植物残骸在微生物的作用下分解而形成的。分解完全的称为腐殖质，呈胶体形态，而分解不完全的形成泥岩，疏松多孔。在不同沉积环境中淤泥和淤泥质土中，常有一定含量的有机质。有机质的亲水性很强，对土的工程性质影响很大。

（二）黏土矿物的基本类型

黏土矿物是指由原生矿物长石、云母等硅酸盐矿物经化学风化而形成的具有片状或链状结晶格架的颗粒细小、具有胶体特性的层状铝硅酸盐矿物。构成该类矿物的基本单元是硅氧四面体和铝氢氧八面体。由于这两种基本单元组成的比例不同，可形成不同的黏土矿物。最常见的黏土矿物有高岭石、蒙脱石和伊利石三大类。

硅氧四面体是由一个硅离子（Si^{4+}）和四个氧离子（O^{2-}）以相等的距离构成的四面体，硅离子居其中央，如图 1-8（a）所示。由六个硅氧四面体排列组成一个硅片，如图 1-8（b）所示，四面体排列的特点是所有尖顶都指向同一方向，所有四面体的底都在同一个平面上。四面体底面上的每个氧离子，都为两个相邻的四面体共有，因此，硅片中每个四面体单元都带一个负电荷。硅片的符号结构见图 1-8（c）。

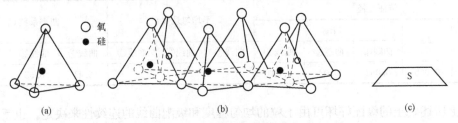

图 1-8　硅片的结构示意图
(a) 硅氧四面体单元；(b) 硅片；(c) 硅片的符号结构

铝氢氧八面体是由六个氢氧离子（OH^-）围绕着一个铝离子（Al^{3+}）构成八面体，如图 1-9（a）所示。四个八面体排列构成一个铝片，如图 1-9（b）所示。八面体每个顶角的氢氧离子均为三个八面体共有，因此，铝片中的每个八面体单元都是正一价的。硅片的符号结构见图 1-9（c）。

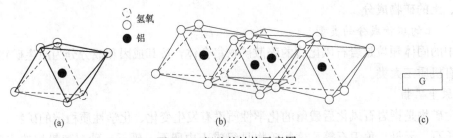

图 1-9　铝片的结构示意图
(a) 铝氢氧八面体单元；(b) 铝片；(c) 铝片的符号结构

1. 高岭石

高岭石的晶层构造如图 1-10 所示，由一层硅氧四面体晶片（硅片）和一层铝氢氧八面体晶片（铝片）上下组叠，形成一个单位晶胞，属 1∶1 型矿物，理论结构式为 $Al_4[Si_4O_{10}](OH)_8$。因每个硅氧四面体都具有一个负电荷，每个铝氢氧八面体都带有一个正电荷，这些符号相反的电荷，使硅片和铝片以离子键的形式牢固地连结，组成一个厚约 7.2Å（7.2×10^{-8}m）的晶胞。高岭石的构造就是这种晶胞沿晶系 a、b 轴方向生长和沿晶系 c 轴方向相互组叠而成。

注意到，硅片和铝片组成的单位晶胞，其一边为硅氧四面体底面的氧离子出露，在另一边则是铝氢氧八面体的氢氧离子出露，相邻晶胞的氧离子（O^{2-}）和氢氧离子（OH^-）彼此双双靠近，两层之间为氢键连结。氢键的连结能力较强，致使晶格不能自由活动，当与水作用时，水分子难以进入晶格之间，故是一种遇水较为稳定的黏土矿物。但由于高岭石颗粒平整的表面带有负电荷，可吸附极性水分子形成水化膜，因此具有较大的可塑性。

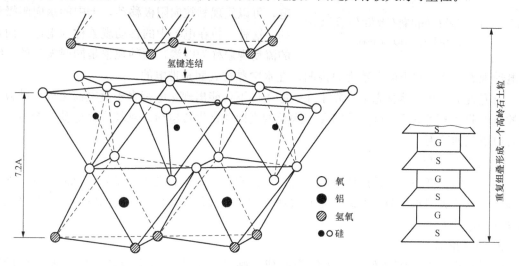

图 1-10 高岭石晶格构造示意图

2. 蒙脱石

蒙脱石的晶层构造如图 1-11（a）所示，其由上、下各一层硅氧四面体晶片（硅片）和中间一层铝氢氧八面体晶片（铝片）组叠，形成一个单位晶胞，属 2∶1 型矿物，理论结构式为 $2Al_2[Si_4O_{10}](OH)_2\cdot nH_2O$。单位晶胞厚约 9.6Å（$9.6\times10^{-8}$m）。蒙脱石的构造就是这种晶胞沿晶系 a、b 轴方向生长和沿晶系 c 轴方向一层层叠置而成。由于晶胞的两边都为负电荷的硅氧四面体，相邻晶胞间以氧离子（O^{2-}）连结，因此连接力很弱，遇水时水分子很容易进入晶层之间，使蒙脱石晶格沿 c 轴方向膨胀。相邻晶胞的距离取决于吸附水分子层的厚度。由于蒙脱石晶格具有吸水膨胀的性能，使相邻晶胞间的连接力变得很弱，以致可分散成极细小的鳞片状颗粒。

3. 伊利石

伊利石（水云母）是原生矿物在碱性环境下（富含钾离子）经化学风化后的初期产物，理论结构式为 $KAl_2[AlSi_3O_{10}](OH)_2\cdot nH_2O$。伊利石的结晶格架与蒙脱石极为相似，单位晶胞也是由两个硅片中间夹一个铝片构成，也属于 2∶1 型矿物。单位晶胞沿晶系 a、b 轴方向生长，沿 c 轴方向叠置，钾离子（K^+）居于相邻晶胞之间。伊利石晶层之间的这种钾离子连接力较高岭石层间连接力弱，但比蒙脱石层间连接力强，因此其颗粒大小和特性也介于蒙脱石和高岭石之间。

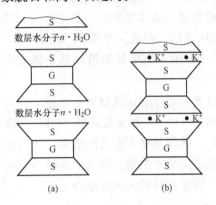

图 1-11　蒙脱石和伊利石晶格构造示意图
(a) 蒙脱石；(b) 伊利石

对于上述三种黏土矿物，高岭石相邻晶胞之间具有较强的氢键联结，结合牢固，水分子不能自由进入，形成较粗的黏粒，比表面积小，亲水性弱，压缩性较低。蒙脱石相邻晶胞间的距离较大，联结弱，水分子易进入，形成较细的黏粒，比表面积大，亲水性强，膨胀性显著，压缩性高。伊利石的工程性质介于两者之间。

（三）黏土矿物的带电特性

若在潮湿的黏土中插入两个电极，并通以直流电，可以发现黏粒向阳极移动，土中的水向阴极流动。这种土粒在电场中的移动现象称为电泳，而水的流动现象称为电渗，两种现象是同时发生的，统称电动现象。潮湿黏土的电动现象说明，在水中黏粒表面是带电的。

研究表明，在天然状态下，除了在强酸条件下可能出现正电荷多于负电荷之外，黏粒表面的负电荷多于正电荷，因此片状黏土颗粒的表面通常为负电荷。黏粒表面电荷的产生，主要有以下三种原因。

1. 选择性吸附

因黏土颗粒细小，接近胶体颗粒，且比表面积大，因此表现出一系列胶体的特性，如吸附能力。黏粒吸附水溶液中的离子是有规律性的，它总是选择性地吸附与它本身结晶格架中相同或相似的离子。

2. 分子解离

若黏粒由许多可解离的小分子缔合而成，则其与水作用后生成离子发生基，而后解离。解离后，氢离子扩散于水溶液中，阴离子留在颗粒表面，因而黏粒表面带电。例如次生二氧化硅组成的黏粒，其与水作用后生成偏硅酸（H_2SiO_3），偏硅酸又解离生成硅酸根离子（SiO_3^{2-}）和氢离子（H^+）。硅酸根离子与结晶格架不能分离，因而使颗粒表面带负电荷。

3. 同晶替代

黏土矿物晶格中的同晶替代作用可以产生负电荷，如硅氧四面体中四价的硅被三价的铝替代，或者铝氢氧八面体中的三价铝被二价的镁或铁替代，均可产生过剩的负电荷。由同晶替代作用产生的负电荷主要分布在黏土矿物的晶层平面上，因此晶层平面上通常带负电荷。但晶层平面不是黏土矿物的唯一表面，黏土矿物还存在边缘断口区域。研究表明，黏土矿物的断口处常常带正电荷。

黏土矿物颗粒表面带电荷的分布如图 1-12 所示。

由黏土矿物的同晶替代，或其与水作用后的选择性吸附，或其本身的解离而存在于黏土矿物颗粒表面的离子，称为决定电位离子层。它牢固地附着于颗粒的表面，可看作是固体颗粒的组成部分。这样，带电黏粒在水溶液中就会形成一个电场。由于静电引力的作用，决定

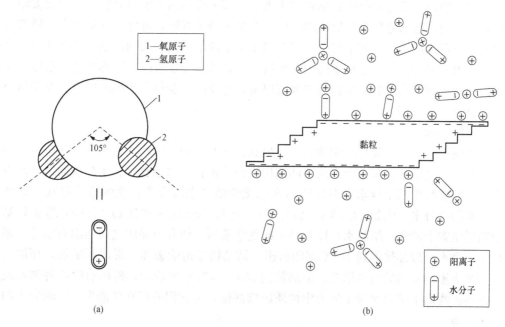

图 1-12　黏土矿物颗粒表面带电示意图

（a）极性水分子示意图；（b）黏粒表面带电示意图

电位离子层会吸附水溶液中与其电荷符号相反的离子以及极性水分子聚集在其周围。若从离子着眼，则称反离子层；若从水分子着眼，则称结合水层。因此，决定电位离子层与反离子层构成了黏土矿物颗粒的双电层，前者为内层，后者为外层，如图 1-13 所示。

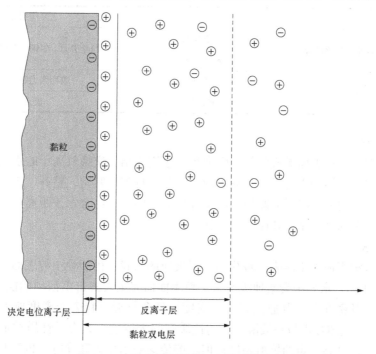

图 1-13　黏土矿物颗粒双电层结构示意图

值得注意的是，反离子层中紧靠颗粒表面的一部分受到的静电引力很大，因而被牢固地吸附在颗粒表面，这部分反离子层称固定层，若从水分子着眼，可称为强结合水。随着与黏土颗粒表面的距离增加，反离子层中一部分离子由于静电引力和布朗运动的联合作用，有向水溶液中扩散的趋势，这部分离子层则称扩散层，若从水分子着眼，则称弱结合水层。从固定层的边缘到扩散层末端的距离成为扩散层厚度，它反映了弱结合水膜的厚度。关于结合水将在下一节中具体介绍。

三、土中的水

在自然条件下，土一般是三相体系，土中总是含有水的。按水本身的物理状态可分为固态水、液态水和气态水，按土中水的存储部位可分为矿物内部结合水、土粒表面结合水以及自由水。其中矿物内部结合水主要以结晶水或化学结合水以及沸石水的形式存在于矿物内部，也称矿物成分水。例如，$CaSO_4 \cdot 2H_2O$（石膏）、$NaSO_4 \cdot 10H_2O$（芒硝）等矿物结晶格架中固定位置上的水（结晶水）以及黏土矿物蒙脱石、伊利石晶胞之间的沸石水等。结晶水或化学结合水一般加热不到400℃即能析出，结晶格架遭受破坏，形成新矿物，而沸石水的含量多少不影响矿物的结晶格架，但加热到80℃～120℃即析出，析出后矿物种类不发生变化。上述矿物内部结合水对土的力学性质影响甚微，但它们的存在和消失，影响着土的物理和化学性质。

当土孔隙中的水与土粒表面接触时，由于细小土粒表面的静电引力和极性水分子被极化，从而被吸附于土粒周围，形成一层"水化膜"，这部分水称为土粒表面结合水，简称结合水。自由水又分为毛细水和重力水。土中的水按其呈现的状态和类型，对土的工程性质有重要影响。工程上对土中水的分类见表1-3。

表1-3　　　　　　　　　　　　　　工程上对土中水的分类

水的类型		主要作用力
土粒表面结合水（简称结合水）	强结合水	静电引力、氢键、范德华力等
	弱结合水	
自由水	毛细水	表面张力和重力
	重力水	重力

（一）结合水

结合水通常由土粒表面形成的静电引力场、氢键联结、交换氧离子的水化作用以及范德华力等作用形成的。结合水愈靠近土粒表面，水分子排列愈紧密、整齐，结合愈牢固，活动性愈小。随着距离增大，吸引力减弱，活动性增大。因此，结合水按距离土粒表面的远近可再分为强结合水和弱结合水，如图1-14所示。

1. 强结合水

强结合水是牢固地被土粒表面吸附的一层极薄的水膜。由于受土粒表面的强大引力（可达1000MPa）作用，水分子紧紧地吸附于土粒表面而完全失去自由活动的能力，并且紧密、整齐地排列着，其密度大于普通液态水的密度，且愈靠近土粒表面密度愈大，其平均值为1.5～1.8g/cm³。强结合水与一般液态水的性质有很大区别，其力学性质类似固体，有极大的黏滞性和弹性，具有一定的抗剪强度；但不能传递静水压力和导电，也没有溶解能力。强结合水的冰点温度为−78℃，在高温或105～110℃条件下烘干时，能发生移动或排出。强结合水作为土中含水率的一部分,在粉土中能达到 5%~7%左右,在黏性土中能达到 10%~20%左右,因此对土的工程性质产生一定的影响。关于强结合水膜的厚度,目前尚未有统一的认识,一般认为其厚度约为 1.0~5.0nm。

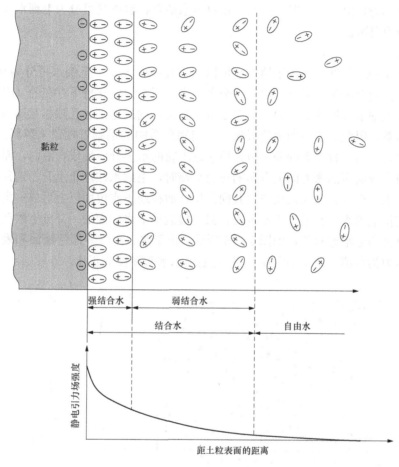

图 1-14 土粒表面结合水示意图

2. 弱结合水

在强结合水膜的外围但仍处于土粒表面吸附能力之内的水膜称为弱结合水(见图 1-14)。由于土粒表面对水分子的静电引力作用的减弱,水分子虽仍能呈现定向排列,但由于受到热运动产生的扩散作用,其定向程度和与土粒表面连结的牢固程度显然小于强结合水。弱结合水的密度较强结合水小,但仍大于普通液态水,约为 1.3~1.74g/cm³,也具有较高的黏滞性、弹性和一定的抗剪强度,冰点略低于 0℃。弱结合水不能传递静水压力,也没有溶解能力。在 105℃~110℃条件下烘干时,弱结合水较容易脱离土粒排出。在一定的压力作用下,弱结合水膜可随土粒一起移动,在土粒间起到润滑作用,使土具有较好的塑性。弱结合水膜的厚度变化很大,其测定值约在数十到数千层水分子。其厚度的变化取决于土粒的大小、形状和矿物成分,也取决于水溶液的 pH 值、溶液中的离子成分和浓度等,对黏性土(细粒土)的物理力学性质有显著影响。

（二）自由水

水分子距土粒表面的距离超过了固定层（强结合水层）和扩散层（弱结合水层）之后，就几乎不受或完全不受土粒表面的静电引力影响，而主要受重力作用并保持其自由活动的能力，这种水就称为自由水（见图 1-14）。依自由水的存在状态又可分为毛细水和重力水，其中以重力水最为典型。

1. 毛细水

毛细水是在一定条件下存在于地下水位以上土孔隙中的水。毛细水可分为支持毛细水、悬挂毛细水和孔角毛细水。本节所述的毛细水，为地下水位面支持下存在的（附着地下水位面上的）支持毛细水（见图 1-15）。由于土壤中粗细不同的毛细管孔隙相互连通共同形成复杂的毛细管体系，因此关于毛细水的形成，可用物理学中的毛细管现象来解释。一般认为，在土的孔隙中，水与土粒表面的分子引力使接近土粒的水上升而形成弯液面，而当上升毛细水柱的重力与弯液面表面张力向上方向的分力平衡时，毛细水柱停止上升。这种因土颗粒的分子引力以及水、空气界面的表面张力共同作用，而在地下水位面以上形成一定高度的毛细管水带即为支持毛细水。在毛细管水带内，只有接近地下水位面的一部分土的孔隙是充满水的，这一部分称为毛细饱和带，如图 1-15 所示。由于水、空气界面弯液面和表面张力的存在，毛细水压力为负值（即毛细负压），且与毛细水水头高度成正比。

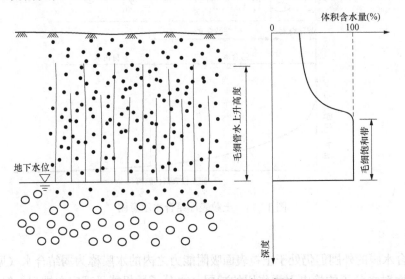

图 1-15 土层内支持毛细水示意图

毛细水是自由水，其与普通液态水一样，密度为 1.0g/cm^3，冰点为 $0℃$，具有溶解能力，具有静水压力的性质，能传递静水压力，但对土粒不产生浮力作用。毛细水主要存在于土粒间孔隙尺寸为 $0.002\sim0.5\text{mm}$ 的土中。这是因为孔隙更细小时，土粒周围的结合水膜有可能充满孔隙而不能再有毛细水，而粗大的孔隙，毛细水压力极弱，难以形成毛细水。

毛细水对土工程性质的影响主要是针对砂类土而言的。湿砂中的毛细水压力使得土粒间存在类似黏聚力（见第五章）的毛细黏聚力（或称假黏聚力），从而在潮湿的砂土中能够开挖一定高度的直立坑壁；抑或在滨海沙滩上的沙雕艺术，也是利用了湿砂的毛细黏聚力作用。当毛细水上升接近建筑物基础底面时，毛细负压将作为附加压力可能加大建筑物的沉降量。另外，当毛细水上升至地表时，不仅能引起沼泽化、盐渍化，而且也使地基土浸湿，降低土的力学强度；在寒冷地区，还将加剧冻胀作用。

2. 重力水

重力水是地下水面以下的自由液态水，水分子不受土粒表面静电引力的影响，具有自由活动的能力，只受重力的作用，具有溶解能力，能传递静水压力，且对土粒有浮力作用。重力水在土体中流动时，其对土的工程性质的影响主要体现在渗流、潜蚀、流土以及基坑的降水、排水和地下水资源的开发利用等方面。

四、土中的气体

土中的气体，主要为空气和水气，有时也可能会含有较多的二氧化碳、沼气及硫化氢等气体。这些气体与土中液相比较起来，其对土的工程性质影响较小。土中的气体的存在状态基本有两种：一种是与大气连通的气体，如存在于潜水面以上包气带内土体孔隙中的吸附气体和游离气体；另一种是封闭气体，以不与大气连通的封闭气泡形式存在于土体孔隙中。前者由于与大气相通，当土受外力作用时，气体很快从孔隙中排出；后者往往不易排出，使土的孔隙率减小，降低了土的渗透性，不易使土压实，对土的工程性质影响较大。

第四节　土的物理性质三相指标测定及计算

如前所述，土是由固体颗粒（即矿物颗粒集合体）、液体（一般指水）和气体所组成。它们在数量上的比例关系不仅可以描述土的物理性质及其所处的状态，而且在一定程度上还可用来反映土的力学性质。所谓土的物理性质三相指标，就是表示土中固、液、气三相比例关系的一些物理量。

土的物理性质三相指标可分为两类：一类是可以通过试验测定的，即实测指标，包括土的天然密度、含水率和土粒比重（或称土粒相对密度）；另一类是根据实测指标换算得来，即换算指标，如孔隙比、孔隙率和饱和度等。

如图 1 - 16（a）所示为具有总体积 V 和总质量 m 的土体。为了便于说明上述三项指标的物理意义和它们之间的换算关系，将土的三相，即土粒、水和气体分离出来，构造出土的三相图，如图 1 - 16（b）所示。图 1 - 16 中的 m_s、m_w、m_a 分别表示土粒、土中水和土中气的质量，当忽略土中气体的质量时（即 $m_a = 0$）有 $m = m_s + m_w$；V_s、V_w、V_a 分别表示土粒、土中水和土中气的体积，V_v 表示土中孔隙的体积，则有 $V = V_s + V_v = V_s + V_w + V_a$。

一、土的三相实测指标

土的三相实测指标包括土的天然密度、含水率和土粒比重（或土粒相对密度）。

1. 土的天然密度

天然状态下土的密度称为天然密度，用下式表示

$$\rho = \frac{m}{V} = \frac{m_s + m_w}{V_s + V_v} \quad (g/cm^3) \tag{1 - 3}$$

土的天然密度取决于土粒的密度、孔隙体积的大小和孔隙中水的质量多少，它综合反映了土的物质组成和结构特征，常见值为 $1.6 \sim 2.2g/cm^3$。

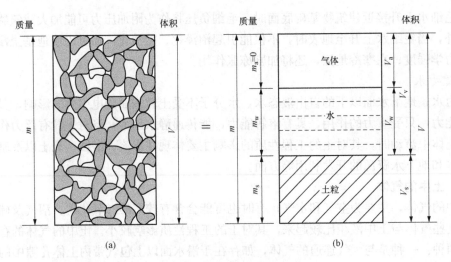

图 1-16 土的三相图

土的天然密度可以通过室内试验或野外现场测定（原位测试）。测定方法有环刀法和灌水法，环刀法适用于黏性土、粉土和砂土，灌水法适用于卵石、砾石和原状砂。

2. 土的含水率

土中水的质量与土粒质量的比值称为土的含水率，也称含水率，用百分号表示，见式（1-4）

$$w = \frac{m_w}{m_s} \times 100\% \tag{1-4}$$

通常情况下，同一类土当含水率增大时，其强度就降低。土的含水率常用测定方法为烘箱法，即把土放入 105～110℃ 烘箱内烘干至恒定量后计算得到，适用于黏性土、粉土与砂土的常规试验。

3. 土粒比重

土粒质量与同体积 4℃ 纯水的质量之比称为土粒比重，见式（1-5）

$$G_s = \frac{m_s}{V_s \rho_w^{4℃}} = \frac{V_s \rho_s}{V_s \rho_w^{4℃}} \tag{1-5}$$

式中 ρ_s——土粒密度，及单位体积土粒的质量，g/cm^3；

$\rho_w^{4℃}$——4℃时纯水的密度，等于 $1g/cm^3$。

土粒比重也称土粒相对密度，用 d_s 表示，其试验测定方法为密度计法。实际上，土粒比重 G_s（或土粒相对密度 d_s）在数值上等于土粒的密度，但量纲为 1。组成土的矿物成分不同，土粒比重一般是不同的。对于同一类土，其土粒比重变化幅度很小，通常可按经验值选用，见表 1-4。

表 1-4   土 粒 比 重 参 考 值

土的名称	砂土	粉土	黏性土	
			粉质黏土	黏土
土粒比重	2.65～2.69	2.70～2.71	2.72～2.73	2.74～2.76

二、土的三相换算指标

土的三相换算指标常用的有 6 个，包括表征土密度的 3 个指标（饱和密度、干密度和有效密度）以及表征土孔隙体积相对含量的 3 个指标（孔隙比、孔隙率和饱和度）。

1. 土的孔隙比

土中孔隙体积与土粒体积之比，即为土的孔隙比，用下式表示

$$e = \frac{V_v}{V_s} \tag{1-6}$$

天然状态下土的孔隙比称为天然孔隙比，它是一个极其重要的物理性质指标，可以用来评价天然土层的密实程度，对土的物理、力学性质都有重要的影响。天然状态下土的孔隙比变化范围很大，有的小于 1.0，有的大于 1.0，有的甚至大于 10.0。对于同一种土，孔隙比越大，土越疏松，在荷载作用下变形越大。

2. 土的孔隙率（孔隙度）

土中孔隙体积与总体积之比，即为土的孔隙率，也称孔隙度，用下式表示

$$n = \frac{V_v}{V} \times 100\% \tag{1-7}$$

土的孔隙率也可用来表示同一种土的松、密程度。一般黏性土的孔隙率为 30%～50%，无黏性土的孔隙率为 25%～45%。

3. 土的饱和度

土的孔隙中水的体积与孔隙体积之比即为土的饱和度，用下式表示

$$S_r = \frac{V_w}{V_v} \times 100\% \tag{1-8}$$

饱和度可描述土中孔隙被水充满的程度。当 $S_r = 100\%$ 时，土的孔隙中完全被水充满，即完全饱和，这是一种理想状态。实际上土中常用一些封闭的粒内孔隙，此时水不能完全充满孔隙，因此当 $S_r < 100\%$ 且大于某一界限值时，工程上也认为饱和，如黄土。对于完全干燥的土，显然有 $S_r = 0$。对于砂土，常用饱和度来表示它的湿化程度：$S_r \leqslant 50\%$，稍湿；$50\% < S_r \leqslant 80\%$，很湿；$S_r > 80\%$，饱和。

4. 土的饱和密度和饱和重度

土的饱和密度是指当土的孔隙完全被水充满时的密度，即土粒与水的质量之和与土的总体积之比，用下式表示

$$\rho_{sat} = \frac{m_s + V_v \rho_w}{V} \quad (g/cm^3) \tag{1-9}$$

土的饱和重度为

$$\gamma_{sat} = \rho_{sat} g \quad (kN/m^3) \tag{1-10}$$

当地下水位上升或雨季，地基和边坡土达到饱和时，土的工程性质就要改变，影响到地基和边坡的稳定性。γ_{sat} 的常见值为 18～23kN/m³。

5. 土的干密度和干重度

土的干密度是指当土的固体部分（即土粒）质量与土的总体积之比，或土单位体积内的干土质量，用下式表示

$$\rho_d = \frac{m_s}{V} \quad (g/cm^3) \tag{1-11}$$

土的干重度为

$$\gamma_d = \rho_d g(\text{kN/m}^3) \tag{1-12}$$

工程上常把干密度 ρ_d 和干重度 γ_d 作为评定黏性土密实度的标准，用以控制填土工程的施工质量。

6. 土的有效密度和有效重度（或浮重度）

地下水位以下的土，其土粒受到重力水的浮力作用，此时单位土体中土粒的质量扣除同体积水的质量（即扣除浮力），称为土的有效密度，用下式表示

$$\rho' = \frac{m_s - V_s \rho_w}{V} \quad (\text{g/cm}^3) \tag{1-13}$$

土的有效重度（浮重度）为

$$\gamma' = \rho' g \quad (\text{kN/m}^3) \tag{1-14}$$

从有效密度和有效重度定义可得

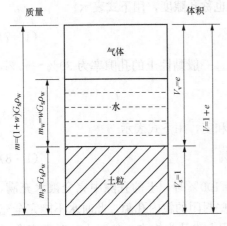

$$\rho' = \rho_{sat} - \rho_w \tag{1-15}$$

$$\gamma' = \gamma_{sat} - \gamma_w \tag{1-16}$$

根据式（1-12）～式（1-16），在相同条件下，上述几种重度在数值上有如下关系

$$\gamma_{sat} \geqslant \gamma \geqslant \gamma_d > \gamma' \tag{1-17}$$

三、土的物理性质三相指标的换算

通过土工试验直接测定土粒比重、含水率和土的天然密度这三个基本指标后，如令 $V_s = 1$ 并假定 $\rho_w = \rho_w^{4℃} = 1.0\text{g/cm}^3$，则可利用土的三相图计算其余三相指标，见表 1-5。推导换算指标的关键在于熟悉各指标的物理意义及其表达式，并能熟练利用土的三相指标换算简图（见图 1-17）。

图 1-17　土的三相指标换算简图

表 1-5　　　　　　　　　　土的常用物理性质指标的换算公式

指标名称及符号	换算公式	单位
土粒比重 G_s		量纲为 1
含水率 w		%
密度 ρ	$\rho = \dfrac{G_s(1+w)\rho_w}{1+e} = \dfrac{G_s + eS_r}{1+e}\rho_w$	g/cm³
重度 γ	$\gamma = \dfrac{G_s(1+w)\gamma_w}{1+e} = \dfrac{G_s + eS_r}{1+e}\gamma_w$	kN/m³
孔隙比 e	$e = \dfrac{G_s(1+w)\rho_w}{\rho} - 1, \quad e = \dfrac{G_s(1+w)\gamma_w}{\gamma} - 1$ $e = \dfrac{G_s\rho_w}{\rho_d} - 1, \quad e = \dfrac{G_s\gamma_w}{\gamma_d} - 1$ $e = \dfrac{wG_s}{S_r}$	量纲为 1
孔隙率 n	$n = \dfrac{e}{1+e}$	%
饱和度 S_r	$S_r = \dfrac{wG_s}{e}$	%

续表

指标名称及符号	换算公式	单位
干密度 ρ_d	$\rho_d=\dfrac{G_s}{1+e}\rho_w$，$\rho_d=\dfrac{\rho}{1+w}$	g/cm³
干重度 γ_d	$\gamma_d=\dfrac{G_s}{1+e}\gamma_w$，$\gamma_d=\dfrac{\gamma}{1+w}$	kN/m³
饱和密度 ρ_{sat}	$\rho_{sat}=\dfrac{G_s+e}{1+e}\rho_w$	g/cm³
饱和重度 γ_{sat}	$\gamma_{sat}=\dfrac{G_s+e}{1+e}\gamma_w$	kN/m³
有效密度 ρ'	$\rho'=\dfrac{G_s-1}{1+e}\rho_w$，$\rho'=\rho_{sat}-\rho_w$，$\rho'=(G_s-1)(1-n)\rho_w$	g/cm³
有效重度 γ'	$\gamma'=\dfrac{G_s-1}{1+e}\gamma_w$，$\gamma'=\gamma_{sat}-\gamma_w$，$\gamma'=(G_s-1)(1-n)\gamma_w$	kN/m³

【例1-1】　某天然土样质量为180g，饱和度 $S_r=90\%$，土粒比重 $G_s=2.70$，烘干后质量为135g，试计算该土样的天然重度和孔隙比。

解　（1）计算土的天然含水率 w

$$w=\frac{m_w}{m_s}\times100\%=\frac{m-m_s}{m_s}\times100\%=\frac{180-135}{135}\times100\%=33.33\%$$

（2）计算土的孔隙比 e

$$e=\frac{wG_s}{S_r}=\frac{33.3\%\times2.70}{90\%}=1.0$$

（3）计算土的天然重度 γ

$$\gamma=\frac{G_s(1+w)\gamma_w}{1+e}=\frac{2.70\times(1+0.3333)}{1+1}\times10=18.0(\text{kN/m}^3)$$

【例1-2】　某原状土样，经试验测得天然密度 $\rho=1.67$g/cm³，含水率 $w=12.9\%$，土粒比重 $G_s=2.67$，求孔隙比 e、孔隙率 n 和饱和度 S_r。

解　（1）计算土的孔隙比 e

$$e=\frac{G_s(1+w)\rho_w}{\rho}-1=\frac{2.67\times(1+0.129)\times1.0}{1.67}-1=0.8$$

（2）计算土的孔隙率 n

$$n=\frac{e}{1+e}\times100\%=\frac{0.8}{1+0.8}\times100\%=44.4\%$$

（3）计算土的饱和度 S_r

$$S_r=\frac{wG_s}{e}\times100\%=\frac{0.129\times2.67}{0.8}\times100\%=43.1\%$$

【例1-3】　有一个完全饱和的黏土试样，测得总体积 $V_1=100$cm³，已知土粒比重 $G_s=2.66$，土样的含水率 $w_1=45\%$。将该土样置于烘箱中烘了一段时间后，测得土样体积 $V_2=95$cm³，$w_2=35\%$。问土样烘干前后的密度、干密度、孔隙比以及饱和度各为多少？

解　（1）试样烘干前已完全饱和，即 $S_{r1}=100\%$，则
孔隙比为

$$e_1 = \frac{w_1 G_s}{S_{r1}} = \frac{0.45 \times 2.66}{1} = 1.20$$

干密度为

$$\rho_{d1} = \frac{G_s}{1 + e_1}\rho_w = \frac{2.66}{1 + 1.20} \times 1.0 = 1.21(\text{g/cm}^3)$$

密度为

$$\rho_1 = \rho_{d1}(1 + w_1) = 1.21 \times (1 + 0.45) = 1.75(\text{g/cm}^3)$$

（2）试样烘干后，干土质量不变，即 $m_s = \rho_{d1}V_1 = 121\text{g}$，此时土样的总质量为

$$m_2 = m_s(1 + w_2) = 121 \times (1 + 0.35) = 163.4(\text{g})$$

密度为

$$\rho = \frac{m_2}{V_2} = \frac{163.4}{95} = 1.72(\text{g/cm}^3)$$

干密度为

$$\rho_{d2} = \frac{m_s}{V_2} = \frac{121}{95} = 1.27(\text{g/cm}^3)$$

孔隙比为

$$e_2 = \frac{G_s(1 + w_2)\rho_w}{\rho_2} - 1 = \frac{2.66 \times (1 + 0.35) \times 1.0}{1.72} - 1 = 1.09$$

饱和度为

$$S_r = \frac{G_s w_2}{e_2} \times 100\% = \frac{2.66 \times 0.35}{1.09} \times 100\% = 85.4\%$$

第五节 土的物理状态指标

土的物理状态，对于无黏性土（通常也称粗粒土），一般指土的密实度；而对于黏性土（通常也称细粒土），则是指土的软硬程度，或称为黏性土的稠度。

一、无黏性土的相对密实度

无黏性土主要包括砂类土和碎石土，呈单粒结构，无黏聚力，通常也无胶结。对这类土的工程性质影响最大的就是密实度。土的密实度通常是指单位体积中固体颗粒充满的程度。根据工程经验，判别无黏性土密实度的常用方法有下列四种。

1. 按天然孔隙比判定

土的基本物理力学性质指标中，干密度和孔隙比 e 都是表示土的密实度的指标。采用土的天然孔隙比的大小来判别砂类土的密实度，是一种较简捷的方法，见表1-6。但这种方法有其明显的缺点，就是没有考虑到土颗粒大小、形状、排列及颗粒级配等因素的影响。例如，两种级配不同的砂，采用孔隙比 e 来评判其密实度，结果是颗粒均匀的密砂的孔隙比大于级配良好的松砂的孔隙比，及密砂的密实度小于松砂的密实度，这显然与实际不符。再如，两种砂土样的孔隙比相同，但由于颗粒排列方式不同，其密实度实际上也不同，只要改变颗粒排列方式，其孔隙比就会变化。因此，工程上为了更全面、严格地表达无黏性土的密实度，提出了相对密实度的概念。

表 1-6   砂类土按天然孔隙比对密实度的分类

土的名称	密实度			
	密实	中密	稍密	松散
砾砂、粗砂、中砂	$e<0.60$	$0.60\leqslant e\leqslant 0.75$	$0.75<e\leqslant 0.85$	$e>0.85$
细砂、粉砂	$e<0.70$	$0.70\leqslant e\leqslant 0.85$	$0.85<e\leqslant 0.95$	$e>0.95$

2. 按相对密实度判定

相对密实度用符号 D_r 来表示，它是采用将现场土的孔隙比与该种土所能达到最密实状态时的孔隙比 e_{min}（亦即最小孔隙比）和最松散状态时的孔隙比 e_{max}（亦即最大孔隙比）的比值来表示孔隙比为 e 时土的密实度，即

$$D_r = \frac{e_{max}-e}{e_{max}-e_{min}} \tag{1-18}$$

式中　e——土的天然孔隙比；

　　　e_{max}——土的最大孔隙比；

　　　e_{min}——土的最小孔隙比。

土的最大孔隙比 e_{max} 和最小孔隙比 e_{min} 分别为室内试验中土能够达到最松散状态和最密实状态时的孔隙比，分别由最小干密度和最大干密度换算得到。具体试验过程详见《土工试验方法标准》（GB/T 50123—2019）。显然，由式（1-18）可知，当 $D_r=0$ 时，$e=e_{max}$，表示土处于最松散状态；当 $D_r=1.0$ 时，$e=e_{min}$，表示土处于最密实状态。依据工程经验，按相对密实度 D_r 将土划分为三种状态：$0.67<D_r\leqslant 1.0$，密实；$0.33<D_r\leqslant 0.67$，中密；$0<D_r\leqslant 0.33$，松散。

若将式（1-18）中的孔隙比转化为干密度，则有

$$D_r = \frac{(\rho_d-\rho_{dmin})\rho_{dmax}}{(\rho_{dmax}-\rho_{dmin})\rho_d} \tag{1-19}$$

式中　ρ_d——孔隙比为 e 时土的干密度；

　　　ρ_{dmax}——孔隙比为 e_{min} 时土的干密度，即最松散时的干密度；

　　　ρ_{dmin}——孔隙比为 e_{max} 时土的干密度，即最密实时的干密度。

相对密实度这一指标，理论上更合理，但 e、e_{max} 和 e_{min} 的准确测定却非常困难。因此，D_r 多用于填方质量的控制，对于天然土尚难应用。

3. 按原位标准贯入试验判定

由于天然土的 e、e_{max} 和 e_{min} 难以准确测定，因此常用原位标准贯入试验或静力触探试验等原位测试手段判定天然砂土的密实度。标准贯入试验，即将质量为 63.5kg 的穿心锤以76cm 的落距沿钻杆自由下落，击打贯入器，获得贯入器入土深度为 30cm 所需的锤击数，记为 N。根据《建筑地基基础设计规范》（GB 50007—2011），按表 1-7 判定砂土的密实度。

表 1-7   砂 土 的 密 实 度

标准贯入试验锤击数 N	$N\leqslant 10$	$10<N\leqslant 15$	$15<N\leqslant 30$	$N>30$
密实度	松散	稍密	中密	密实

注　当用静力触探探头阻力判定砂土的密实度时，可根据当地经验确定。

4. 碎石土的密实度判定

碎石土的密实度可根据重型圆锥动力触探试验判定其密实度。对于大颗粒含量较多的碎石土，很难通过室内试验或原位动力触探试验进行密实度的判定，故一般采用野外鉴别的方法将其划分为密实、中密、稍密和松散，详见《建筑地基基础设计规范》（GB 50007—2011）。

【例 1 - 4】 某砂层的天然密度 $\rho=1.75\text{g/cm}^3$，天然含水率 $w=10.0\%$，土粒比重 $G_s=2.65$。实验室测得最小孔隙比 $e_{min}=0.40$，最大孔隙比 $e_{max}=0.85$。问该土层处于什么状态？

解 （1）求土的天然孔隙比

$$e=\frac{G_s(1+w)\rho_w}{\rho}-1=\frac{2.65\times(1+0.10)\times1.0}{1.75}-1=0.67$$

（2）根据相对密实度对该土层的状态进行判定

$$D_r=\frac{e_{max}-e}{e_{max}-e_{min}}=\frac{0.85-0.67}{0.85-0.40}=0.40$$

$$0.33<D_r=0.40<0.67$$

因此，该砂土层处于中密状态。

二、黏性土的稠度

黏性土因土中含水率变化而明显表现出不同的物理状态和性质，如随着含水率的由少到多，土可以从固态、半固态变为可塑状态，最后变为流动状态。这种因含水率的变化而表现出的不同物理状态，称为黏性土的稠度。它反映了黏性土的软硬程度或土对外力引起的变形或破坏的抵抗能力。

（一）黏性土的稠度与界限含水率

如图 1-18（a）所示，当黏性土的含水率很小时，由于土粒表面电荷的作用，水分子紧紧吸附在土粒表面，成为强结合水。按强结合水膜薄厚的不同，土表现为固态或半固态。如图 1-18（b）所示，当含水率增大时，土粒周围除强结合水外开始出现弱结合水，在这种含水率情况下，土可以被捏成任意形状而不破裂，这种状态成为可塑状态。弱结合水的存在是黏性土表现出可塑状态的原因。如图 1-18（c）所示，当含水率进一步增大时，土中除结合水外，还出现了较多的自由水，土几乎丧失抵抗外力的能力，在重力作用下呈流动状态。

黏性土随着含水率的变化，由一种稠度状态转变为另一种稠度状态，相应于转变点的含水率称为界限含水率，也称稠度界限或阿太堡界限（A. Atterberg，1911）。黏性土稠度状态的划分及相应的界限含水率用图 1-19 所示的数轴表示。图中所示的界限含水率有三个，分别是缩限 w_S、塑限 w_P 和液限 w_L，结合图 1-18，其具体含义如下。

（1）缩限 w_S，相当于黏性土从固态转变为半固态的含水率。当土中含水率 $w\leq w_S$ 时，土粒表面只有极薄的强结合水，且强结合水层重叠，联结牢固，颗粒之间距离很小，孔隙中存在很多气体。此时，土具有较高的强度，形状固定，不易变形，土体不会因水分的减少而发生显著的收缩，土呈固态。当土中含水率 $w_S<w\leq w_P$ 时，土粒表面强结合水膜增厚，且其外围开始出现极薄的弱结合水层，粒间连接力稍减弱，但仍较牢固，粒间距离稍有增大，孔隙中气体减少，土体积有微弱的膨胀，能抵抗一定的外力，但不能揉塑变形，土呈半固体状态。

（2）塑限 w_P，相当于黏性土从半固态转变为可塑状态时的含水率。当土中水分继续增

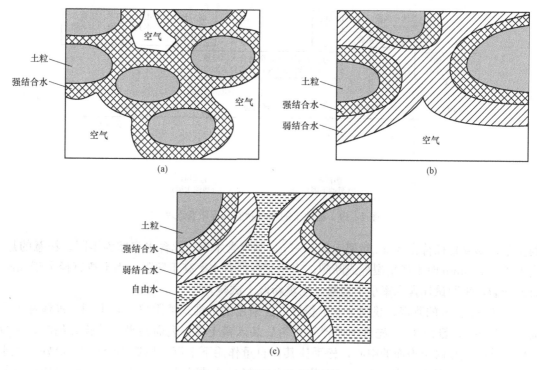

图 1-18　黏性土的稠度状态
(a) 固态或半固态；(b) 可塑态；(c) 流动状态

多，即 $w_P < w \leqslant w_L$ 时，土粒表面的弱结合水膜增厚，土体间距离显著增大，弱结合水层重叠，粒间连接力明显减弱。此时，土在外力作用下可揉塑成任意形状而不破坏，土呈可塑状态。其中，当弱结合水膜相对较薄时，土处于稠塑状态；当弱结合水膜相对较厚时，土进入黏塑状态。

（3）液限 w_L，相当于黏性土从可塑状态转变为流动状态时的含水率。当土中的含水率继续增大，即 $w > w_L$ 时，土粒弱结合水层外出现自由水，土粒间的距离已超出静电引力的范围，连接力消失，此时土呈流动状态。其中，自由水相对较少时，部分土粒的弱结合水层仍然重叠，土呈黏流状态；而当自由水充满孔隙时，土进入液流状态。

如图 1-19 所示的三个界限含水率中，意义最大的是土从半固态转变为稠塑态时的塑限含水率 w_P（也称塑限下限）和从黏塑态转变为黏流态的液限含水率 w_L（也称塑性上限）。w_L 相当于土中结合水达到最大值时的含水率。

显然，上述界限含水率可以用来判断黏性土的稠度状态，当 $w \leqslant w_S$ 时，土呈固态；$w_S < w \leqslant w_P$ 时，土呈半固态；$w_P < w \leqslant w_L$ 时，土呈可塑状态；$w > w_L$ 时，土呈流动状态。

（二）界限含水率的测定方法

国内外测定塑限 w_P 的通用方法是搓滚法。根据《土工试验方法标准》（GB/T 50123—2019），搓滚法的简要试验步骤为：①取过 0.5mm 筛的代表性试样约 100g，加纯水拌和，浸润静置过夜；②将试样在手中捏揉至不黏手，捏扁，当出现裂缝时，表示含水率已接近塑限；③取接近塑限的试样一小块，先用手捏成橄榄形，然后再用手掌在毛玻璃板上轻轻搓滚成长度不大于手掌宽度的土条；④当土条搓成 3mm 时，产生裂缝并开始断裂，表示试样达

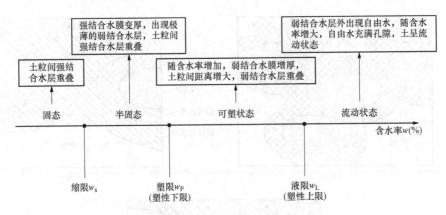

图 1-19　黏性土的稠度状态与界限含水率

到塑限；⑤取直径符合 3mm 断裂土条 3～5g，测定含水率，此含水率即为塑限。注意的是，当土条搓成 3mm 时不产生裂缝或断裂，表示试样的含水率高于塑限；当土条直径大于 3mm 时即断裂，表明试样含水率小于塑限，应重新取土试验。

　　对于液限 w_L 的测定，我国土木工程界广泛采用的是锥式液限仪，其手柄、锥体和平衡器总重为 76g，锥角 30°。先将土样拌和均匀后装入盛土杯，表面刮平。试验开始时，手持手柄，将锥尖接触土表面的中心，松手让其在自重作用下下沉。以锥尖经过 5s 恰好沉入土中 10mm 时对应的含水率为 10mm 液限，以锥尖经过 5s 恰好沉入土中 17mm 时对应的含水率为 17mm 液限。

　　研究表明，以 10mm 液限计算得到的土体强度偏于安全，而以 17mm 液限和国外采用碟式液限仪测得的液限计算得到的土体强度基本一致。因此，现阶段我国各行业规范多推荐采用 17mm 液限作为土的液限。在建筑工程及其相对应的《建筑地基基础设计规范》（GB 50007—2011）等规范标准中采用 10mm 液限作为土的液限。综合考虑，现行国家标准《土工试验方法标准》（GB/T 50123—2019）考虑了建筑和水利等各种规范的统一性，在推荐采用 17mm 液限作为土的液限的同时，也保留了 10mm 液限作为土的液限规定。

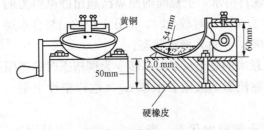

图 1-20　碟式液限仪示意图

　　欧、美等国常采用碟式液限仪测定黏性土的液限，其仪器构造如图 1-20 所示。试验时将调成糊状的土样平铺于碟的前半部，并用调土刀将试样面修平，使最厚处为 10mm。以蜗形轮为中心，用划刀自后至前沿土碟中央将试样划成 V 形槽。以每秒 2 转的速率转动摇柄，使土碟反复起落，坠击于底座上，数记击数，直至试样两边在槽底的合拢长度为 13mm 为止，记录击数，并在槽的两边采取试样 10g 左右，测定其含水率，该含水率即为土样的液限。具体操作步骤和要求详见《土工试验方法标准》（GB/T 50123—2019）。

　　目前，我国多采用液、塑限联合测定方法，同时测定土的塑限和液限，试验仪器构造如图 1-21 所示，圆锥仪质量为 76g，锥角为 30°，读数显示为光电式。

　　试验前分别按接近液限、塑限和二者的中间状态制备不同稠度的土膏，静置湿润。将制备好的土膏用调土刀充分调拌均匀，密实地填入试样杯中，刮平表明后将试样杯放在仪器底座上。取圆锥仪，在锥体上涂以薄层润滑油脂，接通电源，使电磁铁吸稳圆锥仪。调节屏幕准线，使初读数为零。调节升降座，使圆锥仪锥尖接触试样表面中心，指示灯亮时圆锥仪在自重下沉入试样内，然后取锥体附近土样测定其含水率。以含水率为横坐标，圆锥下沉深度为纵坐标，在双对数坐标纸上绘制关系曲线。在关系曲线上查得圆锥下沉深度为 17mm 所对应的含水率为液限，下沉深度为 10mm 对应的含水率为 10mm 液限；查得下沉深度为 2mm 所对应的含水率为塑限，均以百分数表示。

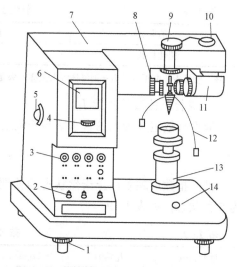

图 1-21　光电式液塑限联合测定仪示意图
1—水平调节螺丝；2—控制开关；3—指示灯；
4—零线调节螺丝；5—反光镜调节螺丝；6—屏幕；
7—机壳；8—物镜调节螺丝；9—电磁装置；
10—光源调节螺丝；11—光源；12—圆锥仪；
13—升降台；14—水平泡

黏性土缩限 w_S 的测定方法为收缩皿法。在收缩皿内抹一薄层凡士林，将用纯水制备成的含水率约为液限的试样分层装入收缩皿内。待收缩皿装满试样后用直尺刮去多余试样，立即称收缩皿加湿土总质量，然后放入烘箱中烘至恒量，再次称收缩皿加干土总质量后用蜡封法测定干土体积。按下式计算土的缩限

$$w_S = \left(0.01w' - \frac{V_0 - V_d}{m_d} \times \rho_w\right) \times 100 \tag{1-20}$$

式中　w_S——缩限，%；

w'——土样制备时的含水率，%；

V_0——湿土的体积，即收缩皿的容积，cm^3；

V_d——烘干后土的体积，cm^3；

m_d——烘干后土的质量，g；

ρ_w——水的密度，g/cm^3。

（三）黏性土的塑性指标

黏性土的塑性指标除了塑限、液限和缩限外，还有塑性指数和液性指数。

1. 黏性土的塑性指数 I_P

塑性指数定义为土的液限和塑限的差值，即

$$I_P = (w_L - w_P) \times 100 \tag{1-21}$$

由图 1-19 可知，液限 w_L 和塑限 w_P 的差值越大，说明土的可塑性范围越大，土粒表面的弱结合水膜越厚、土粒比表面积越大、土粒的吸附能力越强，土中的黏粒、胶粒、黏土矿物越多。所以说土的塑性指数 I_P 的大小反映了土中黏粒、胶粒和黏土矿物成分的多少。因此，《建筑地基基础设计规范》（GB 50007—2011）把它作为黏性土和粉土的定名标准，其中黏性土按照表 1-8 又可划分为黏土和粉质黏土两种。

表 1-8 黏性土按塑性指数分类

土的名称	粉质黏土	黏土
塑性指数	$10 < I_P \leqslant 17$	$I_P > 17$

注 塑性指数由相应于76g圆锥体沉入土样中深度为10mm时测定的液限计算而得。

2. 黏性土的液性指数 I_L

液性指数定义为土的含水率与塑限之差除以塑性指数 I_P，即

$$I_L = \frac{w - w_P}{w_L - w_P} \qquad (1-22)$$

液性指数反映黏性土天然状态的软硬程度。根据液性指数 I_L 值的大小，将黏性土划分为 5 种状态，见表 1-9。

表 1-9 黏 性 土 的 状 态

液性指数	$I_L \leqslant 0$	$0 < I_L \leqslant 0.25$	$0.25 < I_L \leqslant 0.75$	$0.75 < I_L \leqslant 1$	$I_L > 1$
土的状态	坚硬	硬塑	可塑	软塑	流塑

注 当用静力触探探头阻力判定黏性土的状态时，可根据当地经验确定。

三、黏性土的活动度、结构性和触变性

1. 活动度

黏性土中含有较多的黏粒、胶粒和黏土矿物，这些颗粒具有比表面积大、表面离子交换能力强、表面活性强、亲水性强等特点。对黏性土的活性应该给出一个定量的指标来表示。英国土力学家斯开普顿（Skempton, 1953）观察到黏性土的塑性指数随黏粒含量（粒径小于 0.002mm 土颗粒的质量百分含量）的增加而呈线性增大，因此提出用活动度 A 的概念来表达黏性土的活性，表达式为

$$A = \frac{I_P}{CF} \qquad (1-23)$$

式中　CF——黏粒含量（粒径小于 0.002mm 土颗粒的质量百分含量）。

活动度也常被用作鉴定黏土膨胀潜力的指标。表 1-10 列举了常见黏土矿物的活动度。

表 1-10 常见黏土矿物的活动度

黏土矿物	蒙脱石	伊利石	高岭石
活动度 A	1~7	0.5~1	0.5

2. 结构性

天然状态下的黏性土都具有一定的结构性，由结构性形成的强度即结构强度在土的强度组成中占有重要的地位。当土体受到扰动时，其结构很容易受到破坏，而使土的结构强度丧失，导致土的强度显著降低。这种因天然土的结构受到扰动而发生强度改变的特性，一般用灵敏度来衡量。土的灵敏度就是在不排水条件下，原状土的无侧限抗压强度与该土经重塑（土的结构性彻底破坏）后的无侧限抗压强度之比，用 S_t 表示，即

$$S_t = \frac{q_u}{q_u'} \qquad (1-24)$$

式中　q_u——原状土在不排水条件下的无侧限抗压强度，kPa；

q'_u——重塑土在不排水条件下的无侧限抗压强度，kPa。

灵敏度的概念在工程上主要用于饱和、近饱和的黏性土。工程上根据灵敏度将饱和黏性土分为：$1<S_t\leqslant2$，低灵敏；$2<S_t\leqslant4$，中等灵敏；$4<S_t\leqslant8$，灵敏；$8<S_t\leqslant16$，高灵敏；$S_t>16$，流动。土的灵敏度越高，其结构性越强，受扰动后土的强度降低越多。因此，对于中、高灵敏度的黏性土，要特别注意避免扰动土体，否则土的物理、力学性质将发生极大变化，影响工程安全。

3. 触变性

黏性土的结构受到扰动，导致强度降低，但当扰动停止后，土的强度又随时间而逐渐增大，这种强度随时间缓慢恢复的胶体性质称为黏性土的触变性。地基处理中，利用黏性土的触变性可使地基土的强度得以恢复。例如，采用深层挤密法进行地基处理，处理后的地基常静置一段时间后再进行上部结构的修建。

第六节 土 的 压 实 性

土工建筑物，如土坝、土堤及道路填方是用土作为建筑材料而成的。为了保证填料有足够的强度，较小的压缩性和透水性，在施工时常常需要压实，以提高填土的密实度（工程上以干密度表示）和均匀性，如图 1-22 所示。

(a)   (b)

图 1-22 土的压实
(a) 两河口大坝黏土心墙碾压；(b) 冲击压路机碾压路基

研究土的填筑特性常用现场填筑试验和室内压实试验两种方法。前者是在现场选一试验地段，按设计要求和施工方法进行填土，并同时进行有关测试工作，以查明填筑条件（如土料、堆填方法、压实机械等）和填筑效果（如土的密实度）的关系。

室内压实试验是近似地模拟现场填筑情况，是一种半经验性的试验，用锤击方法将土压实，以研究土在不同压实功能下土的压实特性，以便取得有参考价值的设计数值。

土的击实性是指土在反复冲击荷载作用下能被压密的特性。土料压实的实质是将水包裹的土粒挤压填充到土粒间的空隙里，排走空气占有的空间，使土料的孔隙率减少，密实度提高。土料压实过程就是在外力作用下土料的三相重新组合的过程。显然，同一种土，干密度越大，孔隙比越小，土越密实。

一、细粒土的压实特性

实验室或现场进行击实试验均可获得土的压实性。室内击实试验可参考《土工试验方法标准》（GB/T 50123—2019）。通过击实试验，可以获得土的最大干密度与对应的最优含水率的关系。

图 1-23　电动击实仪

（一）细粒土的击实试验

细粒土的室内击实试验方法如下：将某一土样分成 6～7 份，每份加入不同的水量，得到不同含水率的土样。将每份土样装入击实仪内，见图 1-23，用完全相同的方法加以击实。击实后，测出压实土的含水率和干密度。以含水率为横坐标，干密度为纵坐标，绘制一条含水率与干密度曲线（w-ρ_d），即击实曲线，见图 1-24。

另一方面，从理论上说，在某一含水率下将土压到最密，就是将土中所有的气体都从孔隙中赶走，使土达到饱和。将不同含水率土体达到饱和状态时的干密度，也绘制于击实曲线图 1-24 中，得到理论上所达到的最大压实曲线，即饱和度为 S_r＝100% 的压实曲线，称为饱和曲线，饱和曲线是一条理论曲线，描述的是饱和含水率与干密度的关系。显然，击实曲线具有如下一些特点：

（1）击实曲线峰值。击实曲线上，干密度随着含水率的增大先增大而后又逐渐减小，中间存在最大值，这个最大值称为最大干密度 ρ_{dmax}，最大干密度对应的横坐标值称为最优含水率 w_{op}。

（2）饱和曲线。饱和曲线是一条随含水率增大，干密度减小的曲线。

（3）击实曲线位置。实际的击实曲线位于饱和曲线的左侧，两条曲线不会相交，因为理论饱和曲线假定土中空气全部被排除，孔隙完全被水占据，而实际上不可能做到。

（4）击实曲线的形态。击实曲线在峰值以右逐渐接近于饱和曲线，且大致与饱和曲线平行；在峰值以左，击实曲线和饱和曲线差别很大，随着含水率的减小，干密度迅速减小。

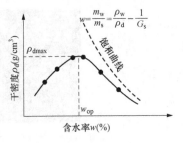

图 1-24　含水率与
干密度关系曲线

（二）影响击实效果的因素

影响击实的因素很多，但最重要的是土的性质、含水率和击实功。

1. 土的性质

土是固相、液相和气相的三相体。当采用压实机械对土施加碾压时，土颗粒彼此挤紧，孔隙减小，顺序重新排列，形成新的密实体，粗粒土之间摩擦和咬合增强，细粒土之间的分子引力增大，从而土的强度和稳定性都得以提高。在同一击实功能作用下，含粗粒越多的土，其最大干密度越大，而最佳含水率越小，即随着粗粒土的增多，击实曲线的峰点越向左上方移动。

土的颗粒级配对压实效果也有影响。颗粒级配越均匀，压实曲线的峰值范围就越宽广平缓；对于黏性土，压实效果与其中的黏土矿物成分含量有关；添加木质素和铁基材料可改善土的压实效果。

2. 含水率

含水率的大小对击实效果的影响显著。可以这样来说明：当含水率较小时，水处于强结合水状态，土粒之间摩擦力、黏结力都很大，土粒的相对移动有困难，因而不易被击实。当含水率增加时，水膜变厚，土块变软，摩擦力和黏结力也减弱，土粒之间彼此容易移动。故随着含水率增大，土的击实干密度增大，至最优含水率时，干密度达到最大值。当含水率超过最优含水率后，水所占据的体积增大，限制了颗粒的进一步接近，含水率越大水占据的体积越大，颗粒能够占据的体积越小，因而干密度逐渐变小。由此可见，含水率不同，改变了土中颗粒间的作用力、土的结构与状态，从而在一定的击实功能下改变击实效果。

试验统计证明：最优含水率 w_{op} 与土的塑限 w_P 有关，大致为 $w_{op} = w_P \pm 2\%$。土中黏土矿物含量越大，则最优含水率越大。

3. 击实功的影响

夯击的击实功与夯锤的重量、落高、夯击次数以及被夯击土的厚度等有关；碾压的压实功则与碾压机具的重量、接触面积、碾压遍数以及土层的厚度等有关。

击实试验中的击实功用下式表示

$$E = \frac{WdNn}{V} \tag{1-25}$$

式中　W——击锤质量，kg，在标准击实试验中击锤质量为 2.5kg；

　　　d——落距，m，击实试验中定为 0.305m；

　　　N——每层土的击实次数，标准试验为 25 击；

　　　n——铺土层数，试验中分 3 层；

　　　V——击实筒的体积，为 947.4cm³。

对于同一种土，用不同的功击实，得到的击实曲线如图 1-25 所示。曲线表明，在不同的击实功下，曲线的形状不变，但最大干密度却随着击实功的增大而增大，其位置向左上方移动。这就是说，当击实功增大时，最优含水率减小，相应最大干密度增大。所以在工程实践中，若土的含水率较小时，则应选用击实功较大的机具，才能把土压实至最大干密度；若土的含水率较大，则应选用击实功较小的机具，否则会出现"橡皮土"现象。因此，若要把土压实到工程要求的干密度，必须合理控制压实时的含水率，选用适合的压实机具，才能获得预期的效果。

根据以上内容，分析可知：

（1）土的最大干密度和最优含水率不是常量；ρ_{dmax} 随击数的增加而逐渐增大，而 w_{op} 则随击数的增加而逐渐减小。

（2）当含水率较低时，击数的影响较明显；当含水率较高时，含水率与干密度关系曲线趋近于饱和线，也就是说，这时提高压实功是无效的。

（3）试验证明，最优含水率 w_{op} 约与 w_P 相近，大约为 $w_{op} = w_P \pm 2\%$。填土中所含的细粒越多（即黏土矿物越多），则最优含水率越大，最大干密度越小。

（4）有机质对土的压实效果有负面影响。因为有机质亲水性强，不易将土压实到较大的干密度，且能使土质恶化。

（5）在同类土中，土的颗粒级配对土的压实效果影响很

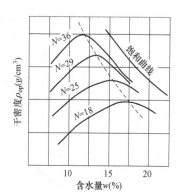

图 1-25　压实功能对击实曲线的影响

大，颗粒级配不均匀的容易压实，均匀的不易压实。这是因为级配均匀的土中较粗颗粒形成的孔隙很少有细颗粒去充填。

（三）压实标准的确定与控制

由于黏性填土存在最优含水率，当含水率控制在最优含水率的左侧时（即小于最优含水率），击实土的结构常具有凝聚结构的特征。这种土比较均匀，强度较高，较脆硬，不易压密，但浸水时容易产生附加沉降；当含水率控制在最优含水率的右侧时（即大于最优含水率），土具有分散结构的特征。这种土的可塑性较大，适应变形的能力强，但强度较低，且具有不等向性。所以，含水率比最优含水率偏高或偏低，填土的性质各有优缺点，在设计土料时要根据对填土提出的要求和当地土料的天然含水率，选定合适的含水率。

工程上常采用压实度 D_c 作为衡量填土达到的压密标准，即

$$D_c = \frac{填土实际干密度}{室内标准击实功的最大干密度} \times 100\% \qquad (1-26)$$

压实度 D_c 一般为 0～1，D_c 值越大压实质量愈高，反之则差，但 $D_c > 1$ 时表明实际压实功已超过标准击实功。工程等级越高要求压实度越大，反之可以略小，大型或重点工程要求压实度都在 95% 以上，小型堤防工程通常要求 80% 以上。在填方碾压过程中，如果压实度 D_c 要求很高，当碾压机具多遍碾压后，压实度 D_c 的增长十分缓慢或达不到要求的压实度，这时切不可盲目增加碾压遍数，使得碾压成本增大、施工进度延长，而且很可能造成土体的剪切破坏，降低干密度，应该认真检查土的含水率是否符合设计要求，否则就是由于使用的碾压机是单遍压实功过小而达不到设计要求，只能更换压实功更大的碾压机械才能达到目的。

我国《碾压式土石坝设计规范》（SL 274—2020）中规定黏性土压实性要求，用标准击实的方法，如采用轻型击实试验，1、2 级坝和高坝的压实度应达到 98%～100% 以上，3 级及其以下坝，密实度应不小于 96%～98%，对高坝如采用重型击实试验，压实度不低于95%。填土地基的压实标准也可参照这一规定。式（1-26）中的标准击实功规定为607.5kN·m/m³，相当于击实试验中每层土夯实 27 次。

二、粗粒土的压实特性

砂和砂砾等粗粒土的压实性也与含水率有关，不过不存在着一个最优含水率。一般在完全干燥或者充分洒水饱和的情况下容易压实到较大的干密度。潮湿状态，由于毛细压力作用使砂土互相靠紧，阻止颗粒移动，增加了粒间阻力，压实干密度显著降低。粗砂在含水率 4%～5%，中砂在含水率为 7% 左右时，压实干密度最小。如图 1-26 所示。所以，在压实砂砾时要充分洒水使土料饱和。

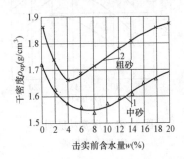

图 1-26 粗粒土的击实曲线

对粗粒土，土的颗粒级配对压实效果的影响很大。级配良好的土，压实干密度要比级配均匀的土高。此外，碾压遍数施加振动碾压时选用的振幅和频率也会影响粗粒土的压实干密度。

粗粒土的压实标准，一般用相对密实度 D_r 来控制。以前要求相对密实度达到 0.70 以上，近年来根据地震震害资料的分析结果，认为高烈度区相对密实度还应提高。室内试验结果也表明，对于饱和的粗粒土，在静力或动力的作

用下，相对密实度大于 0.70～0.75 时，土的强度明显增加，变形显著减小，可以认为相对密实度 0.7～0.75 是力学性质的一个转折点。同时由于大功率振动碾压机具的发展，提高碾压密实度成为可能。所以，我国现行的《水电工程水工建筑物抗震设计规范》（NB 35047—2015）规定，位于浸润线以上的粗粒土要求相对密实度达到 0.75 以上，而浸润线以下土的相对密实度应根据设计烈度大小适当提高。

【例 1 - 5】 某土料场土料的分类为中液限黏性土，天然含水率 $w=21\%$，土粒比重 $G_s=2.70$。土样在室内标准功能击实试验条件下得到的最大干密度 $\rho_{dmax}=1.85\text{g/cm}^3$。若设计中取压实度 $D_c=95\%$，并要求压实后土的饱和度 $S_r=0.9$。问该土料的天然含水率是否适用于填筑？碾压时土料的含水率应控制多大。

解　（1）求压实后填土的干密度和土的孔隙比

$$\rho_d = \rho_{dmax} \times D_c = 1.85 \times 0.95 = 1.76(\text{g/cm}^3)$$

$$e = \frac{G_s \rho_w}{\rho_d} - 1 = \frac{2.70 \times 1.0}{1.76} - 1 = 0.53$$

（2）根据饱和度 $S_r=0.9$ 控制碾压含水率

$$w = \frac{eS_r}{G_s} \times 100\% = \frac{0.53 \times 0.9}{2.70} \times 100\% = 17.7\% < 21\%$$

通过以上计算可知：碾压时土料的含水率应控制在 17.7% 左右。料场的土料天然含水率比高碾压控制含水率高 3% 以上，不适于直接填筑，应进行翻晒处理，适当降低含水率。

第七节　土 的 工 程 分 类

一、土的工程分类原则

土的工程分类是把土的工程性质相近的土归到一个组合中去，以便人们根据同类土已知的性质去评价其工程特性，或为工程师们提供一个可供描述与评价土的方法。土的工程分类是工程设计的前提，也是工程地质勘察与评价的基本内容。

目前，国内外关于土的工程分类方法并不统一，即使同一个国家的不同行业和部门之间，土的分类体系也都是结合本专业的特点而制定，但一般遵循以下原则：①简明原则，即土的分类体系采用的指标，既要能综合反映不同类土的主要工程性质，又要测定方法简单，且使用方便；②工程特性差异原则，即土的分类体系采用的指标要在一定程度上反映不同类工程用土的特征。

本书简要介绍《建筑地基基础设计规范》（GB 50007—2011）和《土的工程分类标准》（GB/T 50145—2007）两种土的分类方法。《建筑地基基础设计规范》（GB 50007—2011）侧重于把土作为建筑地基和环境，以原状土为基本对象，注重土的天然结构性，与土的主要工程特性紧密联系，较为简单；《土的工程分类标准》（GB/T 50145—2007），主要特点是充分考虑了土的粒度成分和塑性指标，即粗粒土土粒的个体特征和细粒土与水的相互作用，忽略了土的结构，较为复杂。

二、按《建筑地基基础设计规范》（GB 50007—2011）分类

按照《建筑地基基础设计规范》（GB 50007—2011），建筑地基土可分成五大类，即碎石土、砂土、粉土、黏性土和人工填土。

1. 碎石土

土的粒径大于 2mm 的颗粒含量超过总土重的 50% 的土。颗粒形状以圆形及亚圆形为主的土，由大至小分为漂石、卵石、圆砾 3 种；颗粒形状以棱角形为主的土，相应分为块石、碎石、角砾 3 种，见表 1-11。

表 1-11　　　　　　　　　　　　　　碎石土的分类

土的名称	颗粒形状	粒组含量
漂石	圆形及亚圆形为主	粒径大于 200mm 的颗粒超过全重的 50%
块石	棱角形为主	
卵石	圆形及亚圆形为主	粒径大于 20mm 的颗粒超过全重的 50%
碎石	棱角形为主	
圆砾	圆形及亚圆形为主	粒径大于 2mm 的颗粒超过全重的 50%
角砾	棱角形为主	

注　分类时应根据粒组含量栏从上到下以最先符合者确定。

碎石土的密实度，可按表 1-12 分为松散、稍密、中密、密实。

表 1-12　　　　　　　　　　　　　　碎石土的密实度

重型圆锥动力触探锤击数 $N_{63.5}$	密实度
$N_{63.5} \leqslant 5$	松散
$5 < N_{63.5} \leqslant 10$	稍密
$10 < N_{63.5} \leqslant 20$	中密
$N_{63.5} > 20$	密实

注　1. 本表适用于平均粒径小于等于 50mm 且最大粒径不超过 100mm 的卵石、碎石、圆砾、角砾。对于平均粒径大于 50mm 或最大粒径大于 100mm 的碎石土，可按《建筑地基基础设计规范》（GB 50007—2011）附录 B 鉴别其密实度。

2. 表内 $N_{63.5}$ 为经综合修正后的平均值。

常见的碎石土，强度大，压缩性小，渗透性大，为优良地基。其中密实碎石土为优等地基；中等密实碎石土为优良地基；稍密碎石土为良好地基。

2. 砂土

粒径大于 2mm 的颗粒含量不超过全重的 50%，粒径大于 0.075mm 的颗粒含量超过全重的 50% 的土称为砂土。砂土根据粒组含量不同又细分为砾砂、粗砂、中砂、细砂和粉砂五类，见表 1-13。

表 1-13　　　　　　　　　　　　　　砂土的分类

土的名称	粒组含量
砾砂	粒径大于 2mm 的颗粒占全重 25%～50%
粗砂	粒径大于 0.5mm 的颗粒超过全重 50%
中砂	粒径大于 0.25mm 的颗粒超过全重 50%
细砂	粒径大于 0.075mm 的颗粒超过全重 85%
粉砂	粒径大于 0.075mm 的颗粒超过全重 50%

注　分类时应根据粒组含量栏从上到下以最先符合者确定。

根据标准贯入试验的锤击数,砂土的密实度可分为松散、稍密、中密、密实,见表1-7。

工程上,密实与中密状态的砾砂、粗砂、中砂为优良地基;稍密状态的砾砂、粗砂、中砂为良好地基。粉砂与细砂要具体分析:密实状态时为良好地基;饱和疏松状态时为不良地基。

【例1-6】 对某工程的一个砂土试样进行筛析试验,得到各粒组的质量百分含量,见表1-14,试定砂土名称。

表1-14   砂样的粒组含量 [例1-6]

粒组	质量百分含量/%	粒组	质量百分含量/%
$d \leqslant 0.075 \text{mm}$	14	$0.5 \leqslant d < 2.0 \text{mm}$	26
$0.075 \leqslant d < 0.25 \text{mm}$	16	$2.0 \leqslant d < 5.0 \text{mm}$	22
$0.25 \leqslant d < 0.5 \text{mm}$	14	$d \geqslant 5.0 \text{mm}$	8

解 按表1-14可得

(1) 粒径大于2mm的含量占30%,在25%~50%之间,可定为砾砂;

(2) 粒径大于0.5mm的含量占56%,大于50%,可定为粗砂;

(3) 粒径大于0.25mm的含量占70%,大于50%,可定为中砂;

(4) 粒径大于0.075mm的含量占86%,大于85%,可定为细砂;

(5) 粒径大于0.075mm的含量占86%,大于50%,可定为粉砂。

根据表1-13,按粒组含量栏从上到下以最先符合者确定的规定,该砂土应定名为砾砂。

3. 粉土

塑性指数 $I_P \leqslant 10$ 且粒径大于0.075mm的颗粒含量不超过全重50%的土,称为粉土。

粉土的性质介于砂土与黏性土之间。它既不具有砂土透水性大、容易排水固结、抗剪强度较高的优点,又不具有黏性土防水性能好、不易被水冲蚀流失、具有较大黏聚力的优点。在许多工程问题上,表现出较差的性质,如受振动容易液化、冻胀性大等等。因此,在规范中,将其单列一类,以便于进一步研究。密实的粉土为良好地基。饱和稍密的粉土,地震时易产生液化,为不良地基。

4. 黏性土

土的塑性指数 $I_P > 10$ 时,称为黏性土。按塑性指数的大小分为黏土和粉质黏土。$10 < I_P \leqslant 17$ 为粉质黏土;$I_P > 17$ 为黏土。黏性土的工程性质与其含水率大小密切相关。密实硬塑的黏性土为优良地基;疏松流塑状态的黏性土为软弱地基。需指出的是,此处的 I_P 为由相应于质量76g、锥角为30°的圆锥体沉入土中10mm时的含水率为液限计算所得。

5. 人工填土

人工填土根据其组成和成因,可分为素填土、压实填土、杂填土、冲填土。素填土为由碎石土、砂土、粉土、黏性土等组成的土。经过压实或夯实的素填土为压实填土。杂填土为含有建筑垃圾、工业废料、生活垃圾等杂物的填土。冲填土为水力冲填泥砂形成的填土。

通常人工填土的工程性质不良,强度低,压缩性大且不均匀。其中,压实填土相对较好。杂填土因成分复杂,平面与立面分布很不均匀、无规律,工程性质较差。

除此之外，自然界中还分布着许多具有特殊性质的土，如淤泥、红黏土、膨胀土、湿陷性土等。

淤泥为在静水或缓慢的流水环境中沉积，并经过生物化学作用形成，天然含水率大于液限、天然孔隙比大于等于 1.5 的黏性土。当天然含水率大于液限，而孔隙比小于 1.5 但大于或等于 1.0 的黏性土或粉土为淤泥质土。含有大量未分解的腐殖质，有机质含量大于 60% 的土为泥炭，有机质含量大于等于 10% 且小于等于 60% 的土为泥炭质土。淤泥压缩性高、强度低、透水性低，为不良地基。

红黏土为碳酸盐岩系的岩石经红土化作用形成的高塑性黏土，其液限一般大于 50%。红黏土经再搬运后仍保留其基本特征，其液限大于 45% 的土为次生红黏土。一般情况下，红黏土强度高压缩性低。

膨胀土为土中黏粒成分主要由亲水矿物组成，同时具有显著的吸水膨胀和失水收缩特性，其自由膨胀率大于或等于 40% 的黏性土。

湿陷性土为一定压力下浸水后产生附加沉降，其湿陷系数大于或等于 0.015 的土。

三、按《土的工程分类标准》（GB/T 50145—2007）分类

《土的工程分类标准》（GB/T 50145—2007），基本上与卡萨格兰德（A. Casagrande）土的分类原则类似，但在细节上做了改动，增加了巨粒土和含巨粒土的分类。

1. 粒组划分

土按颗粒粒径大小可划分为巨粒、粗粒和细粒三个粒组。巨粒组又进一步可分为漂石（块石）、卵石（碎石）两组。粗粒组又可进一步划分为砾粒、砂砾两组。细粒组又可进一步分为粉粒、黏粒两组，见表 1-15。

表 1-15　　　　　　　　　　　　　　粒　组　划　分

粒组	颗粒名称		粒径 d 的范围（mm）
巨粒	漂石（块石）		$d>200$
	卵石（碎石）		$200 \geqslant d>60$
粗粒	砾粒	粗砾	$60 \geqslant d>20$
		中砾	$20 \geqslant d>5$
		细砾	$5 \geqslant d>2$
	砂粒	粗砂	$2 \geqslant d>0.5$
		中砂	$0.5 \geqslant d>0.25$
		细砂	$0.25 \geqslant d>0.075$
细粒	粉粒		$0.075 \geqslant d>0.005$
	黏粒		$d \leqslant 0.005$

2. 土类划分

土按其不同粒组的相对含量可划分为巨粒类土、粗粒类土和细粒类土。巨粒类土按粒组及含量划分，见表 1-16。粗粒类土按粒组、级配、细粒土含量划分，见表 1-17。细粒类土塑性图（见图 1-27）、所含粒组类别以及有机质含量划分，见表 1-18。

表 1 - 16　　　　　　　　　　　**巨 粒 类 土 的 分 类**

土类	粒组含量		土类代号	土类名称
巨粒土	巨粒含量>75%	漂石含量大于卵石含量	B	漂石（块石）
		漂石含量不大于卵石含量	Cb	卵石（碎石）
混合巨粒土	50%<巨粒含量≤75%	漂石含量大于卵石含量	BSl	混合土漂石（块石）
		漂石含量不大于卵石含量	CbSl	混合土卵石（碎石）
巨粒混合土	15%<巨粒含量≤50%	漂石含量大于卵石含量	SlB	漂石（块石）混合土
		漂石含量不大于卵石含量	SlCb	卵石（碎石）混合土

表 1 - 17　　　　　　　　　　　**粗 粒 类 土 的 分 类**

土类	粒组含量		土类代号	土类名称
砾	细粒含量<5%	级配 $C_u \geqslant 5$，$1 \leqslant C_c \leqslant 3$	GW	级配良好砾
		级配不同时满足上述要求	GP	级配不良砾
含细粒土砾	5%≤细粒含量<15%		GF	含细粒土砾
细粒土质砾	15%≤细粒含量<50%	细粒组中粉粒含量不大于50%	GC	黏土质砾
		细粒组中粉粒含量大于50%	GM	粉土质砾
砂	细粒含量<5%	级配 $C_u \geqslant 5$，$1 \leqslant C_c \leqslant 3$	SW	级配良好砂
		级配不同时满足上述要求	SP	级配不良砂
含细粒土砂	5%≤细粒含量<15%		SF	含细粒土砂
细粒土质砂	15%≤细粒含量<50%	细粒组中粉粒含量不大于50%	SC	黏土质砂
		细粒组中粉粒含量大于50%	SM	粉土质砂

　　塑性图分类最早由美国卡萨格兰德（A. Casagrande）于 1942 年提出，是美国试验与材料协会（ASTM）统一分类法体系中细粒土的分类方法，后来为欧美许多国家所采用。

　　塑性图是以液限 w_L 为横坐标，塑性指数 I_P 为纵坐标的一张分类图，如图 1 - 27 所示。图中有 A、B 两条经验界限，其中 A 线方程为 $I_P = 0.73(w_L - 20)$，它的作用是区分黏土与粉土。B 线方程为 $w_L = 50$，是区分高塑性土和低塑性土的标准。

　　在 A 线以上且 $I_P \geqslant 7$，表示土的塑性高，属于黏土，如果液限大于 50，称为高塑性黏土（CH），而液限小于 50 的土则称为低塑性黏土（CL）；在 A 线以下及 $I_P < 7$，表示土的塑性低，属于粉土，液限大于 50 的土称为高塑性粉土（MH），液限小于 50 的土称为低塑性粉土（ML）。在低塑性区，如果土样处于 A 线以上. 而塑性指数范围为 4～7 之间虚线区域，目前规范中没有明确规定，但在这个区域对应的土体

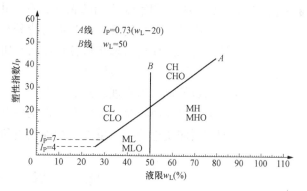

图 1 - 27　锥式液限仪 17mm 液限标准下的塑性图

一般可认为是粉土。有机质含量小于10％且不小于5％的土称有机质土，这类土应在各相应土类代号之后缀以代号O，如图1-27中CHO为有机质高液限黏土。

在图1-27中，需指出的是：①图中的液限w_L为用碟式仪测定的液限含水率或用质量76g，锥角为30°的液限仪锥尖入土深度17mm对应的含水率。它和碟式仪测液限时土的不排水抗剪强度是等效的；②图中虚线之间区域为黏土-粉土过渡区；③粉土的英文单词为silt，这与砂（sand）首字母重复，为便于区分将粉土的代号改为M。

表1-18 细粒土的分类

土的塑性指标在塑性图中的位置		土类代号	土类名称
$I_P \geqslant 0.73(w_L-20)$和$I_P \geqslant 7$	$w_L \geqslant 50\%$	CH	高液限黏土
	$w_L < 50\%$	CL	低液限黏土
$I_P < 0.73(w_L-20)$或$I_P < 4$	$w_L \geqslant 50\%$	MH	高液限粉土
	$w_L < 50\%$	ML	低液限粉土

注 1. 黏土—粉土过渡区（CL—ML）的土可按相邻土层的类别细分；

2. 试样中细粒组含量不小于50％的土为细粒类土。粗粒含量不大于25％的土称细粒土。粗粒含量大于25％且不大于50％的土称含粗粒的细粒土，如含砾细粒土，在代号后加G，如CHG；含砂细粒土，在代号后加S，如CLS。

【例1-7】 某细粒土的液限w_L＝30％，塑限为w_P＝15％。按塑性图分类，问该土属于哪类土？

解 （1）求该土的塑性指数

$$I_P = (w_L - w_P) \times 100 = 15$$

（2）按塑性图分类

由于w_L＝30％，且$I_P = 0.73(w_L - 20) = 0.73 \times (30-20) = 7.3 < 15$，落在塑性图的CL区，因此该土属低液限黏土（CL）。

思 考 题

1-1 土的密度ρ与土的重度γ的物理意义和单位有何区别？说明天然重度γ、饱和重度γ_{sat}、有效重度γ'和干重度γ_d之间的相互关系，并比较其数值的大小。

1-2 土的三相是什么？是否存在两相的情况？

1-3 黏性土与无黏性土物理状态各是什么？如何表示和评价？

1-4 为什么黏性土会存在最优含水率？

1-5 塑性指数的定义和物理意义是什么？

1-6 土的粒径级配曲线含义是什么？在工程上如何应用？

1-7 淤泥和淤泥质土的生成条件、物理性质和工程特性是什么？

习 题

1-1 某工程地质勘察中取原状土样做试验。用天平称50cm³湿土质量为95.15g，烘干后质量为75.05g，土粒比重为2.67。计算此土样的天然密度、干密度、饱和密度、有效密度、天然含水率、孔隙比、孔隙率和饱和度。

1-2　已知某土样的土粒比重为 2.72，孔隙比为 0.95，饱和度为 0.37。当将此土样的饱和度提高到 0.90 时，每 1m³ 的土应加多少水？

1-3　某砂土土样的天然密度为 1.77g/cm³，天然含水率为 9.8%，土粒比重为 2.67，烘干后测定最小孔隙比为 0.461，最大孔隙比为 0.943，试求天然孔隙比 e 和相对密实度 D_r，并评定该砂土的密实度。

1-4　某黏性土样的含水率 $w=36.4\%$，液限 $w_L=48\%$，塑限 $w_P=25.4\%$。要求：计算该土的塑性指数 I_P；根据塑性指数确定该土的名称；计算该土的液性指数 I_L，并按液性指数确定土的状态。

1-5　某填土工程，土料的孔隙比 $e=0.95$，饱和度 $S_r=37\%$，土粒比重 $G_s=2.72$，如果孔隙比不变，要使土量达到含水率 18%，问：

（1）1m³ 土料中需要加水多少？

（2）1000kg 土料中需要加水多少？

1-6　从某砂土层中的试样通过试验测得其含水率 $w=11\%$，密度 $\rho=1.70$g/cm³，最小干密度为 1.41g/cm³，最大干密度为 1.75g/cm³，试判断该砂土的密实程度。

1-7　击实筒内装有被击实过的湿土 1670g，当把这些土烘干后称得干土重为 1449g，已知击实筒的体积为 1000cm³，土粒比重 $G_s=2.67$。求其含水率、天然密度、干密度、饱和密度、有效密度、孔隙比、孔隙率、饱和度。

第二章 土的渗透性及渗流问题

第一节 概 述

土是一种具有连续孔隙的多孔介质。当土中不同位置的水存在能量差（水头差）时，就会从能量高（水头高）的地方沿着土中孔隙向能量低（水头低）的地方流动。水透过土体中孔隙流动的现象称为渗流，而土体允许水透过的性质称为土的渗透性。土体中相互连通的孔隙相当于一个个弯曲的"管道"，水的渗流即水沿着这些弯曲的"管道"流动的过程，"管道"直径与土颗粒的粒径、级配及土的密度、结构等密切相关。通常土颗粒越细微，形成的"管道"直径也越小，对黏性土来说通常是以微米计的，因此水在这类土体中流动的阻力很大，渗流过程也极为缓慢。

渗流在建筑、交通、水利和矿山等工程中有着举足轻重的影响，有时会直接导致地基、边坡及土工建筑物的破坏。据统计，世界各国因渗漏和管涌等原因造成的坝体失事超过30%。如图 2-1（a）所示为土坝蓄水后，水在上下游水位差的作用下透过坝身填土中的孔隙产生的渗流；图 2-1（b）所示为基坑内部水位降低后，水从坑外沿地基土孔隙向坑内渗流的现象。水在土中渗流，一方面造成大坝水量损失或基坑内积水，另一方面，会对土颗粒施加作用力，即渗透力。当渗透力过大时会引起土颗粒的位移，严重时甚至影响土工建筑物和地基的稳定性。如图 2-2 所示为 2017 年 2 月美国奥罗维尔大坝（Oroville dam）溢洪道发生的泄洪事故，导致下游 18.8 万居民紧急疏散。经调查得知，事故主要原因为溢洪道底板混凝土存在裂缝，在泄流时水流渗入地基，造成地基土颗粒流失，进而发生冲蚀破坏，形成很大的空洞，随后不断扩展导致溢洪道底板塌陷。

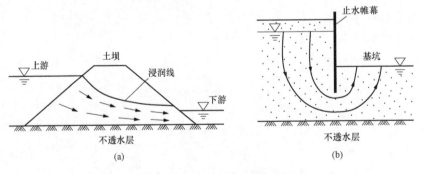

图 2-1 工程中的常见渗流问题
(a) 土坝蓄水后水透过坝身流向下游；(b) 坑外水绕过止水帷幕渗入坑内

可见，研究土的渗透性、土中水的渗流规律及渗透作用的表现形式，有助于我们深入认识工程中的渗透问题，从而提出可靠有效的防治措施，保证土工建筑物及地基的稳定与安全。本章主要讲述内容有：土的渗透性和土中水的渗流规律；二维渗流理论及流网的应用；与渗透有关的变形和破坏问题。

（a）　　　　　　　　　　　（b）

图 2-2　奥罗维尔大坝溢洪道事故图
（a）底板塌陷；（b）溢洪道泄流

第二节　土体中水的渗流规律

一、总水头与水力坡降

饱和土中的渗透水流满足伯努利方程（Bernoulli′s equation），为研究方便，利用总水头表示计算点单位重量液体所具有的总能量，并定义为

$$H = z + \frac{u}{\gamma_w} + \frac{v^2}{2g} \tag{2-1}$$

式中　H——总水头，又称测管水头，m；

　　　z——位置水头，m；

　　　u——孔隙水压力，kPa；

　　　γ_w——水的重度，kN/m³；

　　　v——渗流速度，m/s；

　　　g——重力加速度，m/s²。

可见，总水头由位置水头 z、压力水头 u/γ_w 和流速水头 $v^2/（2g）$ 组成。其中，位置水头为计算点距基准面 0-0 的位置高度，表征单位重量液体的位置势能，如图 2-3 所示；压力水头是测压管中水面距计算点的压强高度，表征单位重量液体的压力势能；流速水头所表征的是单位重量液体所具有的动能。由于水在土中渗流时受到土颗粒的阻力较大，渗流速度很小，因此在土力学中一般忽略流速水头，则式（2-1）可简化为

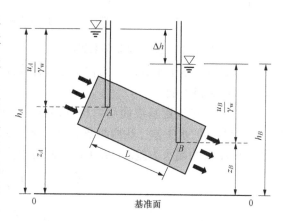

图 2-3　水在土中渗流示意图

$$h = z + \frac{u}{\gamma_w} \qquad (2-2)$$

式中　h——测管水头，指测压管水面距基准面 0-0 的高度，表征单位重量液体的总势能。

水在土中的渗流是由水头差引起的，如图 2-3 所示 A、B 二点的测管水头分别表示为

$$h_A = z_A + \frac{u_A}{\gamma_w} \qquad (2-3)$$

$$h_B = z_B + \frac{u_B}{\gamma_w} \qquad (2-4)$$

二点间的水头差为 $\Delta h = h_A - h_B$。当 $\Delta h > 0$ 时，在水头差的作用下，水在土体中从 A 点流向 B 点，流动过程中的水头损失则为 Δh。定义单位渗流长度上的水头损失为水力坡降（水力梯度），即

$$i = \frac{\Delta h}{L} \qquad (2-5)$$

式中　L——A、B 二点间的渗透路径的长度；

　　　i——水力坡降，与土体对水流的阻力有关，为无量纲物理量。

二、达西定律

土体中孔隙的形状和大小是极不规则的，且常见土体中孔隙直径一般都比较微小，水在其中流动的黏滞阻力很大，流速十分缓慢。地下水的运动，根据其运动形式分为层流与紊流。层流是指在渗流的过程中，水质点的运动是有秩序的、互不混杂的。反之则为紊流。在多数情况下，水在土中的渗流属于层流运动。

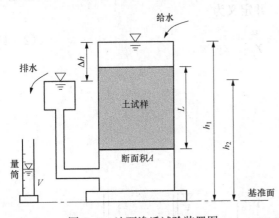

图 2-4　达西渗透试验装置图

1856 年法国工程师达西（H. Darcy）为了研究砂土中的渗流规律，对均匀砂进行了大量的渗流试验，获得了层流条件下土中水的渗流速度与水头损失之间的关系，即达西定律。试验装置如图 2-4 所示，试验筒为上端开口的竖直圆筒，中部装满砂样，并放置在多孔滤板上，砂样长度为 L，截面积为 A。从试验筒顶部注水，并保持试样筒顶部水位及试样下部连接的排水管水位稳定，排水口处水流入量筒，可测定时段 t 内流出的水量 V。当筒的水位保持恒定后，砂土中的渗流为恒定流（即渗流各要素包括水位、流速等均不随时间变化），测压管水位保持不变。

在图 2-4 中取定基准面后，得到砂样上下两断面的测管水头分别为 h_1、h_2，则 $\Delta h = h_1 - h_2$ 为两端的水头差。达西根据试验发现，水在砂土中的渗流量 q 与垂直渗流方向的过水断面积 A 及两端水头差 Δh 成正比，而与渗流流经的长度 L 成反比。因此达西定律表示为

$$\frac{V}{t} = q = k\frac{\Delta h}{L}A = kiA \qquad (2-6)$$

$$v = \frac{q}{A} = ki \qquad (2-7)$$

式中　q——单位时间渗流量，cm^3/s；

　　　V——时间 t 内流入量筒的水的体积，cm^3；

　　　k——渗透系数，cm/s 或 m/d，其物理意义是当水力坡降为 1 时的渗流速度，表征了
　　　　　土体对渗流水的阻力；

　　　i——水力坡降；

　　　v——渗流速度，cm/s。

由于达西定律是把整个试样断面积 A 假想为过水断面，因此按照式（2-7）计算出来的
v，应该是全断面上的假想平均渗流速度，然而试样断面的实际过水面积，应该是土颗粒间
孔隙的断面面积 A'，根据水流连续原理，有

$$q = vA = v'A' = v'nA \tag{2-8}$$

式中　v'——实际渗流速度；

　　　n——孔隙率。

由上式可得

$$v' = \frac{v}{n} \tag{2-9}$$

实际上，由于土颗粒分布的任意性，水
在孔隙中流动的路径并不是规则的，渗流方
向和流速也是不均匀的，如图 2-5 所示。
但为了方便分析工程问题，常忽略渗流路径
的迂回曲折而只考虑渗流的主要方向，并认
为渗流充满整个土体空间，采用全断面上的
假想平均流速 v 来进行渗流计算。

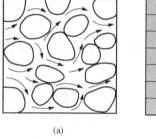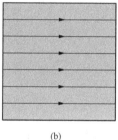

(a)　　　　　　　　　(b)

图 2-5　土中渗流方式
(a) 实际渗流方式；(b) 假想渗流方式

三、达西定律的适用条件

由于达西定律是特定水力条件下的试验
结果，故存在一个适用范围。当水的渗流速
度较小时，其产生的惯性力远小于由土颗粒产生的摩阻力，此时水的流动属于层流，服从线
性达西定律；当水的渗流速度增长到一定程度，惯性力占优势时，水的流动状态向紊流过
渡，达西定律则不再适用。

不少学者建议采用雷诺数（Re）来划分地下水的流态，即

$$Re = \rho_w v d_{10} / \eta$$

式中　ρ_w——水的密度，g/cm^3；

　　　d_{10}——土的有效粒径，cm；

　　　v——渗流速度，cm/s；

　　　η——水的动力黏滞系数，$kP_a \cdot s$。

研究表明，当 $Re \leqslant 10$ 时，水在土体中的渗流状态为层流，渗流满足达西定律，即：
$v = ki$，如图 2-6（a）所示；当 $Re > 200$ 时，水在土体中的流态为紊流；当 $10 < Re \leqslant 200$
时，水在土体中的流态为属于层流与紊流之间的过渡区。也有学者建议采用临界流速 v_{cr} 划
分层流与紊流。当 $v > v_{cr}$ 后有

$$v = ki^m (m < 1) \tag{2-10}$$

在粗粒土（如砾石、卵石等）中，只有在较小的水力坡降下，渗流速度才与水力坡降呈线性关系。而当水力坡降较大时，水在土中的渗流已变为紊流状态，渗流速度与水力坡降呈非线性关系，如图 2-6（b）所示。

另一种情况是在密实的黏土中，其吸附水含量较高，由于吸附水膜具有较大的黏滞阻力，因此只有当水力坡降达到某一临界值后，黏土中的水才能够克服吸附水的黏滞阻力而发生渗透。该临界水力坡降称为黏土的起始水力坡降。当实际水力坡降超过起始水力坡降后，渗流速度与水力坡降的关系呈非线性增长。为方便使用，常用虚直线描述其关系曲线，如图 2-6（c）所示。渗流速度可表示为

$$v = k(i - i_0) \tag{2-11}$$

式中 i_0——密实黏土的起始水力坡降。

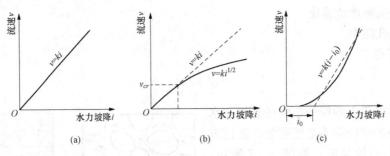

图 2-6 不同性质土的渗流速度与水力坡降之间的关系

(a) 砂土；(b) 砾土；(c) 密实黏土

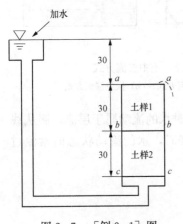

图 2-7 ［例 2-1］图

【例 2-1】 如图 2-7 所示，在恒定的总水头差之下水自下而上透过两个土样，从土样 1 顶面溢出。试求：

（1）以土样 2 底面 c-c 为基准面，求该面的总水头和压力水头。

（2）已知水流经土样 2 的水头损失为总水头差的 30%，求 b-b 面的总水头和压力水头。

（3）已知土样 2 的渗透系数为 0.05cm/s，求土样内的渗流速度。

解 （1）以 c-c 为基准面，则有：

位置水头 $z_c = 0$，总水头 $h_c = 90$cm，压力水头 $h_{wc} = 90$cm。

（2）已知 $\dfrac{\Delta h_{bc}}{\Delta h_{ac}} = 30\%$，由图可知，$\Delta h_{ac} = 30$cm，所以：

$\Delta h_{bc} = 9$cm，则 b-b 面的总水头为

$$h_b = h_c - \Delta h_{bc} = 90 - 9 = 81(\text{cm})$$

又因 $z_b = 30$cm，所以 b-b 面的压力水头 $h_{wb} = 81 - 30 = 51$（cm）。

（3）已知 $k_2 = 0.05$cm/s，因此渗流速度为

$$v = k_2 i_2 = 0.05 \times 9/30 = 0.015(\text{cm/s})$$

第三节　渗透系数的测定

　　渗透系数的大小是直接衡量土体透水性的一个重要物理指标，它在数值上等于单位水力坡降下的渗流速度。不同种类的土渗透系数大小不同，一般要通过渗透试验测定。

　　渗透系数的测定方法可以分为室内试验和现场试验两大类。通常现场试验比室内试验所得到的成果更准确可靠。因此，对于重要工程必须要进行现场渗透性试验。

一、室内试验

　　室内测定土体渗透系数的试验方法可以分为两大类，一是常水头试验；二是变水头试验。前者适用于透水性强的无黏性土，后者适用于透水性弱的黏性土。

　　（一）常水头试验

　　常水头试验即是在整个试验过程中，水头保持不变，其试验装置如图 2-8 所示。圆柱体试样断面积为 A，长度为 L，试验过程中保持水头差 Δh 不变，水透过土体向下渗流，用秒表和量筒测定经过一定时间 t 的透水量 V，则根据达西定律有

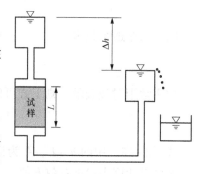

图 2-8　常水头试验装置示意图

$$\frac{V}{t} = q = k\frac{\Delta h}{L}A$$

得到渗透系数为

$$k = \frac{VL}{At\,\Delta h} \tag{2-12}$$

对于透水性很小的黏性土，由于流经试样的水量很少，难以准确量测，因此宜采用变水头试验。

　　（二）变水头试验

　　变水头试验是指在整个试验过程中，试样两端的水头差不是恒定的，而是随着时间不断变化，其试验装置如图 2-9 所示。

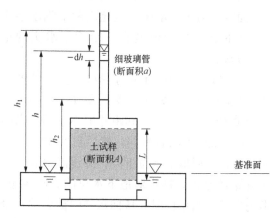

图 2-9　变水头试验装置示意图

　　圆柱体试样断面积为 A，长度为 L，进水端与细玻璃管（断面积为 a）连接，在试验中细玻璃管的水位不断下降，测定从时间 t_1 到 t_2 时刻测压管的水位 h_1 和 h_2 后，渗透系数可由达西定律计算求出。

　　设在任意时刻测压管的水位为 h（即试样上下端的水头差，随时间变化），水力坡降 $i = h/L$。在 dt 时间内，细玻璃管水位下降了 dh，则在 dt 时间内流经试样的水量为

$$dV = -a\,dh \tag{2-13}$$

式中　　"$-$"表示渗水量随 h 的减小而增加。

根据达西定律，在时间 dt 内流经试样的水量又可以表示为

$$dV = k\frac{h}{L}A dt \qquad (2-14)$$

由式（2-13）与式（2-14）相等，得到

$$-a dh = k\frac{h}{L}A dt$$

将上式两边分离变量并积分有

$$k\frac{A}{L}\int_{t_1}^{t_2}dt = -a\int_{h_1}^{h_2}\frac{dh}{h}$$

则土的渗透系数为

$$k = \frac{aL}{A(t_2 - t_1)}\ln\frac{h_1}{h_2}$$

如用常用对数表示，则上式可以写成

$$k = \frac{2.3aL}{A(t_2 - t_1)}\lg\frac{h_1}{h_2} \qquad (2-15)$$

式（2-15）中的 a、L、A 为已知，试验时只要测出与时刻 t_1、t_2 相对应的水头差 h_1、h_2，就可以计算出渗透系数 k 值。

二、现场试验

实验室测定渗透系数 k 的优点是设备简单，费用较低，但由于现场取样、运输以及室内制样时，不可避免地会对试验土样造成扰动，人为加大了土样的透水性能，特别是对于某些土层，如纯砂土，取得原状试样非常困难，有时甚至是不可能的，而现场测试条件比实验室更加符合实际土层的渗透情况，测得的 k 值为整个渗流区较大范围内土体渗透系数的平均值，是比较可靠的测定方法。

根据现场地下水位的高低或不同研究目的需要，现场渗透试验包括抽水试验和注水试验两种方法。下面主要介绍抽水试验测定渗透系数 k 值的方法。

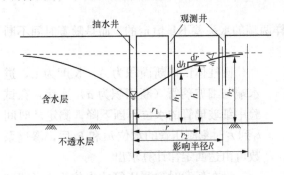

图 2-10 抽水试验布置图

根据埋藏类型，地下水可分为包气带水、潜水和承压水。其中潜水是埋藏在地面以下第一个稳定隔水层之上具有自由水面的重力水。承压水是充满两个隔水层之间的含水层中的具有一定承压水头的重力水。

如图 2-10 所示为潜水完整井的抽水试验示意图，即先在现场设置一口抽水井（直径 15cm 以上）和距井中心不同距离的两个及以上的观测井。然后自井中以不变的速率连续抽水，边抽水边观察水位情况，抽水会使井四周地下水位下降，并逐渐形成一个以井孔为轴心的降落漏斗式的地下水面。距抽水井距离越远，抽水对地下水位的影响越小，从抽水井到地下水位不受影响位置的距离称为影响半径。当单位时间从抽水井中抽出的水量稳定，且抽水井及观测井中的水位稳定一段时间之后，根据抽水量 q 和观测井的水位，利用根据达西定律求出渗透系数 k。

在距离抽水井中心任意 r 处，水头高度为 h，现假设该处有一微小的水平距离增量 dr，其水头损失增量为 dh，则该处的水力坡降近似为地下水位在此处的坡度，即 $i \approx dh/dr$，此时在 r 处的过水断面积 A 为一个以 r 为半径，高度为 h 的圆柱体侧面积，即 $A = 2\pi rh$，由达西定律得到

$$q = kAi = 2\pi rhk \frac{dh}{dr}$$

则

$$q \frac{dr}{r} = 2\pi hk \, dh$$

积分得

$$q \int_{r_1}^{r_2} \frac{dr}{r} = 2\pi k \int_{h_1}^{h_2} h \, dh$$

可得渗透系数为

$$k = \frac{q}{\pi(h_2^2 - h_1^2)} \ln \frac{r_2}{r_1} = \frac{2.3q}{\pi(h_2^2 - h_1^2)} \lg \frac{r_2}{r_1} \qquad (2\text{-}16)$$

式中　h_1，h_2——距抽水井距离为 r_1，r_2 的观测井的地下水位。

当地下水位埋深较深时，通常采用注水试验来测定土层的渗透系数。

【例 2-2】　如图 2-11 所示，在 5.0m 厚的黏土层下有一砂土层厚 6.0m，其下为基岩（不透水）。为测定该砂土的渗透系数，打一钻孔到基岩顶面并以 $10^{-2} \text{m}^3/\text{s}$ 的速率从孔中抽水。在距抽水孔 15m 和 30m 处各打一观测孔穿过黏土层进入砂土层，测得孔内稳定水位分别在地面以下 3.0m 和 2.5m，试求该砂土的渗透系数。

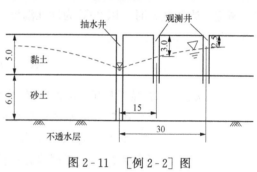

图 2-11　[例 2-2] 图

解　由达西定律

$$q = kAi = k \cdot 2\pi r \cdot 6 \frac{dh}{dr} = 12k\pi r \frac{dh}{dr}$$

可改写为

$$q \frac{dr}{r} = 12k\pi \cdot dh，积分后得到 \; q\ln \frac{r_2}{r_1} = 12k\pi(h_2 - h_1)$$

代入已知条件，得到

$$k = \frac{q}{12\pi(h_2 - h_1)} \ln \frac{r_2}{r_1} = \frac{0.01}{12\pi(8.5 - 8)} \ln \frac{30}{15} = 3.68 \times 10^{-4}(\text{m/s}) = 3.68 \times 10^{-2}(\text{cm/s})$$

三、影响渗透系数的因素

影响渗透系数的因素很多，主要分为土体的性质和渗流液体的性质两种。

（一）土体性质对渗透系数的影响

不同类别的土，其影响因素有所不同。对粗粒土来说，一般土颗粒愈粗、大小愈均匀、形状愈圆滑，渗透系数 k 值也愈大。级配良好的土，细粒会充填粗粒形成的孔隙，孔隙尺寸变小，使 k 值下降。同一种土，孔隙比越大，则土中过水断面越大，k 值也越大。渗透系数还与土的饱和度有关，一般情况下，饱和度越低，孔隙中存在较多的密闭气泡，使得过水断面减小，甚至堵塞细小的孔隙，致使 k 值越小。

黏性土渗透系数与矿物成分及结构有紧密的联系。黏性土中亲水性矿物较多时，土粒结合水膜厚度较大，会堵塞土中孔隙，从而降低土的渗透性。当地下水中多含有低价阳离子时（如 Na^+、K^+ 等），土颗粒表面的结合水膜会变厚从而减少颗粒间的孔隙通道的面积，所以此类土的透水性较低。相反，当水中多含有高价阳离子（如 Al^{3+}、Fe^{3+} 等），则会因为减薄结合水膜厚度而使黏土颗粒凝聚成团，增大土颗粒间的孔隙，土体的渗透性较大。

黏性土在自然沉积过程中形成复杂的结构，一旦结构被扰动，则原有过水通道大小和分布就发生改变，因而渗透性也不同。当孔隙比相同时，絮凝结构的黏性土，其渗透系数比分散结构的大。天然沉积的层状黏性土层，由于扁平状颗粒的水平排列，往往使土层水平方向的渗透性远大于垂直方向，表现出明显的各向异性，特别是夹有薄砂层时。但是对于某些特殊情况则要具体分析对待，如土体中含有垂直层面的裂缝，或土体中含有竖直方向的大孔隙（如天然风积黄土）等，则竖直方向的渗透系数要比水平方向大得多。

（二）渗流液体的性质对渗透系数的影响

渗透系数与渗流液体（水及水溶液）的重度 γ_w 及黏滞度 η 有关。水温不同时，γ_w 差别不大，但 η 有较大的变化。温度愈高，水的黏滞度 η 愈低，渗透性愈大。如水温为 24℃时比水温 5℃时测得的渗透系数约大 65%。我国《土工试验方法标准》（GB/T 50123—2019）规定，测定渗透系数 k 时，以 20℃为标准温度，测定温度不是 20℃要进行温度校正，校正公式为

$$k_{20} = k_T \frac{\rho_{20}\eta_T}{\rho_T\eta_{20}} \tag{2-17}$$

式中 k_T、k_{20}——水温 T℃和标准温度 20℃时试样的渗透系数，cm/s；

         ρ_T、ρ_{20}——T℃和 20℃时水的质量密度，g/cm^3，一般 $\rho_{20}/\rho_T \approx 1$；

         η_T、η_{20}——T℃和 20℃时水的动力黏滞系数（1×10^{-6} kPa·s）。比值 η_T/η_{20} 与温度的关系见《土工试验方法标准》（GB/T 50123—2019）。

可见，土的种类、级配、结构及水的黏滞性等都会对土的渗透系数造成影响。因此，为了能够准确地测定土的渗透系数，必须尽力保持土的原始状态并消除人为因素的影响，特别是在试样制备过程中减少对土骨架结构的扰动。

各类土的渗透系数大致范围见表 2-1。

表 2-1   不同土的渗透系数范围

土类	渗透系数 k（cm/s）	土类	渗透系数 k（cm/s）
黏土	$<1.2 \times 10^{-6}$	细砂	$1.2 \times 10^{-3} \sim 6.0 \times 10^{-3}$
粉质黏土	$1.2 \times 10^{-6} \sim 6.0 \times 10^{-5}$	中砂	$6.0 \times 10^{-3} \sim 2.4 \times 10^{-2}$
黏质粉土	$6.0 \times 10^{-5} \sim 6.0 \times 10^{-4}$	粗砂	$2.4 \times 10^{-2} \sim 6.0 \times 10^{-2}$
黄土	$3.0 \times 10^{-4} \sim 6.0 \times 10^{-4}$	砾砂	$6.0 \times 10^{-2} \sim 1.8 \times 10^{-1}$
粉砂	$6.0 \times 10^{-4} \sim 1.2 \times 10^{-3}$		

注   渗透系数 k 参考《工程地质手册（第五版）》。

【例 2-3】 进行变水头渗透试验，若土试样的断面积 $30 cm^2$，厚度 5cm，细玻璃管的内径 0.4cm。试验中经过 6 分 30 秒后，细玻璃管中的水位从 145cm 下降到 132cm，求该土的渗透系数 k。

解　根据图 2-9 所示，已知 $A=30\text{cm}^2$，$L=5\text{cm}$，$a=3.14\times\left(\dfrac{0.4}{2}\right)^2=0.13\text{cm}^2$，$h_1=$ 145cm，$h_2=132\text{cm}$，$t_2-t_1=390\text{s}$

根据变水头渗透试验公式，得该土的渗透系数为

$$k=\frac{2.3aL}{A(t_2-t_1)}\lg\frac{h_1}{h_2}=\frac{2.3\times0.13\times5}{30\times390}\lg\frac{145}{132}=5.21\times10^{-6}\,(\text{cm/s})$$

四、层状地基的等效渗透系数

天然沉积土往往由渗透性不同的土层组成，且由于土体的各向异性，各土层的渗透系数随着流向的不同而变化。如果土的分层是连续的，对于与土层层面平行和垂直的简单渗流情况，当各层土的渗透系数和厚度已知时，可求出整个土层与层面平行与垂直的等效渗透系数，来作为进行渗流计算的依据。

（一）与层面平行的渗流

已知某水平堆积而成的成层土的层厚自上而下分别为 H_1，H_2，$\cdots$，H_n，总厚度为 H。如图 2-12（a）所示为平面渗流场中与层面平行的渗流条件。各土层的水平渗透系数分别为 k_{x1}，k_{x2}，$\cdots$，k_{xn}，水头损失为 Δh，渗透距离为 L。则存在：

（1）由于各层土上下游的水头损失相同，即 $\Delta h=\Delta h_i$，渗流长度相同，因此各层土的水力坡降 i_{xi} 相等且等于整个土层的平均水力坡降 i_x；

$$i_x=i_{xi} \tag{2-18}$$

（2）通过整个土层的渗流量 q_x 等于各层土的渗流量之和，即

$$q_x=\sum_{i=1}^{n}q_{xi} \tag{2-19}$$

其中，$q_x=k_x i_x H$，$q_{xi}=k_{xi}i_{xi}H_i$，k_x 为整个土层与层面平行的等效渗透系数，代入式（2-19），得

$$k_x i_x H=\sum_{i=1}^{n}k_{xi}i_{xi}H_i$$

结合式（2-18）可得水平等效渗透系数

$$k_x=\frac{\sum\limits_{i=1}^{n}k_{xi}H_i}{H} \tag{2-20}$$

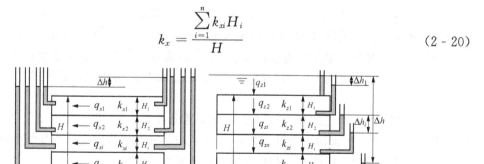

图 2-12　水在成层土中的渗流情况

（a）水平渗透；（b）垂直渗透

(二) 与层面垂直的渗流

如图 2-12 (b) 所示为平面渗流场中与层面垂直的渗流条件。通过各层土的单位面积渗流量分别为 q_{z1}、q_{z2}，$\cdots$，q_{zn}，各土层的垂直渗透系数分别为 k_{z1}，k_{z2}，$\cdots$，k_{zn}，水流通过第 i 土层的水头损失为 Δh_i，总水头损失为 Δh。则存在：

(1) 根据水流连续定理，当垂直层面渗透时，各层土单位面积上的渗流量相等，且等于整个土层的渗流量 q_z，则

$$q_z = q_{zi} \qquad\qquad (2-21)$$

那么根据达西定律有

$$q_z = q_{zi} = k_{zi}\frac{\Delta h_i}{H_i}$$

变换后得

$$\Delta h_i = q_z\frac{H_i}{k_{zi}}$$

对于整个土层有

$$\Delta h = q_z\frac{H}{k_z}$$

其中 k_z 为整个土层与层面垂直的等效渗透系数。

(2) 各层土水头损失 Δh_i 之和等于整个土层的总水头损失 Δh，即

$$\sum_{i=1}^{n}\Delta h_i = \Delta h \qquad\qquad (2-22)$$

则有

$$\sum_{i=1}^{n}q_z\frac{H_i}{k_{zi}} = \sum_{i=1}^{n}\Delta h_i = \Delta h = q_z\frac{H}{k_z}$$

垂直等效渗透系数

$$k_z = \frac{H}{\displaystyle\sum_{i=1}^{n}\frac{H_i}{k_{zi}}} \qquad\qquad (2-23)$$

根据式 (2-20) 和式 (2-23)，对成层土地基，当各土层厚度基本相同时，与层面平行的等效渗透系数主要取决于渗透系数最大的土层，近似表达为 $k_{xmax}H_{max}/H$，式中 k_{xmax} 和 H_{max} 为渗透性最好的土层的渗透系数和厚度；与层面垂直的等效渗透系数主要取决于渗透系数最小的土层，近似表达为 $k_{zmin}H/H_{min}$，式中 k_{zmin} 和 H_{min} 为渗透性最差的土层的渗透系数和厚度。

【例 2-4】 有一粉土地基，总厚度 1.8m，渗透系数 $k=2.5\times10^{-4}$ cm/s。土层中有一厚度仅为 15cm 的水平砂夹层，渗透系数 $k=6.5\times10^{-2}$ cm/s。假设它们本身的渗透性都是各向同性的，求这一复合土层的水平和垂直等效渗透系数。

解　先求水平等效渗透系数，根据式 (2-20) 直接计算得

$$k_x = \frac{k_1 H_1 + k_2 H_2}{H_1 + H_2} = \frac{(180-15)\times2.5 + 15\times650}{180}\times10^{-4} = 56.46\times10^{-4}\,(\text{cm/s})$$

计算垂直等效渗透系数，由式 (2-23) 计算得

$$k_z = \frac{H_1 + H_2}{H_1/k_1 + H_2/k_2} = \frac{180}{(180-15)/2.5 + 15/650}\times10^{-4} = 2.73\times10^{-4}\,(\text{cm/s})$$

　　可见，薄砂层的存在对垂直渗透系数几乎没有影响，但是它却大大增加了土层的水平等效渗透系数，增加到原先的 22.6 倍。因此，在基坑开挖时，应特别注意是否挖穿强透水夹层，其基坑涌水量相差极大。

第四节　二维渗流及流网

　　上节所述渗流属于简单边界条件下的一维渗流，可直接由达西定律进行渗流计算。而在实际工程中所涉及的渗流问题，其边界条件往往比较复杂，例如土坝坝体及坝基、闸基、路堤边坡以及板桩支护的基坑等渗流问题，它们多为二维或三维渗流问题。此时达西定律需要用微分形式表达，再结合边界条件进行求解。在本节主要介绍二维渗流问题及其图解法（即流网解法）。

一、平面稳定渗流的基本微分方程

　　实际工程中的堤坝和土坡等线性构筑物，其长轴方向远远大于宽度方向，当任一断面轮廓及水头等条件一致时，可以认为渗流规律在长轴方向上的各断面都是相同的，即渗流只沿着与长轴方向垂直的断面进行，这类渗流就属于二维（平面）渗流。当渗流场中水头和流速等渗流要素均不随时间而改变时，这种渗流称为稳定渗流。

　　现从平面稳定渗流场中任取一微单元体，面积为 $\mathrm{d}x \cdot \mathrm{d}z$，厚度为 $\mathrm{d}y=1$，则渗流在 x、z 方向流入微单元体的速度分别为 v_x、v_z，相应的流出速度分别为 $v_x + \dfrac{\partial v_x}{\partial x}\mathrm{d}x$、$v_z + \dfrac{\partial v_z}{\partial z}\mathrm{d}z$，如图 2-13 所示。在 $\mathrm{d}t$ 时间内流入微单元体的水量为 $\mathrm{d}V_1$，则有

$$\mathrm{d}V_1 = (v_x \cdot \mathrm{d}z \cdot 1 + v_z \cdot \mathrm{d}x \cdot 1)\mathrm{d}t \qquad (2-24)$$

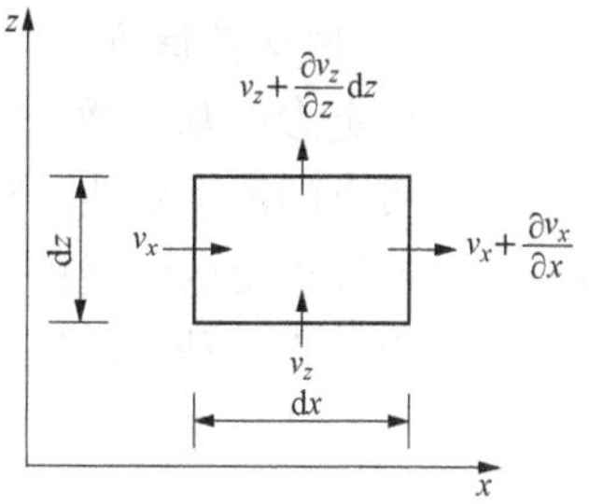

图 2-13　平面渗流连续条件

在 $\mathrm{d}t$ 时间内流出微单元体的水量 $\mathrm{d}V_2$ 为

$$\mathrm{d}V_2 = \left[\left(v_x + \frac{\partial v_x}{\partial x}\mathrm{d}x\right)\mathrm{d}z \cdot 1 + \left(v_z + \frac{\partial v_z}{\partial z}\mathrm{d}z\right)\mathrm{d}x \cdot 1\right]\mathrm{d}t \qquad (2-25)$$

　　由于是稳定渗流，土体骨架不会产生变形，假设水体不可压缩，根据水流连续原理，$\mathrm{d}t$ 时间内流入和流出微单元体的水量应该相等，即

$$\mathrm{d}V_1 = \mathrm{d}V_2$$

从而得到渗流连续条件下的微分方程为

$$\frac{\partial v_x}{\partial x} + \frac{\partial v_z}{\partial z} = 0 \qquad (2-26)$$

　　式（2-26）即为二维渗流连续方程。

　　对于各向异性的土体，根据达西定律有

$$v_x = k_x \cdot i_x = -k_x \frac{\partial h}{\partial x} \qquad (2-27)$$

$$v_z = k_z \cdot i_z = -k_z \frac{\partial h}{\partial z} \qquad (2-28)$$

式中　k_x、k_z——x、z 方向的渗透系数；

　　　　i_x、i_z——x、z 方向的水力坡降；

h——测管水头或总水头。

将式（2-27）、式（2-28）代入式（2-26）得到平面稳定渗流基本方程为

$$k_x \frac{\partial^2 h}{\partial x^2} + k_z \frac{\partial^2 h}{\partial z^2} = 0 \qquad (2-29)$$

对于各向同性的土体，有 $k_x = k_z$，则式（2-29）变为

$$\frac{\partial^2 h}{\partial x^2} + \frac{\partial^2 h}{\partial z^2} = 0 \qquad (2-30)$$

式（2-30）是著名的拉普拉斯（Laplace）方程，因此土体中的渗流问题实际上是拉普拉斯方程的求解问题。通过求解特定边界条件下的拉普拉斯方程，即可得到该条件下的渗流场。

二、平面稳定渗流问题的流网解法

对于式（2-30）所示的拉普拉斯方程的求解，常用的方法有解析法、数值法、图解法和电模拟法。在实际工程中，由于渗流问题的边界条件一般都比较复杂，其严密的解析解通常很难求得，为此可采用电模拟法和图解法，也可采用有限元法等数值计算手段。其中，尤以简便、快捷的图解法（流网法）应用最为广泛，且精度一般能够满足实际需要。这里主要介绍绘制流网的方法及流网的工程应用。

（一）流网及其性质

平面稳定渗流基本微分方程的解可用渗流区平面内两簇相互正交的曲线来表示。其中一簇表示水质点的流动路线，称为流线，流线上任一点的切线方向就是该点流速矢量的方向。另一簇与流线正交的曲线称为等势线，在任一条等势线上，各点的测管水头或总水头都是相同的。工程上将这种由流线簇与等势线簇交织形成的网格图形称为流网，如图 2-14 所示为板桩支护基坑的渗流流网。

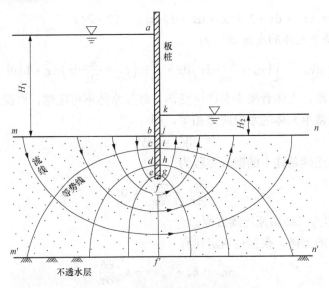

图 2-14 板桩支护基坑的渗流流网

各向同性土体中渗流流网具有以下性质。

（1）流网是相互正交的网格。由于流线与等势线具有相互正交的性质，所以流网为正交

网格。

（2）流网为曲边正方形。在流网中，每个网格的长宽比为常量，为方便考虑，通常取为1.0，这时方格网就成为正方形或曲边正方形。

（3）相邻等势线间的水头损失相等。渗流区内水头依等势线等量变化，相邻等势线的水头差相同。

（4）各流槽的渗流量相等。相邻流线间的渗流区域称为流槽，每一流槽的渗流量相等。

（5）流线越密的部位流速越大，等势线越密的部位水力坡降越大。

（二）流网的绘制

在工程上，流网的绘制方法通常采用近似作图法，这种图解法绘制流网的最大优点是简便迅捷，适用于建筑物边界轮廓较为复杂的情况，虽然绘制精度方面略显不足，但是一般不会比土质不均匀所引起的误差更大，因此能够满足工程精度要求。

流网的绘制主要依据流网的性质，采用试绘的方法逐步修正，而试绘流线和等势线的形状时应结合渗流场的边界条件。通常情况下，建筑物的地下部分轮廓线以及地基中的不透水层面可以作为两条边界流线，夹在这两根边界流线中间的流线形状应该是按照边界流线的形状逐渐过渡的。同时，上、下游河床或排水面近似为边界等势线，其间的等势线也是逐步过渡的。

下面结合图 2-15 具体介绍流网的绘制步骤。

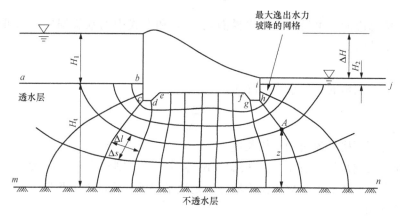

图 2-15　流网绘制方法

1. 绘出边界流线和等势线

首先按照一定比例绘出建筑物基础轮廓和地基土层剖面图，并根据边界条件确定渗流区的边界流线和边界等势线。

如图 2-15 所示，边界流线有两条，一条是沿基础底部轮廓线的上边界流线，即 b-c-d-e-f-g-h-i 线；另一条是沿地基土层的不透水面 m-n 线的下边界流线。而 a-b 和 i-j 线则是上、下游的边界等势线。

2. 根据流网特性初步绘出流网形态

先按照上、下边界流线形态大致描绘几条流线，这些中间流线的形状应该由基础底面轮廓形状逐渐向不透水层面 m-n 线过渡。原则上，中间流线数量越多，流网越准确，但是绘制及后期修改的工作量也越大，所以实际工程中是按照建筑物的重要程度控制中间流线数量的，一般将中间流线的数量控制在 3～4 条。

初步绘制好流线后，根据正交性质绘制相应的等势线，并确保各网格为曲边正方形。绘制流线和等势线时应注意保持每条曲线均为光滑连续的曲线，否则就要修正曲线，特别是要注意等势线的修正。

3. 逐步修正流网

初步绘出的流网，可以采用加绘网格对角线的方法来检验其正确性。如果每一网格的对角线都正交，则表明流网是正确的，否则要做进一步的修改。由于渗流区域的边界通常是不规则的，因此在形状突变处，较难满足网格为正方形的要求。对此应从整个流网来分析，只要多数网格满足流网特征，少量网格不符合要求，对计算结果的影响可以忽略。

（三）流网的工程应用

工程上可以利用流网来求解渗流区域内任一点水头、渗流量及渗流速度等问题。

1. 测管水头

根据流网中任意两条等势线之间的水头损失相等的性质，假设渗流区域内上下游水头差为 $\Delta H = H_1 - H_2$，流网中的等势线数量为 n，流线数量为 m（包括边界等势线和边界流线），流网中流槽数 $N_f = m-1$，等势线间隔数 $N_d = n-1$，则任意两等势线之间的水头损失为

$$\Delta h = \frac{\Delta H}{N_d} \qquad\qquad (2-31)$$

根据设定的基准面（可设为不透水界面 m-n）和上式中的水头损失，即可计算出渗流场中任一点的测管水头。

2. 水力坡降

流网中任意一网格的平均水力坡降为

$$i = \frac{\Delta h}{\Delta l}$$

式中 Δl——计算网格处流线的平均长度。

流网中等势线越密处，Δl 越小，根据流网性质（3），则水力坡降越大。因此，在下游水流渗出处的水力坡降最大，称为溢出坡降，是地基渗流稳定的控制坡降。

3. 孔隙水压力

流网中各点的孔隙水压力为该点测压管水位上升高度与水的重度的乘积，假定该点位于第 i 条等势线上，且距离基准面高度为 z，透水层厚度 H_t，则孔隙水压力为

$$u = \gamma_w \cdot [\text{该点测管水头} - z] = \gamma_w \cdot [(H_1 + H_t) - (i-1) \cdot \Delta h - z] \quad (2-32)$$

4. 渗流速度与渗流量

渗流区域内某一网格内的渗流速度为

$$v = ki = k\frac{\Delta h}{\Delta l} \qquad\qquad (2-33)$$

根据流网性质，各流槽的渗流量相等，坝体纵向长度取单宽 1m 分析，则单流槽渗流量为

$$q = v\Delta A = k\frac{\Delta h}{\Delta l} \cdot \Delta s \cdot 1$$

式中 Δs——计算网格处等势线的平均长度。

当网格为曲边正方形时，$\Delta s = \Delta l$，则

$$q = k\Delta h \qquad (2-34)$$

当流网中流线越密时，渗流通过网格断面面积 Δs 越小，根据流网性质（4）可知渗流速度越大。

通过渗流区的单宽总渗流量为

$$Q = N_f k\Delta h \qquad (2-35)$$

【例 2-5】 如图 2-16 所示，$H_1 = 11\text{m}$，$H_2 = 2\text{m}$，板桩的入土深度是 5m，地基土的渗透系数 $k = 5 \times 10^{-4}\text{cm/s}$，土的比重 $G_s = 2.69$，孔隙率 $n = 39\%$。

（1）求图中点 A 和点 B 的孔隙水压力；

（2）求每 1m 板桩宽的透水量。

解　（1）如图 2-16 所示流网中，有 $N_f = 5$，$N_d = 10$，总水头差 $H_1 - H_2 = 11\text{m} - 2\text{m} = 9\text{m}$，则每二条等势线间的水头损失 $\Delta h = 9/10 = 0.9\text{m}$。

以地面下 5m 处为基准面，则 A、B 两点的孔隙水压力分别为

$u_A = (5 + 11 - 0.9) \times 9.8 = 148.0(\text{kPa})$

$u_B = (5 + 11 - 0.9 \times 9) \times 9.8 = 77.4(\text{kPa})$

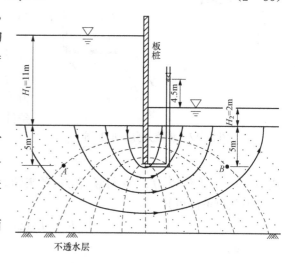

图 2-16　板桩下的流网

（2）已知渗透系数 $k = 5 \times 10^{-4}\text{cm/s} = 0.432\text{m/d}$，则由式（2-35）可求得板桩单位宽度透水量为

$$Q = N_f k\Delta h L = 5 \times 0.432 \times 0.9 \times 1 = 1.944(\text{m}^3/\text{d})$$

第五节　渗透力与渗透稳定性

一、渗透力

水在土中的渗流将会对土颗粒产生力的作用，导致土中应力分布的变化，进而影响水工建筑物、土坡等工程的稳定性。渗流引起的稳定问题一般有两类：一是局部稳定问题，即因渗流水流将土中细颗粒带走或局部土体发生移动，导致土体渗透变形；二是整体稳定问题，即因渗透作用引起整个土体发生滑动或坍塌，如土坡在降雨入渗条件下发生滑坡事故等。本节主要介绍局部稳定问题。

水在土体颗粒组成的孔隙中渗流时，受到土颗粒的阻力 T 的作用，它的作用方向是与水流方向相反的，起着阻碍水流流动的作用。相反，水的流动必然会给阻碍其运动的土颗粒施加一个与阻力 T 大小相等方向相反的拖曳力，试图带动土颗粒顺着水流的方向运动。我们把水流作用在单位体积土体上的拖曳力称为渗透力 j，也称为动水压力。渗透力是体积力，它的作用方向与水流方向一致。

渗透力的计算具有重要的工程意义，例如在研究土体中存在水渗流时的稳定性问题，就必须要考虑渗透力对土体稳定不利的影响，当然凡事都是一分为二的，渗透力在工程实践中

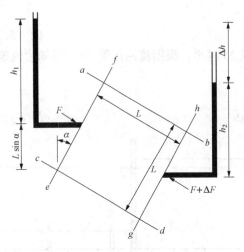

图 2 - 17　渗透力分析示意图

也有其有利的一面，比如在大坝上游抛掷黏土，利用渗透力的拖曳作用将黏土颗粒充填于坝体中的缝隙中以达到堵水的目的等。其计算公式推导过程如下。

如图 2 - 17 所示，在渗流场中任取以两条流线 ab、cd 和两条等势线 ef、gh 为边界的土体单元。土体长宽均为 L，在垂直截面方向取单位厚度，则土体总的自重为 $\gamma_{sat} \cdot L \cdot L \cdot 1 = \gamma_{sat}L^2$。$ef$ 边的静水压力为 $\gamma_w Lh_1$，相邻土传递的压力为 F。gh 边的静水压力为 $\gamma_w Lh_2$，相邻土传递的压力为 $F + \Delta F$，取整个土体作为隔离体，根据平衡条件，有

$$\Delta F = \gamma_w Lh_1 + \gamma_{sat}L^2 \sin\alpha - \gamma_w Lh_2 \tag{2-36}$$

式中　α——等势线 ef、gh 与竖直方向的夹角。

由几何条件可知

$$h_1 + L\sin\alpha = h_2 + \Delta h$$

因此

$$h_2 = h_1 + L\sin\alpha - \Delta h \tag{2-37}$$

联立式（2 - 36）和式（2 - 37），得

$$\Delta F = (\gamma_{sat} - \gamma_w)L^2 \sin\alpha + \gamma_w L\Delta h = \gamma' L^2 \sin\alpha + \gamma_w L\Delta h \tag{2-38}$$

由上式可以看出，土体受相邻土支撑力 ΔF 由两部分组成，一部分为 $\gamma' L^2 \sin\alpha$，代表土骨架的重量（有效重量）在渗流方向上的分力，另一部分 $\gamma_w L\Delta h$ 为水在渗流时对土体产生的作用力，根据上述定义，单位土体所受渗流作用力即为渗透力，其表达式为

$$j = \frac{\gamma_w L\Delta h}{L^2} = \frac{\gamma_w \Delta h}{L} = \gamma_w i \tag{2-39}$$

由上式可知，渗透力的大小与水力坡降成正比，其作用方向与渗流方向一致。应该指出，渗透力实际上是作用在土骨架上的拖曳力，但使用时认为它是均匀分布在整个土体上的体积力，单位为 kN/m³。

二、渗透稳定性

由于渗透力的方向与水流方向是一致的，因此当水流方向是自下而上时，渗透力的方向与土体自重应力的方向相反，这样势必减小土颗粒间的接触压力。

如图 2 - 18 所示，水流在试样中垂直向上渗流，则渗透水流对单位体积土体向上的渗透力为 j，其与水力坡降 i 有关，而土颗粒垂直向下单位体积的有效重量为 γ'。当水力坡降 i 大于或等于某个特定值 i_{cr}，则会导致渗透力 j 大于或等于土的有效重量 γ'，此时土颗粒间的接触压力等于零，土体由于土颗粒处于悬浮状态而失去稳定，称这个特定的水力坡降 i_{cr} 为临界水力坡降。土体发生失稳的临界条件为

$$j = \gamma_w i_{cr} = \gamma' \tag{2-40}$$

得临界水力坡降为

$$i_{cr} = \frac{\gamma'}{\gamma_w} \qquad (2\text{-}41)$$

由土的基本物理指标之间的换算公式可知

$$\gamma' = \frac{(G_s - 1)\gamma_w}{1 + e} \qquad (2\text{-}42)$$

将式（2-42）代入式（2-41）中有

$$i_{cr} = \frac{G_s - 1}{1 + e} = (G_s - 1)(1 - n) \qquad (2\text{-}43)$$

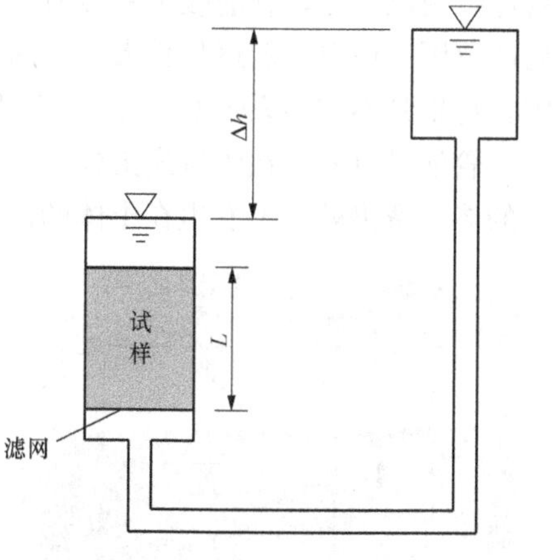

三、渗透变形

土工建筑物及地基由于渗流作用而出现土层剥落、地面隆起、渗流通道贯通等变形或破坏现象，称为渗透变形或渗透破坏。

（一）渗透变形的类型

就单一土层来说，渗透变形的类型主要是流土和管涌。

1. 流土

在向上的渗透水流作用下，表面土局部范围内的土体或颗粒群同时发生悬浮、移动的现象称为流土。流土经常发生在堤坝下游渗流逸出处且缺乏保护的情况下。当土体中 $i > i_{cr}$ 时，就会在下游渗流逸出处出现表土隆起、裂缝开展、砂粒涌出等现象，即流土现象。如图2-19所示，河堤下相对不透水层（即黏土层）的下面有一层透水层（即砂土层），在地基中存在渗流作用时，渗流过程的水头损失主要集中在下游水流逸出处，由于砂土层渗透系数远大于黏土层，因此在黏土层中的水头损失较大，导致其渗透坡降也较大，局部覆盖层被水流冲溃，砂土大量突涌，危及堤防的安全。

图2-18　渗透破坏示意图

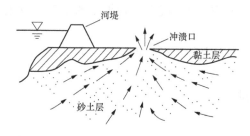

图2-19　河堤下游覆盖层流砂突涌现象

任何类型的土，只要满足水力坡降大于临界水力坡降这一水力条件，就会发生流土现象。若地基为比较均匀的砂层（$C_u < 10$），当水力坡降较大时，下游渗流逸出处将普遍出现小泉眼、冒气泡，继而土颗粒群向上鼓起，发生浮动、跳跃的现象，称为砂沸。而在黏性土中，流土表现为土体隆起、浮动、膨胀和断裂等现象。黏性土由于粒间黏结力的存在，其临界水力坡降较大，因此，流土多发生在颗粒级配均匀而细的粉、细砂中，有时在粉土中亦会发生。当底部土层主要是由此类土组成的基坑在进行开挖时，如采用集水坑这样的表面排水方法，基坑底部土体将会受到向上的渗透力作用，可能发生流土破坏。此时坑底的土体会随水涌出而无法清除，使坑底土的结构遭到破坏，强度降低，造成基坑周边建筑物产生较大的附加沉降，甚至会导致工程事故。

2. 管涌

如图2-20、图2-21所示，在渗透水流作用下，土中的一些细小颗粒在粗颗粒形成的孔隙中移动，以至被水流带走，随着土的孔隙不断扩大，渗透流速不断增加，较粗的颗粒也相继被水流逐渐带走，最终导致土体内形成贯通的渗流管道，造成土体塌陷，称这种现象为管涌。由此可见，管涌破坏一般有个时间发展过程，是一种渐进性的破坏。管涌可以发生在局部范围，但也可能逐步扩大，最后导致土体失稳破坏。管涌多发生在一定级配的无黏性土中，特别是不均匀系数 $C_u > 10$ 的砂土中。

管涌可以发生在渗流逸出处，也可以发生在土体的内部，而流土现象则只发生在土体表面的渗流逸出处，不发生在土体的内部。

图 2 - 20　管涌现象

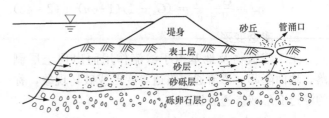

图 2 - 21　通过堤防地基的管涌示意图

（二）渗透变形产生的条件

1. 流土形成的条件

（1）几何条件。土颗粒在渗流作用下产生松动和悬浮，需要克服土体重力，以及颗粒间的黏聚力和内摩擦阻力，而这三者与土体的组成及结构有着密切的关系。因此，渗透变形产生的几何条件主要是土体的组成和结构等特征。流土常发生在由粒径较为均匀的细颗粒土组成（粒径在 0.01mm 以下的颗粒含量占 30%～35% 以上）的土层中，特别当土体含较多的片状、针状矿物（如云母、绿泥石）或附有亲水性胶体颗粒时，吸水膨胀性较强，使得土体重量减轻，在一定的渗透力作用下，土颗粒会产生悬浮流动。

根据《水利水电工程地质勘察规范》（GB 50487—2008），流土可根据土的细粒含量进行判别：

1）级配不连续的土：粒径级配曲线上至少有一个以上的粒径组的颗粒含量 ≤3% 的土，称为级配不连续的土。以上述粒组在粒径级配曲线上形成的平缓段的平均粒径作为粗、细颗粒的分区粒径 d，小于该粒径的土粒含量为细粒含量 P。

2）级配连续的土：分区粒径按下式计算

$$d = \sqrt{d_{70}d_{10}} \tag{2 - 44}$$

式中　d_{70}——小于该粒径的含量占总土重的 70% 对应的粒径，mm；

　　　d_{10}——小于该粒径的含量占总土重的 10% 对应的粒径，mm。

流土型土的判定：

1）对于 $C_u \leqslant 5$ 的土可判为流土型土；

2）对于 $C_u > 5$ 的级配不连续土有：

$P \geqslant 35\%$ 为流土型土；而 $25\% \leqslant P < 35\%$ 时为过渡型土。

3）对于 $C_u > 5$ 的级配连续土有：

①孔隙直径法：$D_0 < d_3$ 为流土型土；$D_0 = d_3 \sim d_5$ 为过渡型土。

②细粒含量法：$P \geqslant 1.1P_{op}$ 为流土型土；$P = 0.9P_{op} \sim 1.1P_{op}$ 为过渡型土。

式中　d_3，d_5——小于该粒径的含量占总土重的 3%，5% 对应的粒径，mm；

D_0——土孔隙的平均直径，按 $D_0 = 0.63nd_{20}$ 估算，n 为孔隙率，d_{20} 为等效粒径，小于该粒径的颗粒占总土重的 20%；

P_{op}——最优细料含量，$P_{op} = (0.3 - n + 3n^2)/(1 - n)$。

（2）水力条件。产生渗透变形的水力条件是指作用在土体上的渗透力，它是产生渗透变形的外在因素。对流土来说，在自下而上的渗流逸出处，任何土，包括黏性土或无黏性土，只要满足渗透坡降大于临界水力坡降这一水力条件，即 $i > i_{cr}$，均会发生流土破坏。

当然，式（2-43）是基于上覆无有效压重时发生自下而上的渗流条件下推得的结果，未考虑土体本身的黏聚力和内摩擦角，因此求出的临界水力坡降比真实值要小。若渗流逸出处土体为黏性土，且有覆盖保护层时，临界水力坡降将会大大提高。

工程上通常将临界水力坡降 i_{cr} 除以安全系数 K 作为容许水力坡降 $[i]$，设计时在结构物的下游渗流逸出处的水力坡降应满足下述条件

$$i \leqslant [i] = \frac{i_{cr}}{K} \tag{2-45}$$

通常取 $K = 1.5 \sim 2.0$。

2. 管涌形成的条件

（1）几何条件。

管涌多发生在无黏性土中，其特征是：颗粒大小比值差别较大，往往缺少中间某组粒径，磨圆度较好，孔隙直径较大且相互连通，细粒含量较少，不能充满孔隙。颗粒一般以比重较小的矿物为主，容易随水流移动，有良好的渗透水的流出路径。

对于 $C_u > 5$ 的无黏性土可采用以下判定方法（中国水利水电科学研究院）：

1）级配不连续时，$P < 25\%$ 为管涌型土；

2）级配连续时：

①孔隙直径法：

$D_0 \geqslant d_5$ 为管涌型土。

②细粒含量法：

$P < 0.9P_{op}$ 为管涌型土。

（2）水力条件。

目前，国内外对管涌的临界水力坡降的计算方法还不成熟，主要是由于管涌的渗流机制在理论上没有很好的解决，尚没有一个公认的公式。水利水电科学研究院根据渗流场中单个土粒受到渗透力、浮力和自重作用时的极限平衡条件，并结合试验资料，提出了管涌型或过渡型土的临界水力坡降计算公式

$$i_{cr} = 2.2(G_s - 1)(1 - n)^2 \frac{d_5}{d_{20}} \tag{2-46}$$

管涌型土也可采用下式计算

$$i_{cr} = \frac{42d_3}{\sqrt{\dfrac{k}{n^3}}} \tag{2-47}$$

无试验资料时，无黏性土的容许水力坡降也可从表 2-2 中选用。

表 2-2 无黏性土的容许水力坡降

水力坡降	土类					
	流土型土			过渡型土	管涌型土	
	$C_u \leqslant 3$	$3 < C_u \leqslant 5$	$C_u > 5$		级配连续	级配不连续
容许水力坡降	0.25~0.35	0.35~0.50	0.50~0.80	0.25~0.40	0.15~0.25	0.10~0.20

注 本表不适用于渗流出口有反滤层情况。

（三）渗透变形的防治措施

土的渗透变形是堤坝、边坡和基坑失稳的主要原因之一，设计时应予以足够的重视。

1. 防治流土

根据土体发生渗透破坏的力学原理，防治流土的关键在于控制逸出处的水力坡降，使实际逸出处的水力坡降不超过容许水力坡降的范围，工程上常采取以下措施：

（1）上游做垂直防渗帷幕，如混凝土连续墙、板桩或灌浆帷幕等［见图 2-1（b）］。当地基透水层厚度有限时，帷幕可完全切断透水层；当地基透水层厚度较大时，也可不完全切断透水层，做成悬挂式帷幕。根据水力坡降公式 $i = \Delta h / l$，悬挂式帷幕能延长渗透路径 l，起到降低水力坡降的作用。

（2）上游做防渗铺盖，一般使用黏土铺筑，如图 2-22 所示，要求土料的渗透系数 $k < 10^{-5}$ cm/s，铺盖厚度一般为 0.5~1.0m，也可用土工膜做铺盖，能够延长渗透路径。

（3）下游打排水减压井。对于双层地基，上层相对不透水，下层透水。减压井贯穿上部不透水层，降低作用在上层土的渗透压力，如图 2-23 所示。

（4）下游设透水盖重，常采用透水堆石，增加土颗粒的接触压力，防止被渗透水悬浮。满足下式则不会发生流土

$$j \cdot V < \gamma' \cdot V + P \tag{2-48}$$

式中　　V——土体积；

　　　　P——渗流逸出处设置透水盖重所增加的竖向压力。

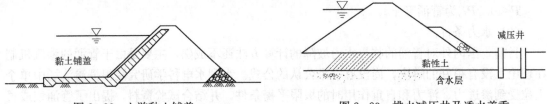

图 2-22　上游黏土铺盖　　　　　　图 2-23　排水减压井及透水盖重

2. 防治管涌

（1）采用防渗帷幕或防渗铺盖等方法用来降低渗透水流的水力坡降。

（2）降低下游与上游之间的水头差 Δh，工程上通常是在下游渗透逸出处，利用沙袋围堰方法来人为抬高逸出处的水头高度，以达到降低上下游之间水头差的目的，从而降低渗透压力。

（3）在渗流逸出部位铺设反滤层，以保护地基中细颗粒土不被带走，反滤层同时应具有一定的透水性，以保证渗流的通畅。如用透水性较好的砂、石、土工织物、梢料等反滤材料在管涌群出口处进行压盖。

　　如图 2-24（a）所示为 2002 年 8 月 22 日凌晨 1 点发生在湖南望城湘江大堤的管涌。由于暴雨使湘江水猛长，使土体中的水力坡降增加，加之土的结构原因，发生了图中的管涌。管涌的抢护原则是："制止涌水带砂，而留有渗水出路。"图 2-24（b）中的垒置的沙袋圈用来提高逸出口水位，以降低水力坡降，此外还抛填大量的砂卵石形成反滤层。下午 5 点，经现场官兵、民兵和村民抢险队的努力，基本上所有出水口都已堵上，不再出水，且水质有变清的趋势，险情得到了完全控制。

（a）

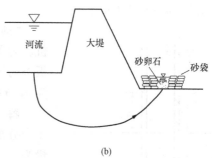
（b）

图 2-24　湘江大堤管涌抢护措施

　　【例 2-6】　如图 2-25 所示的三种试验中，砂土试样位于左边试样筒内，试样厚为 $L=$ 20cm，截面积为 S，砂土的有效重度 $\gamma'=9.7$kN/m³，底部 AB 为支承滤板。

　　（1）试分别求图 2-25（a）、（b）中土样作用于滤板 AB 的应力 σ'？

　　（2）在图 2-25（c）中，当 Δh 增加到多少时会产生流土（流砂）现象？

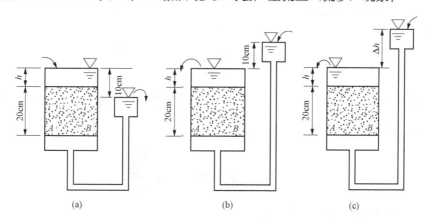

图 2-25　不同水位差条件下的渗透试验

　　解　（1）图 2-25（a）中作用于滤板 AB 上的作用力由两部分构成：一是 AB 面上的土体有效重量 G'，二是渗流对土体产生的方向向下的渗透力 J。

　　已知产生渗流的水头差为 $\Delta h=0.1$m，则由 AB 面上的竖向静力平衡条件可知：

$$\sigma' \cdot S = G' + J = \gamma' SL + \gamma_w iSL$$

其中 $i=\dfrac{\Delta h}{L}$

则有 $\sigma'=\gamma' L+\gamma_w iL=9.7\times0.2+9.8\times\dfrac{0.1}{0.2}\times0.2=2.92$（kPa）

在图 2-25（b）中作用于砂土渗透压力方向变为由下往上，则有

$$\sigma' = \gamma'L - \gamma_w iL = 9.7 \times 0.2 - 9.8 \times \frac{0.1}{0.2} \times 0.2 = 0.96(\text{kPa})$$

（2）产生流砂现象的条件是：AB 面上土颗粒的接触应力等于零，即

$$\sigma' = \gamma'L - \gamma_w iL = 0$$

代入数据有 $\gamma'L - \gamma_w iL = 9.7 \times 0.2 - 9.8 \times \dfrac{\Delta h}{0.2} \times 0.2 = 0$

由上式解得 $\Delta h = 0.2$（m）。

【例 2-7】　如图 2-26 所示的砂土地基中打入板桩。为了不产生流土现象，试求上游侧的水深 H 和板桩的入土深度 D 之间的关系。设砂土地基的孔隙比为 e，砂土比重为 G_s。

解　在板桩下游取单位面积（1×1）的土柱进行受力分析，考虑土骨架的平衡条件，其向下的有效重量为

$$\gamma'D = \frac{G_s - 1}{1 + e}\gamma_w D$$

向上的渗透力为

$$jD = \gamma_w iD = \gamma_w \frac{H}{2D}D = \frac{\gamma_w H}{2}$$

为避免产生流土现象，需满足

$$\gamma'D > jD$$

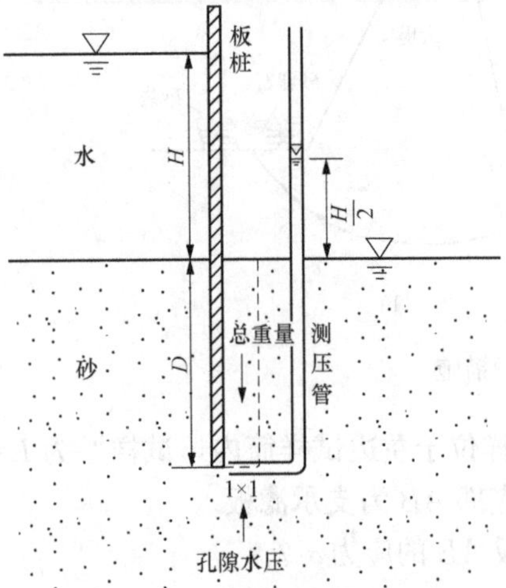

图 2-26　板桩前流土发生的条件

化简得

$$D > \frac{H}{2}\frac{1 + e}{G_s - 1}$$

此时若假设砂土的 $G_s = 2.65$，$e = 0.65$，则可得出当 $D > \dfrac{H}{2}$ 时不会产生流土现象，即板桩的入土深度 D 最少不能小于上下游水位差 H 的一半。

思　考　题

2-1　达西定律的适用条件是什么？

2-2　影响土的渗透系数的主要因素有哪些？

2-3　渗透系数的测定方法有哪些？它们的适用条件是什么？

2-4　流网有哪些性质？如何利用它们解决工程实际问题？

2-5　何谓渗透力和临界水力梯度？

2-6　何谓流土？什么是管涌？二者有何区别？

2-7　发生流土、管涌现象的条件是什么？防治土体渗透破坏的基本方法有哪些？

习 题

2-1 如图 2-27 所示容器，水在土样中向上产生稳定渗流，试求土样上下两面和 A 点的位置水头、压力水头和总水头（测管水头）。

2-2 试验装置如图 2-28 所示，土样横截面积为 20cm²，保持两侧水位不变，测得 5min 内透过土样渗入其下容器的水重 0.196N，求土样的渗透系数及其所受的渗透力。

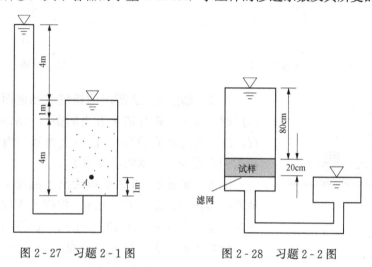

图 2-27 习题 2-1 图   图 2-28 习题 2-2 图

2-3 变水头渗透试验的黏土试样面积为 30cm²，厚度为 5cm，渗透仪玻璃管的内径为 0.4cm，试验开始时的水头为 155cm，经时段 7 分 35 秒观测得水头为 132cm，试验时的水温为 25℃，试求试样标准温度下的渗透系数。

2-4 某渗透试验装置如图 2-29 所示，土样 I 的渗透系数 $k_1 = 2 \times 10^{-4}$ cm/s，土粒比重 $G_{s1} = 2.72$，孔隙比 $e_1 = 0.85$；土样 II 的渗透系数 $k_2 = 1 \times 10^{-4}$ cm/s，土粒比重 $G_{s2} = 2.71$，孔隙比 $e_2 = 0.80$；土体断面积 $A = 200$cm²，求：

(1) 图示水位保持恒定时，渗透流量 q 多大？

(2) 若右侧水位恒定，左侧水位面逐级升高，升高高度达到多少时会出现流土现象？

2-5 在水平均质的具有潜水自由面的含水层中进行单孔抽水试验，如图 2-30 所示，已知水井半径 $r = 0.2$m，影响半径 $R = 60$m，含水层厚度 $H = 12$m，水位降深 $s = 4.0$m，渗透系数 $k = 25$m/d，求每小时的水流量？

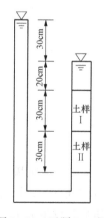

图 2-29 习题 2-4 图

提示：单井涌水量公式为 $q = \dfrac{\pi k \ (H^2 - l^2)}{\ln \dfrac{R}{r}} = \dfrac{1.366k \ (2H - s) \ s}{\lg \dfrac{R}{r}}$

2-6 某基坑挖深 8m，地下水位在地下 2m 处，基坑内降水到基坑底面以下 0.5m，如图 2-31 所示。试计算为保证基坑不发生流砂，板桩插入深度 D 至少应为多少？

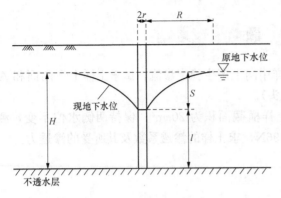

图 2-30 习题 2-5 图

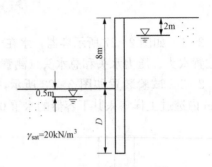

图 2-31 习题 2-6 图

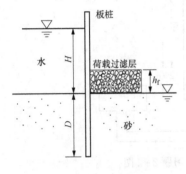

图 2-32 习题 2-7 图

2-7 如图 2-32 所示的板桩右侧地面上设置荷载过滤层时，试讨论避免流土发生的条件（求满足安全时 h_f，H，D 三者之间的关系）。设砂土地基的饱和重度为 γ_{sat}，荷载的重度为 γ_f，水的重度为 γ_w。

2-8 如图 2-33 所示描绘出了混凝土坝下面渗透性地基的流网图，图中 $H_1=6m$，混凝土坝埋入土中 1.5m，地基的渗透系数 $k=5\times10^{-3}$ cm/s。试回答下列问题。

（1）求位于各等势线上各点 b，c，…，m，n 的压力水头和作用于坝的水压力分布。

（2）计算每米宽坝下一天的透水量。

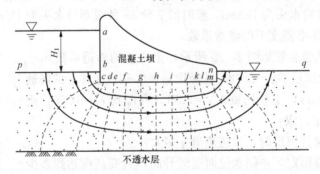

图 2-33 习题 2-8 图

2-9 某地基土层剖面如图 2-34 所示，上部为黏土层，下部砂层为承压水层，根据测压管水柱可知，承压水头高出砂层顶面 5m。现在黏土层中开挖基坑深度为 4m，试确定防止基坑底板发生流土的水深 h 应为多少？

2-10 如图 2-35 所示为一双排板桩墙构成的围堰，板桩进入均质砂土地基中 8m，砂土的饱和重度 $\gamma_{sat}=20.2kN/m^3$，渗透系数 $k=3.8\times10^{-2}$ cm/s，假设渗流为均匀稳定渗流，求围堰基坑底部抗流土的安全系数。

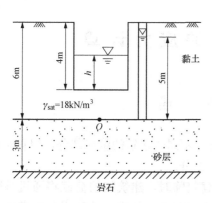

图 2-34-习题 2-9 图

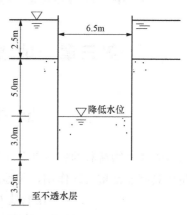

图 2-35　习题 2-10 图

第三章　地基中的应力计算

第一节　概　　述

地基指承受建筑物荷载的那一部分土体，地基不属于建筑的组成部分，但它对保证建筑物的坚固耐久具有非常重要的作用，是地球的一部分。

图 3-1　深圳某建筑发生倾斜

在地基上建造建筑物时，建筑物的荷载将通过基础传递给地基，改变了地基土中的应力状态，从而引起地基变形，这会使建筑物发生沉降、倾斜，如图 3-1 所示。当外荷载在土中引起的应力过大时，会使建筑物地基的承载力不足而造成整体失稳。因此，研究土中应力的分布规律是建筑物地基变形和稳定分析的重要依据。

土中应力按产生的原因可分为自重应力和附加应力。土体受自身重力作用而存在的应力称为自重应力；而土体受外荷载（如建筑物荷载、交通荷载等）作用附加产生的应力增量称为附加应力。对于形成年代较为久远的土体，在自重应力长期作用下变形已经稳定，除了新近沉积土（第四纪全新世近期沉积的土）和近期人工填土（如路堤、土坝等）外，自重应力不会导致地基土变形，土体的变形主要来自外荷载产生的附加应力。另外，附加应力也是造成地基土强度破坏和失稳的重要原因。要计算由建筑物产生的附加应力，必须确定基底接触压力的分布和大小。

在本章中计算土中应力，假设土体为理想弹性体，即其应力 - 应变关系为线性关系，卸载时弹性变形完全恢复。在进行土中应力计算时，应力符号的规定法则与材料力学、弹性力学相同，但正负号与材料力学、弹性力学相反，即土力学中法向应力以受压为正、受拉为负；剪应力以逆时针方向为正，顺时针方向为负。

第二节　有　效　应　力　原　理

如图 3-2 所示在截面积为 A 的饱和土上施加应力 σ 时，则土颗粒骨架和孔隙水组成的两相混合体系分别产生相应的应力。其中施加的应力 σ，在土力学上称为总应力，这一应力的一部分是由土颗粒骨架来承担的，称为有效应力 σ'；另一部分则是由孔隙内的水承受，称为孔隙水压力 u_w。考虑 $a—a$ 截面上的土体平衡条件则有

$$\sigma A = \sigma_s A_s + u_w A_w = \sigma_s A_s + u_w(A - A_s) \qquad (3-1)$$

式中　A_s——土颗粒间接触面积之和；

　　　A_w——水接触面积。

将式（3-1）写为

$$\sigma = \frac{\sigma_s A_s}{A} + u_w \left(1 - \frac{A_s}{A}\right) \qquad (3-2)$$

由于土颗粒间的接触面积 A_s 很小，因此式（3-2）中第二项中的 $1 - A_s/A \approx 1$，而第一项中的 $\frac{\sigma_s A_s}{A}$ 实际上是土颗粒间的接触应力在截面积上的平均应力，通常用 σ' 表示。由于 σ_s 很大，故不能略去此项。令 $u = u_w$，则变为

$$\sigma = \sigma' + u \qquad (3-3)$$

这里的孔隙水压力 u 是由荷载作用产生的超过静水压力的部分，所以也称为超静水压力。总应力 σ 减去孔隙水压力 u 得到的有效应力 σ'，是直接作用于土颗粒骨架上，是在土颗粒之间传递的应力。式（3-3）所表达的概念称为有效应力原理，首先是由太沙基提出来的。影响土的变形和强度的是有效应力 σ'，而不是总应力 σ。这是因为，水压力是向各个方向都相等的压力，在水压力作用下，也许土颗粒本身会产生一点压缩，但不会使土体骨架产生变形。直接测定有效应力是困难的，常常从总应力 σ 中减去孔隙水压力 u 得到有效应力 σ'。即有

$$\sigma' = \sigma - u \qquad (3-4)$$

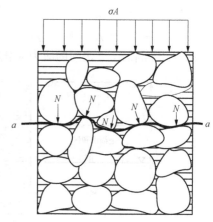

图 3-2　有效应力原理

一、静水条件下有效应力和孔隙水压力的计算

静水条件下，不同计算点之间的水头差均为零，因此不同计算点处的有效应力就是该点上覆土体自重减去相应水头压力。

【**例 3-1**】　计算如图 3-3 所示的 a、b 两点的总应力 σ、孔隙水压力 u 及有效应力 σ'。

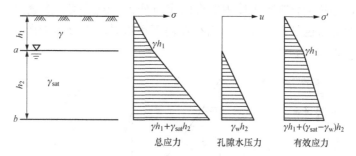

图 3-3　静水条件下的土体中总应力、孔隙水压力及有效应力分布图

解　a 点：$\sigma_a = \gamma h_1$，$u_a = \gamma_w \times 0 = 0$，$\sigma'_a = \sigma_a - u_a = \gamma h_1$

b 点：$\sigma_b = \gamma h_1 + \gamma_{sat} h_2$，$u_b = \gamma_w h_2$，$\sigma'_b = \sigma_b - u_b = \gamma h_1 + (\gamma_{sat} - \gamma_w) h_2 = \gamma h_1 + \gamma' h_2$

a、b 两点之间的应力为线性变化，其应力分布如图 3-3 所示。

二、毛细水上升时有效应力和孔隙水压力的计算

对于地下水而言，由于毛细现象的存在，必然导致地下水面以上一定高度范围内的土体实际上处于饱和状态，在该饱和带内由于表面张力的作用，使得土体的孔隙压力表现为吸力，因此饱和带内土体的有效应力反而会增大。

【例 3-2】 如图 3-4 所示的条件，地下水位距地表的距离为 h_1+h_c，饱和带高度（最大毛细上升高度）为 h_c，计算 a、b、c 点的总应力 σ、孔隙水压力 u 及有效应力 σ'。

解 a 点：由于该点处于最大毛细上升高度处，其上部土体不受地下水的影响，下部土体颗粒则受到表面张力的反作用力的吸引，因此表现为孔隙压力为负值（吸力作用），其大小为 $u_{毛}=-\gamma_w \times z'$，$z'$ 为计算点离开自由水面的距离，所以有

$\sigma_a=\gamma h_1$，$u_{a上}=\gamma_w \times 0=0$，$u_{a下}=-\gamma_w \times h_c=-\gamma_w h_c$，$\sigma'_a=\sigma_a-u_{a上}=\gamma h_1$，

$\sigma'_{a下}=\sigma_a-u_{a下}=\gamma h_1-(-\gamma_w h_c)=\gamma h_1+\gamma_w h_c$

b 点：$\sigma_b=\gamma h_1+\gamma_{sat} h_c$，$u_b=\gamma_w \times 0=0$，$\sigma'_b=\sigma_b-u_b=\gamma h_1+\gamma_{sat} h_c$

c 点：$\sigma_c=\gamma h_1+\gamma_{sat}(h_c+h_2)$，$u_c=\gamma_w h_2$，$\sigma'_c=\sigma_c-u_c=\gamma h_1+(\gamma_{sat}-\gamma_w)h_2+\gamma_{sat}h_c$

a、b 之间和 b、c 之间的应力变化均为线性的，应力分布图见图 3-4。

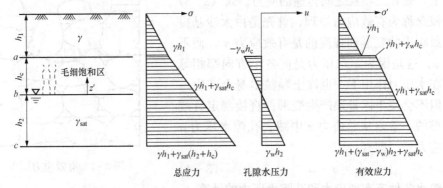

图 3-4 毛细水上升时土体中总应力、孔隙水压力及有效应力分布图

三、稳定渗流条件下有效应力和孔隙水压力的计算

水在土体中的流动，将会给阻碍其流动的土颗粒施加一个拖拽力即渗透压力，由于这种动水压力的存在，必然会影响到土体中的有效应力分布。但是随着渗透力的作用方向不同，土体中的有效应力分布也是不一样的。当存在向下渗流时应力分布如图 3-5 所示，当存在向上渗流时应力分布如图 3-6 所示。

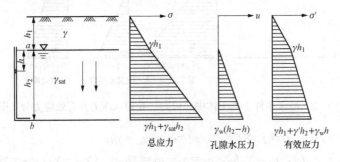

图 3-5 土体中水自上而下流动时总应力、孔隙水压力及有效应力分布图

对于如图 3-5 所示的情况，a 点的水头高度大于 b 点，因此地下水由 a 点向 b 点流动，土体中 a、b 点的总应力 σ、孔隙水压力 u 及有效应力 σ' 计算如下。

a 点：$\sigma_a=\gamma h_1$，$u_a=\gamma_w \times 0=0$，$\sigma'_a=\sigma_a-u_a=\gamma h_1$

b 点：$\sigma_b=\gamma h_1+\gamma_{sat} h_2$，$u_b=\gamma_w(h_2-h)$，$\sigma'_b=\sigma_b-u_b=\gamma h_1+(\gamma_{sat}-\gamma_w)h_2+\gamma_w h=\gamma h_1$

$+\gamma'h_2+\gamma_w h$

a、b 两点之间的应力为线性变化，其应力分布图如图 3-5 所示。

对于图 3-6 所示的情况，a 点的水头高度小于 b 点，因此地下水由 b 点向 a 点流动，土体中 a、b 点的总应力 σ、孔隙水压力 u 及有效应力 σ' 计算如下。

a 点：$\sigma_a=\gamma h_1$，$u_a=\gamma_w\times 0=0$，$\sigma'_a=\sigma_a-u_a=\gamma h_1$

b 点：$\sigma_b=\gamma h_1+\gamma_{sat}h_2$，$u_b=\gamma_w(h_2+h)$，$\sigma'_b=\sigma_b-u_b=\gamma h_1+(\gamma_{sat}-\gamma_w)h_2-\gamma_w h=\gamma h_1+\gamma'h_2-\gamma_w h$

a、b 两点之间的应力为线性变化，其应力分布图如图 3-6 所示。

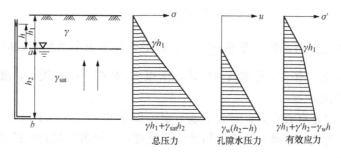

图 3-6 土体中水自下而上流动时总应力、孔隙水压力及有效应力分布图

第三节 土中自重应力

一、均质土中的自重应力

自重应力是由土体自重引起的应力，也反映了土体的初始应力状态。计算时假定地基是半无限空间弹性体，则在自重应力下，同一深度处的任一土单元受力条件相同，土体不发生侧向应变，这时，任一竖直面都是对称面，因此，在土体内部任一水平面和竖直面上都不存在剪应力，且地基土只会发生竖向变形，这种应力状态称为侧限应力状态。

以天然地面上任一点为坐标原点 o，坐标轴 z 以竖直向下为正。设均质土体的天然重度为 γ，则地基中任意深度 z 处的竖向自重应力 σ_{cz} 就是单位面积上的土柱重量 [见图 3-7 (a)]。该处土的竖向自重应力为

$$\sigma_{cz}=\gamma z \tag{3-5}$$

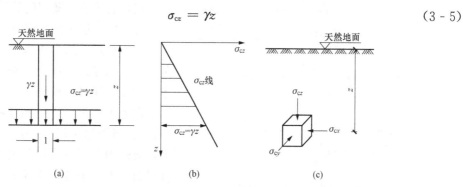

图 3-7 土中自重应力的分布

(a) 任意水平面上的分布；(b) 沿深度的分布；(c) 水平向自重应力 σ_{cx}、σ_{cy}

由式（3-5）可知，均质土的竖向自重应力 σ_{cz} 随深度线性增加 [见图 3-7（b）]，而沿水平面上则呈均匀分布，见图 3-7（a）。

地基中除有竖向自重应力 σ_{cz} 外，还存在水平自重应力 σ_{cx} 和 σ_{cy} [见图 3-7（c）]。由于在自重条件下为侧限应力状态，土中无侧向应变，且任一竖直面均为对称面，故有 $\varepsilon_x = \varepsilon_y = 0$，及 $\sigma_{cx} = \sigma_{cy}$。根据广义虎克定律可得

$$\varepsilon_x = \frac{\sigma_{cx}}{E} - \frac{\mu}{E}(\sigma_{cy} + \sigma_{cz}) = 0 \tag{3-6}$$

则有

$$\sigma_{cx} = \sigma_{cy} = \frac{\mu}{1-\mu}\sigma_{cz} = K_0 \cdot \sigma_{cz} \tag{3-7}$$

式中　K_0——静止土压力系数，等于 $\dfrac{\mu}{1-\mu}$，是侧限条件下土中水平有效应力与竖向有效应力之比，由于土并非线弹性体，所以 K_0 依据土的种类、密度不同而异。

　　　　μ——泊松比。

土体的自重应力是有效应力；对处于地下水位以下的土层，由于水对土体有浮力作用，应以有效重度 γ' 代替天然重度 γ 计算。另外为了简便，后续各章把常用的竖向有效自重应力 σ_{cz} 简称为自重应力。

二、成层土中的自重应力

天然地基土一般是成层的，各层土具有不同的重度，所以需要分层来计算。如地下水位位于同一土层中，计算自重应力时，地下水位面也应作为分层的界面。设各土层的厚度为 h_i，重度为 γ_i，则在深度 z 处土的自重应力计算公式为

$$\sigma_{cz} = \gamma_1 h_1 + \gamma_2 h_2 + \cdots + \gamma_n h_n = \sum_{i=1}^{n} \gamma_i h_i \tag{3-8}$$

式中　n——深度 z 范围内的土层总数；

　　　　h_i——第 i 层土的厚度，m；

　　　　γ_i——第 i 层土的天然重度，对地下水位以下的土层取有效重度 γ_i'，kN/m^3。

成层土地基自重应力分布见图 3-8。

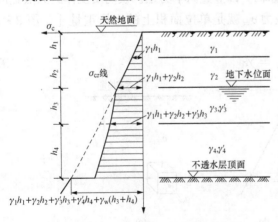

图 3-8　成层地基土中自重应力分布

分析成层土自重应力分布曲线的变化规律，可以得出以下结论：

（1）自重应力随深度的增加而增大；

（2）同一层土的自重应力按直线变化；

（3）成层土的自重应力分布曲线是一条折线，拐点在土层交界处（当上下两个土层重度不同时）和地下水位处。

在地下水位以下，如埋藏有不透水层（基岩或坚硬黏土层），由于不存在水的浮力，故作用在不透水层和上覆土层的界面及界面以下的土的自重应力等于整个上覆土层的水土总重，且界面上下的自重应力

会发生突变，使界面处具有两个自重应力值。

此外，地下水位的升降也会引起土中自重应力的变化。例如在软土地区，由长期抽取地下水而导致地下水位大幅度下降，使得地基中原水位以下土的自重应力增加，土体受压后造成了地表大面积沉降的严重后果。

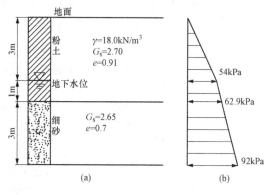

图3-9 〔例3-3〕图

(a) 土层剖面图；(b) 土压力分布图

【例3-3】 按如图3-9（a）所示资料，计算并绘制出地基中的自重应力 σ_{cz} 沿深度的分布曲线。

解 本例天然地面下第一层粉土厚4m，地下水位在3m处；第二层为细砂层，厚3m。分别计算土层界面和地下水位处自重应力大小，其计算过程如下。

地下3m处 $\sigma_{cz}=18.0\times3=54$ （kPa）

地下4m处（地下水位以下用有效重度）

$$\gamma'_{粉}=\frac{(G_s-1)\gamma_w}{1+e}=\frac{(2.70-1)\times10}{1+0.91}=8.9(\text{kN/m}^3)$$

$$\sigma_{cz}=54+8.9\times1=62.9(\text{kPa})$$

地下7m处

$$\gamma'_{砂}=\frac{(2.65-1)\times10}{1+0.7}=9.7(\text{kN/m}^3)$$

$$\sigma_{cz}=62.9+9.7\times3=92(\text{kPa})$$

计算得到的自重应力分布如图3-9（b）所示。

第四节 基 底 压 力 计 算

一、基底压力分布规律

建筑物荷载通过基础传递给地基表面，在基础底面与地基之间便产生了接触应力，称为基底接触压力，简称基底压力。相应的地基反作用于基础底面的应力则称为地基反力，它是基底压力的反作用力。在计算地基中的附加应力以及进行建筑物基础设计时，需要确定基底压力的分布规律。

基底压力的分布规律与上部结构形式和荷载、基础的形式和刚度、基础埋深以及地基土的力学性质等许多因素有关。精确地确定基底压力的数值与分布形式是很复杂的问题，它与上部结构、基础、地基三者的力学性质有关，还涉及三者之间的共同作用问题，这里仅对其分布规律及主要影响因素作简单的定性讨论与分析，不考虑上部结构的影响，仅将其简化为作用在基础上的荷载。

（一）柔性基础

不考虑上部结构影响，基底压力的分布规律主要取决于基础的刚度和地基的变形条件。对于柔性基础，当建筑物荷载均匀作用在基础上时，若基底压力也均匀传递给地基，根据弹

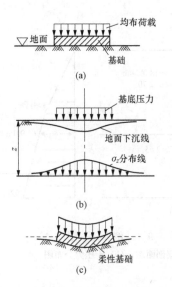

图 3-10　柔性基础的基底压力分布

性理论，地基中的任意水平面上附加应力分布为中间大边缘小，形成的地基沉降呈中间大边缘小的凹形曲面。由于基础柔性，在垂直荷载作用下几乎无抗弯能力，而随地基一起变形。所以，基底压力与作用在基础上的荷载分布基本保持一致，当荷载均布时，基底压力也是均布的，如图 3-10 所示。实际工程中并没有完全柔性基础，但常把土坝等视为柔性基础。因此，在计算土坝底部的接触压力分布时，认为与土坝的外形轮廓相同，其大小等于各点以上的土柱重量，如图 3-11 所示。

（二）刚性基础

对于刚性基础，在均布荷载作用下，基底压力使地基呈中间大而边缘小的沉降趋势，基底中部将与地面脱离，但由于基础刚度足够大而不发生变形，基底保持平面状态。为使基础和地基接触处的变形相互协调，基底压力的分布将重新调整，两端应力增大，而中间应力减小。假设地基是弹性地基，根据弹性理论解得的基底压力分布将如图 3-12 所示，在基础的边缘处为无穷大。

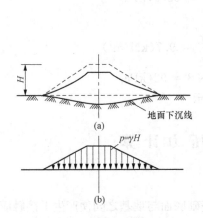

图 3-11　土坝的基底压力分布

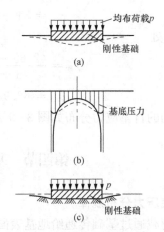

图 3-12　刚性基础的基底压力分布

当然，事实上天然地基为弹塑性介质，通常与弹性理论框架下基底压力分布形态有较大差别。要获取基底压力的实际分布和大小，可在基底不同部位埋设压力传感器（土压力盒），它是可以通过将基底压力转换为频率信号输出到终端的量测元件。

大量实测资料证明，当建筑物荷载较小时，基底压力会呈现如图 3-13（a）所示的分布形式，而当基底两端压力较大，超过土的强度后，在基础端部附近的土首先产生屈服而导致应力重新分布，成为如图 3-13（b）所示的马鞍形分布，继续增

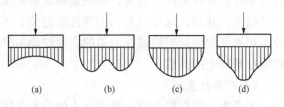

图 3-13　实测刚性基础基底压力分布

大荷载，塑性区逐渐扩大，这时上部荷载必须依靠基底中部压力的增加来平衡，使基底压力呈抛物线形［见图 3 - 13（c）］，若外荷载增加到足够大，基底压力会继续发展呈倒钟形分布［见图 3 - 13（d）］。

　　另外，砂土地基与黏土地基的基底压力分布也有所不同。当刚性基础放置于砂土地基表面时，产生的基底压力一般呈现如图 3 - 13（c）所示的抛物线分布形式，这是因为基础两端砂土受力后较易向侧向挤出，而将压力转嫁于基底的中间部位。黏性土由于具有较大的黏聚力，不易发生侧向挤出，其基底压力一般为如图 3 - 13（b）所示的马鞍形分布形式。

　　综上所述，基底压力的分布形式十分复杂，但由于基底压力都是作用在地表面附近，根据弹性理论的圣维南原理可知，随地面向下深度 z 的增加，基底压力的分布形式对地基中附加应力的影响逐渐减少，至一定深度后，地基中的应力分布几乎与基底压力的分布形式无关，而只决定于荷载合力的大小和位置。因此，目前在地基计算中，常采用材料力学的简化方法，即假定基底压力按直线分布，由此引起的误差在工程计算中是允许的。下面介绍几种不同荷载作用下的基底压力分布情况。

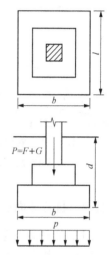

图 3 - 14　中心受压时基底压力

二、基底压力的简化计算

（一）中心荷载下的基底压力

1. 矩形基础

中心荷载下的基础，其所受荷载的合力通过基底形心（见图 3 - 14）。基底压力假定为均匀分布，此时基底压力按下式计算

$$p = \frac{F+G}{A} = \frac{P}{A} \tag{3 - 9}$$

式中　p——基底压力，kPa；

　　　F——作用在基础上的竖向力设计值，kN；

　　　G——基础自重设计值和基础台阶上回填土重力之和，kN。$G = \gamma_G Ad$，γ_G 为基础和回填土平均重度，一般取 $\gamma_G = 20 \text{kN/m}^3$；但在地下水位以下部分应扣去浮力 10kN/m^3；d 为基础埋深，须从设计地面或室内外平均设计地面算起；

　　　A——基底面积，m²；$A = bl$，b 和 l 分别为矩形基础的宽度和长度，m。

2. 条形基础

条形基础理论上是指当 l/b 为无穷大时的矩形基础。实际工程中，当 l/b 大于或等于 10 时，即可按条形基础考虑。计算时在长度方向截取 1m 进行计算，即 $l = 1$m，此时的基底接触压力为

$$p = \frac{F+G}{b} \tag{3 - 10}$$

式中　F 和 G——条形基础上的相应线荷载，kN/m。

　　（二）偏心荷载下的基底压力

　　矩形基础受偏心荷载作用时，基底压力不是均匀分布，可按材料力学偏心受压柱计算，见式（3 - 11）。

$$p = \frac{F+G}{A} \pm \frac{M_x y}{I_x} \pm \frac{M_y x}{I_y} \tag{3-11}$$

其中 $I_x = \frac{1}{12} lb^3$、$I_y = \frac{1}{12} bl^3$。

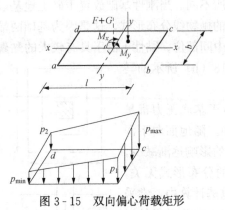

图 3 - 15   双向偏心荷载矩形
基础基底压力分布

矩形基础在双向偏心荷载作用下，基底最大、最小压力发生在基础底面角点处，即 $x = \pm l/2$ 或 $y = \pm b/2$。如基底最小压力 $p_{\min} \geqslant 0$，则矩形基底边缘四个角点处的压力 $p_{\max}$、$p_{\min}$、p_1、p_2 可按下式计算，如图 3 - 15 所示

$$p_{\min}^{\max} = \frac{F+G}{A} \pm \frac{M_x}{W_x} \pm \frac{M_y}{W_y} \tag{3-12}$$

$$p_2^1 = \frac{F+G}{A} \mp \frac{M_x}{W_x} \pm \frac{M_y}{W_y} \tag{3-13}$$

式中 M_x、M_y——荷载合力 $F+G$ 分别对矩形基底 x、y 对称轴的力矩，$kN \cdot m$；

W_x、W_y——基底分别对 x、y 轴的抗弯截面抵抗矩（抗弯截面系数），m^3，分别为 $\frac{1}{6} lb^2$、$\frac{1}{6} bl^2$。

对于单向偏心荷载下的矩形基础如图 3 - 16 所示。假设偏心方向与基底长边方向（即 l 方向）一致，即作用在 x 轴上，则基底两边缘的最大、最小压力 $p_{\max}$、$p_{\min}$ 为

$$p_{\min}^{\max} = \frac{F+G}{A} \pm \frac{M_y}{W_y} \tag{3-14}$$

式中 F、G、l、b 符号意义同上；

M_y——作用在基础底面的力矩，$kN \cdot m$；

W_y——基础底面的抗弯截面抵抗矩，即 $W = \frac{bl^2}{6}$，m^3。

将合力偏心距 $e = \frac{M}{F+G}$ 引入式 (3 - 14) 得

$$p_{\min}^{\max} = \frac{F+G}{A} \left(1 \pm \frac{6e}{l}\right) \tag{3-15}$$

由式 (3 - 15)，当 $e < l/6$ 时，$p_{\min} > 0$，基底压力为梯形分布，如图 3 - 16 (a) 所示；当 $e = l/6$ 时，$p_{\min} = 0$，基底压力为三角形分布，如图 3 - 16 (b) 所示；当 $e > l/6$ 时，基底压力在距偏心荷载较远的一边 $p_{\min} < 0$，但由于基底与地基土间无法承受拉应力，则基底压力将重新分布如图 3 - 16 (c) 所示。由于偏心荷载与地基反力相互平衡，荷载合力 $F+G$ 的作用点即为重分布的地基反力三角形形心处，则可得基底边缘最大压力为

$$p_{\max} = \frac{2(F+G)}{3bk} \tag{3-16}$$

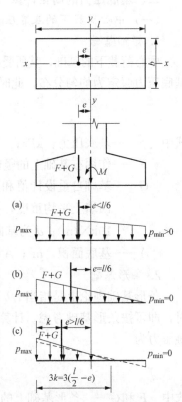

图 3 - 16   单向偏心荷载作用下
矩形基础基底压力分布

式中 k——单向偏心作用点和基底边缘最大压力处间的距离，$k=\dfrac{l}{2}-e$，m。

同样，若条形基础受偏心荷载作用，则在荷载延伸方向取1m计算。

【例3-4】 柱基础底面尺寸为 $l\times b=1.2\text{m}\times1.0\text{m}$，作用在基础底面的单向偏心荷载 $F+G=150\text{kN}$，偏心方向与长边 l 方向一致［见图3-17（a）］。如果合力偏心距分别为 0.1m、0.2m 和 0.3m。试确定基底压力数值，并绘出压力分布图。

解 （1）当偏心距 $e=0.1\text{m}$ 时，$e<l/6=1.2/6=0.2\text{m}$，基底压力为梯形分布，基础底面最大、最小压力为

$$p_{max}=\frac{F+G}{A}\Big(1+\frac{6e}{l}\Big)=\frac{150}{1.2\times1.0}\Big(1+\frac{6\times0.1}{1.2}\Big)=187.5(\text{kPa})$$

$$p_{min}=\frac{F+G}{A}\Big(1-\frac{6e}{l}\Big)=\frac{150}{1.2\times1.0}\Big(1-\frac{6\times0.1}{1.2}\Big)=62.5(\text{kPa})$$

基底压力分布图见图3-17（b）。

（2）当偏心距 $e=0.2\text{m}$ 时，$e=l/6=1.2/6=0.2\text{m}$，基底压力为三角形分布，最大、最小压力为

$$p_{max}=\frac{F+G}{A}\Big(1+\frac{6e}{l}\Big)=\frac{150}{1.2\times1.0}\Big(1+\frac{6\times0.2}{1.2}\Big)=250(\text{kPa})$$

$$p_{min}=\frac{F+G}{A}\Big(1-\frac{6e}{l}\Big)=\frac{150}{1.2\times1.0}\Big(1-\frac{6\times0.2}{1.2}\Big)=0(\text{kPa})$$

应力分布图见图3-17（c）。

（3）当偏心距 $e=0.3\text{m}$ 时，$e>l/6=1.2/6=0.2\text{m}$，基底压力为三角形分布，则设 $k=\dfrac{l}{2}-e=\dfrac{1.2}{2}-0.3=0.3\text{m}$，最大压力为

$$p_{max}=\frac{2(F+G)}{3bk}=\frac{2\times150}{3\times1.0\times0.3}=333.3(\text{kPa})$$

基础受压宽度为 $b'=3k=0.9\text{m}$

应力分布图见图3-17（d）。

可见，中心受压基础的基底压力为均匀分布，对均质地基来说基础将产生均匀沉降。而偏心受压基础基底压力分布则随偏心距 e 发生变化，偏心距愈大，基底压力分布愈不均匀，甚至出现基底压力为零的部位。这时由于地基不均匀沉降使基础产生倾斜，当倾斜过大时，会影响上部结构的正常使用。因此，在设计偏心受压基础时，应注意选择合理的基础底面型式与尺寸，尽可能减小偏心距，使建筑物的荷载较为均匀地传递给地基。

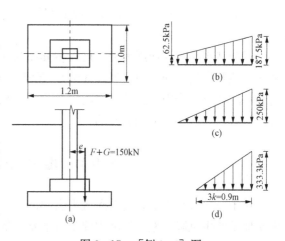

图3-17 ［例3-4］图

三、基底附加压力

在工程设计计算中，上部荷载多是由建筑物基础传给地基，也就是说荷载都是作用在地面下某一深度处的，这个深度就是基础埋置深度。

浅基础一般都是埋置于地基表面下一定深度处，称为基础埋深，建筑物建造之前，基础底面处就已受自重应力作用。若基础埋深为 d，在其范围内土的重度为 γ_0，则基底处土的自重应力 $\sigma_c = \gamma_0 d$。基坑开挖后，相当于在坑底面卸除荷载 $\gamma_0 d$，若地基土为理想弹性体，卸荷后槽底必定会产生向上的回弹变形。事实上，地基土并非理想弹性体材料，卸荷后坑底不会立即发生回弹，回弹变形的大小、速度与土的性质、基坑深度和宽度，以及开挖基坑后至砌筑基础前所经历的时间等因素有关。

一般情况下，为简化计算，常假设基坑开挖后，坑底不产生回弹变形（即浅基坑）。因此，利用建筑物建造后的基底平均压力扣除建造前基底处土中自重应力后，才是新增加的作用于地基上的附加应力，一般用基底平均附加压力表示，它是引起地基内附加应力和地基变形的原因，如图 3-18 所示。

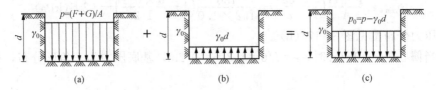

图 3-18 基底附加压力的产生
(a) 建造房屋后基底压力；(b) 挖坑卸载；(c) 基底附加压力

基底平均附加压力 p_0 按下式计算

$$p_0 = p - \sigma_c = p - \gamma_0 d \tag{3-17}$$

式中　p——基底平均压力，kPa；

σ_c——基底处土的自重应力，kPa；

γ_0——基础底面标高以上天然土层的加权平均重度，$\gamma_0 = \dfrac{\gamma_1 h_1 + \gamma_2 h_2 + \cdots}{h_1 + h_2 + \cdots}$，$\gamma_1$，$\gamma_2$，…为基底标高以上各土层的重度，地下水位以下取有效重度，h_1，h_2，…为基底标高以上各土层的厚度；

d——基础埋深，须从天然地面起算，对新填土场地则应从原天然地面起算，$d = h_1 + h_2 + \cdots$。

得到基底平均附加压力后，可以将其作为弹性半空间表面的外荷载，再根据弹性力学理论计算地基中的附加应力（见 3.5 节）。值得注意的是，一般基础具有一定埋深，因此，假设地基附加应力作用在弹性半空间的表面上，利用弹性力学理论的计算结果，只是一种近似值，但该误差在工程上是允许的。

第五节　地基中的附加应力

对于一般天然土层，由自重应力引起的压缩变形在长期地质历史时期中已经稳定，不会再使地基产生沉降。地基沉降主要是由地基中的附加应力引起的，附加应力是建筑物修建后在地基内新增加的应力。目前求解地基中的附加应力时，一般假定地基土是连续、均质、各向同性的完全弹性体，然后根据弹性理论的基本公式进行计算。

下面介绍地表作用不同类型荷载时，在地基内引起的附加应力分布。

一、竖向集中力作用下的附加应力计算

　　1885 年法国数学家布辛内斯克（J. Boussinesq）用弹性理论推出了在弹性半空间表面上作用有竖直集中力 P 时，半空间内任一点 M 的应力及位移解析解，如图 3-19 所示。以 P 作用点为原点 O，这即是空间上的轴对称问题，在半空间（即地基）中任一点 M（x, y, z）处的 6 个应力分量和 3 个位移分量的表达式如下

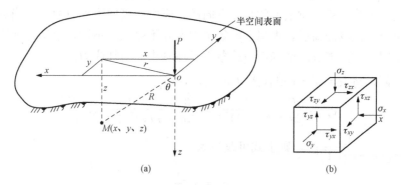

图 3-19　竖向集中力作用下地基中的附加应力
（a）半无限空间中任意点 M（x, y, z）；（b）M 点处的单元体

$$\sigma_x = \frac{3P}{2\pi} \cdot \left\{ \frac{x^2 z}{R^5} + \frac{1-2\mu}{3} \left[\frac{1}{R(R+z)} - \frac{(2R+z)x^2}{(R+z)^2 R^3} - \frac{z}{R^3} \right] \right\} \quad (3\text{-}18a)$$

$$\sigma_y = \frac{3P}{2\pi} \cdot \left\{ \frac{y^2 z}{R^5} + \frac{1-2\mu}{3} \left[\frac{1}{R(R+z)} - \frac{(2R+z)y^2}{(R+z)^2 R^3} - \frac{z}{R^3} \right] \right\} \quad (3\text{-}18b)$$

$$\sigma_z = \frac{3P}{2\pi} \cdot \frac{z^3}{R^5} = \frac{3P}{2\pi R^2} \cos^3\theta \quad (3\text{-}18c)$$

$$\tau_{xy} = \frac{3P}{2\pi} \left[\frac{xyz}{R^5} - \frac{1-2\mu}{3} \cdot \frac{(2R+z)xy}{(R+z)^2 R^3} \right] \quad (3\text{-}19a)$$

$$\tau_{zy} = \frac{3P}{2\pi} \cdot \frac{yz^2}{R^5} \quad (3\text{-}19b)$$

$$\tau_{zx} = \frac{3P}{2\pi} \cdot \frac{xz^2}{R^5} \quad (3\text{-}19c)$$

$$u = \frac{P}{4\pi G} \left[\frac{xz}{R^3} - (1-2\mu) \frac{x}{R(R+z)} \right] \quad (3\text{-}20a)$$

$$v = \frac{P}{4\pi G} \left[\frac{yz}{R^3} - (1-2\mu) \frac{y}{R(R+z)} \right] \quad (3\text{-}20b)$$

$$w = \frac{P}{4\pi G} \left[\frac{z^2}{R^3} + 2(1-\mu) \frac{1}{R} \right] \quad (3\text{-}20c)$$

式中　σ_x、σ_y、σ_z——x、y、z 方向的正应力；

　　τ_{xy}、τ_{yz}、τ_{zx}——剪应力，前一角标表示与它作用微面的法线方向平行的坐标轴，后一角标表示与它作用方向平行的坐标轴；

　　　u、v、w——M 点沿 x、y、z 方向的位移；

　　　　　P——作用于坐标原点 O 的竖向集中力；

　　　　　G——剪切模量，$G = \dfrac{E}{2(1+\mu)}$；

R——M 点至坐标原点 O 的距离，$R=\sqrt{x^2+y^2+z^2}=\sqrt{r^2+z^2}=z/\cos\theta$；

θ——R 线与 z 坐标轴的夹角；

r——M 点与坐标原点 O 的水平距离；

E——弹性模量（或采用土的变形模量 E_0）；

μ——泊松比。

其中对地基沉降计算影响最大的是 z 方向的正应力即竖向附加应力 σ_z。当然，基底压力一般是有一定分布范围的荷载，理想上的集中力实际不存在。不过，根据得到的布辛内斯克弹性解答，采用叠加法能够求解局部荷载条件下地基中的附加应力。

为计算方便，将 $R=\sqrt{r^2+z^2}$ 代入（3-18c），得

$$\sigma_z = \frac{3P}{2\pi}\frac{z^3}{(r^2+z^2)^{5/2}} = \frac{3}{2\pi}\frac{1}{[(r/z)^2+1]^{5/2}}\frac{P}{z^2} \qquad (3-21)$$

令 $\alpha=\dfrac{3}{2\pi}\dfrac{1}{[(r/z)^2+1]^{5/2}}$，则上式可改写为

$$\sigma_z = \alpha\frac{P}{z^2} \qquad (3-22)$$

式中　α——集中力作用下的地基竖向附加应力分布系数，是 r/z 的函数，可由表 3-1
　　　　查用。

表 3-1　　　　　　　　　　集中荷载作用下的竖向应力分布系数 α

$\dfrac{r}{z}$	α	$\dfrac{r}{z}$	α	$\dfrac{r}{z}$	α	$\dfrac{r}{z}$	α	$\dfrac{r}{z}$	α
0.00	0.477 5	0.18	0.440 9	0.36	0.352 1	0.54	0.251 8	0.72	0.168 1
0.01	0.477 3	0.19	0.437 0	0.37	0.346 5	0.55	0.246 6	0.73	0.164 1
0.02	0.477 0	0.20	0.432 9	0.38	0.340 8	0.56	0.241 4	0.74	0.160 3
0.03	0.476 4	0.21	0.428 6	0.39	0.335 1	0.57	0.236 3	0.75	0.156 5
0.04	0.475 6	0.22	0.424 2	0.40	0.329 4	0.58	0.231 3	0.76	0.152 7
0.05	0.474 5	0.23	0.419 7	0.41	0.323 8	0.59	0.226 3	0.77	0.149 1
0.06	0.473 2	0.24	0.415 1	0.42	0.318 3	0.60	0.221 4	0.78	0.145 5
0.07	0.471 7	0.25	0.410 3	0.43	0.312 4	0.61	0.216 5	0.79	0.142 0
0.08	0.469 9	0.26	0.405 4	0.44	0.306 8	0.62	0.211 7	0.80	0.138 6
0.09	0.467 9	0.27	0.400 4	0.45	0.301 1	0.63	0.207 0	0.81	0.135 3
0.10	0.465 7	0.28	0.395 4	0.46	0.295 5	0.64	0.202 4	0.82	0.132 0
0.11	0.463 3	0.29	0.390 2	0.47	0.289 9	0.65	0.199 8	0.83	0.128 8
0.12	0.460 7	0.30	0.384 9	0.48	0.284 3	0.66	0.193 4	0.84	0.125 7
0.13	0.457 9	0.31	0.379 6	0.49	0.278 8	0.67	0.188 9	0.85	0.122 6
0.14	0.454 8	0.32	0.374 2	0.50	0.273 3	0.68	0.184 6	0.86	0.119 6
0.15	0.451 6	0.33	0.368 7	0.51	0.267 9	0.69	0.180 4	0.87	0.116 6
0.16	0.448 2	0.34	0.363 2	0.52	0.262 5	0.70	0.176 2	0.88	0.113 8
0.17	0.444 6	0.35	0.357 7	0.53	0.257 1	0.71	0.172 1	0.89	0.111 0

续表

$\dfrac{r}{z}$	α	$\dfrac{r}{z}$	α	$\dfrac{r}{z}$	α	$\dfrac{r}{z}$	α	$\dfrac{r}{z}$	α
0.90	0.108 3	1.12	0.062 6	1.34	0.036 5	1.56	0.021 9	1.86	0.011 4
0.91	0.105 7	1.13	0.061 0	1.35	0.035 7	1.57	0.021 4	1.88	0.010 9
0.92	0.103 1	1.14	0.059 5	1.36	0.034 8	1.58	0.020 9	1.90	0.010 5
0.93	0.100 5	1.15	0.058 1	1.37	0.034 0	1.59	0.020 4	1.92	0.010 1
0.94	0.098 1	1.16	0.056 7	1.38	0.033 2	1.60	0.020 0	1.94	0.009 7
0.95	0.095 6	1.17	0.055 3	1.39	0.032 4	1.61	0.019 5	1.96	0.009 3
0.96	0.093 3	1.18	0.035 9	1.40	0.031 7	1.62	0.019 1	1.98	0.008 9
0.97	0.091 0	1.19	0.052 6	1.41	0.030 9	1.63	0.018 7	2.00	0.008 5
0.98	0.088 7	1.20	0.051 3	1.42	0.030 2	1.64	0.018 3	2.10	0.007 0
0.99	0.086 5	1.21	0.050 1	1.43	0.029 5	1.65	0.017 9	2.20	0.005 8
1.00	0.084 4	1.22	0.048 9	1.44	0.028 8	1.66	0.017 5	2.30	0.004 8
1.01	0.082 3	1.23	0.047 7	1.45	0.028 2	1.67	0.017 1	2.40	0.004 0
1.02	0.080 2	1.24	0.046 6	1.46	0.027 5	1.68	0.016 7	2.50	0.003 4
1.03	0.078 3	1.25	0.045 4	1.47	0.026 9	1.69	0.016 3	2.60	0.002 9
1.04	0.076 4	1.26	0.044 3	1.48	0.026 3	1.70	0.016 0	2.70	0.002 4
1.05	0.074 4	1.27	0.043 3	1.49	0.025 7	1.72	0.015 3	2.80	0.002 1
1.06	0.072 7	1.28	0.042 2	1.50	0.025 1	1.74	0.014 7	2.90	0.001 7
1.07	0.070 9	1.29	0.041 2	1.51	0.024 5	1.76	0.014 1	3.00	0.001 5
1.08	0.069 1	1.30	0.040 2	1.52	0.024 0	1.78	0.013 5	3.50	0.000 7
1.09	0.067 4	1.31	0.039 3	1.53	0.023 4	1.80	0.012 9	4.00	0.000 4
1.10	0.065 8	1.32	0.038 4	1.54	0.022 9	1.82	0.012 4	4.50	0.000 2
1.11	0.064 1	1.33	0.037 4	1.55	0.022 4	1.84	0.011 9	5.00	0.000 1

　　如图 3 - 20 所示，假设有若干竖向集中力 P_i（$i=1$，2，…，n）作用于地基表面，由于布辛内斯克解是建立在弹性理论基础上的，因此可利用叠加原理，地基中深度 z 处某点 M 的竖向附加应力 σ_z 应为各集中力单独作用时在 M 点所引起的附加应力总和，即

$$\sigma_z = \sum_{i=1}^{n} \alpha_i \frac{P_i}{z^2} = \frac{1}{z^2} \sum_{i=1}^{n} \alpha_i P_i \qquad (3 - 23)$$

式中　　α_i——第 i 个集中应力分布系数，根据 r_i/z 由表 3 - 1 查得，其中 r_i 是第 i 个集中荷载作用点到点 M 的水平距离。

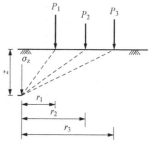

图 3 - 20　多个集中力
作用下的附加应力 σ_z

　　【例 3 - 5】　在地面作用一集中荷载 $P=200\text{kN}$，试确定：（1）地基中 $z=2\text{m}$ 处，与荷载的水平距离 $r=0$、1、2、3 和 4m 各点的竖向附加应力 σ_z 值，并绘出分布图；（2）在地基中 $r=0\text{m}$ 的竖直线上距地面 $z=0$、1、2、3 和 4m 处各点的 σ_z 值，并绘出分布图；（3）取 $\sigma_z=20$、10、4 和 2kPa，反算在地基中 $z=2\text{m}$ 的水平面上的 r 值和在 $r=0\text{m}$ 的竖直线上

的 z 值，并绘出相应于该四个应力值的 σ_z 等值线图。

解 （1）在地基中 $z=2\mathrm{m}$ 的水平面上指定点的附加应力 σ_z 的计算数据，见表 3-2，σ_z 的分布图见图 3-21。

表 3-2 σ_z 计 算 结 果

z (m)	r (m)	r/z	α	$\sigma_z=\alpha\dfrac{P}{z^2}$ (kPa)
2	0	0	0.478	23.9
2	1	0.5	0.273	13.7
2	2	1.0	0.084	4.2
2	3	1.5	0.025	1.3
2	4	2.0	0.009	0.5

（2）在地基中 $r=0$ 的竖直线上，指定点的附加应力 σ_z 的计算数据见表 3-3，σ_z 分布图见图 3-22。

表 3-3 σ_z 计 算 结 果

z (m)	r (m)	r/z	α	$\sigma_z=\alpha\dfrac{P}{z^2}$ (kPa)
0	0	0	0.478	∞
1	0	0	0.478	95.6
2	0	0	0.478	23.9
3	0	0	0.478	10.6
4	0	0	0.478	6.0

（3）当指定附加应力 σ_z 时，反算 $z=2\mathrm{m}$ 的水平面上的 r 值和在 $r=0\mathrm{m}$ 的竖直线上的 z 值的计算数据，见表 3-4，附加应力 σ_z 的等值线图见图 3-23。

表 3-4   反 算 结 果

σ_z (kPa)	z (m)	α	r/z	r (m)
20	2	0.400	0.27	0.54
10	2	0.200	0.65	1.30
4	2	0.080	1.02	2.04
2	2	0.040	1.30	2.60
σ_z (kPa)	r (m)	r/z	α	z (m)
20	0	0	0.478	2.19
10	0	0	0.478	3.09
4	0	0	0.478	4.89
2	0	0	0.478	6.91

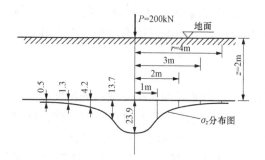

图 3-21　［例 3-5］水平面上竖向
附加应力分布图

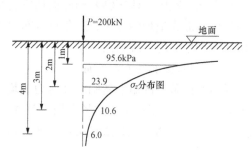

图 3-22　［例 3-5］集中力作用线上竖向
附加应力分布

由［例 3-5］计算结果可见，竖直集中力作用下地基中竖向附加应力 σ_z 的分布特征如下：

（1）在地基中同一深度处，竖向附加应力 σ_z 在集中力作用线上最大，向两边逐渐减小。根据不同深度水平面上的 σ_z 计算结果也可知，随着深度的增加，水平面上应力的分布趋于均匀化。

（2）在集中力 P 作用线上，附加应力 σ_z 随深度的增加而减小。当 $z=0$ 时，$\sigma_z=\infty$。出现这一结果是由于将集中力作用面积看作零所致。一方面说明该公式不太适用于集中力作用点及其附近，因此在选择应力计算点时不应过于接近集中力作用点；另一方面也说明在靠近集中力作用点附近的 σ_z 很大。当 $z=\infty$ 时，$\sigma_z=0$。说明到达一定深度后，集中力的影响可以忽略不计。

（3）若在空间将 σ_z 值相同的点连接成曲面，可以得到如图 3-23 所示的 σ_z 等值线，其空间曲面的形状如泡状，所以也称为应力泡。

通过对附加应力分布图形的讨论，应该建立起土中应力分布的正确概念，即地表集中力在地基中引起的附加应

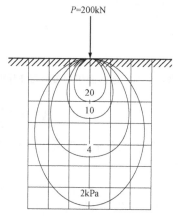

图 3-23　［例 3-5］σ_z 等值线

力分布是向下、向四周无限扩散的，其特性导致多个集中力下附加应力的相互影响。

当基础底面形状不规则或荷载分布较复杂时，可将基底划分为若干个小面积，把小面积上的荷载用集中力代替，再利用叠加原理计算附加应力。如果小面积的最大边长小于计算应力点深度的 1/3，用此法所得的应力值与精确解相比，误差不超过 5%。另外，在工程中，由于荷载对于地基中附加应力的叠加作用，使得邻近基础将互相产生影响，引起附加沉降，这在软土地基中尤为明显。例如，邻近的新建筑物可能使旧建筑物发生倾斜或产生裂缝；水闸岸墙建成后，往往引起闸底板开裂等等。

以上为竖向集中力作用下的附加应力解，而当弹性半空间表面作用有水平集中力时，地基中任一点的应力和位移分量可由西罗提公式求解，当弹性半空间内某深度处作用有竖向集中力时，地基中的应力和位移分量则可由明德林公式求解，这里不再赘述。

二、矩形面积上不同分布荷载作用下的附加应力计算

建筑物荷载是通过基础传递给地基的，基础形状及基底压力分布可能有所不同，但由于假设地基土为弹性介质，故可利用弹性体的应力叠加原理和集中力作用下的附加应力计算公式，通过积分法求解地基内任意点的附加应力。

在实际工程中，建筑物基础底面通常为矩形（如独立基础），根据基底压力简化计算公式，其分布形式呈均匀分布、三角形分布以及梯形分布，下面阐述矩形面积上不同分布荷载在地基中产生的附加应力的计算。

（一）矩形面积竖直均布荷载

受中心荷载下的矩形基础底面压力为均匀分布，设矩形基础均布荷载面的长度和宽度分别为 l 和 b，作用于地基上的竖直均布荷载为 p_0，求地基内任意点的附加应力。这类问题的求解方法是：先通过积分法求出矩形面积角点下一定深度某点的附加应力表达式，再利用角点法求出地基土中同一深度任意点的附加应力。

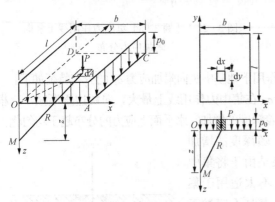

图 3-24　矩形面积均布荷载作用时角点下点的应力

已知如图 3-24 所示的矩形面积荷载作用面的 4 个角点 $OACD$，由对称性，在同一深度处，各角点下的附加应力 σ_z 相同。以矩形荷载面角点 O 为坐标原点，在荷载面内任取微分面积 $dA = dx \cdot dy$，可将其上作用的总的分布荷载用集中力 P 代替，则 $P = p_0 dA = p_0 dx dy$，由式（3-18c）可求出该集中力 P 在角点 O 下深度 z 处 M 点引起的竖向附加应力微量 $d\sigma_z$ 为

$$d\sigma_z = \frac{3P}{2\pi} \cdot \frac{z^3}{R^5} = \frac{3p_0}{2\pi} \cdot \frac{z^3}{(x^2 + y^2 + z^2)^{5/2}} dx dy$$

将上式对整个矩形荷载积分，即可得出矩形面积竖直均布荷载 p_0 在 M 点引起的附加应力 σ_z

$$
\begin{aligned}
\sigma_z &= \int_0^l \int_0^b \frac{3p_0}{2\pi} \frac{z^3}{(x^2 + y^2 + z^2)^{5/2}} dx dy \\
&= \left[\arctan \frac{m}{n\sqrt{1 + m^2 + n^2}} + \frac{m \cdot n}{\sqrt{1 + m^2 + n^2}} \left(\frac{1}{m^2 + n^2} + \frac{1}{1 + n^2} \right) \right] \cdot \frac{p_0}{2\pi}
\end{aligned}
$$
（3-24）

式中，$m = l/b$，$n = z/b$，其中 l 为矩形的长边，b 为矩形的短边。

为了计算方便，可将式（3-24）简写成

$$\sigma_z = \alpha_c p_0 \tag{3-25}$$

其中 $\alpha_c = \frac{1}{2\pi} \left[\arctan \frac{m}{n\sqrt{1 + m^2 + n^2}} + \frac{m \cdot n}{\sqrt{1 + m^2 + n^2}} \left(\frac{1}{m^2 + n^2} + \frac{1}{1 + n^2} \right) \right]$

称 α_c 为均布矩形荷载角点下的应力分布系数，简称角点应力系数（cornerpoint stress factor），可按 m 和 n 值从表 3-5 中查得。

表 3-5　　　　均布矩形荷载角点下的竖向附加应力系数 α_c

$m = l/b$ $n = z/b$	1.0	1.2	1.4	1.6	1.8	2.0	3.0	4.0	5.0	6.0	10.0
0.0	0.250 0	0.250 0	0.250 0	0.250 0	0.250 0	0.250 0	0.250 0	0.250 0	0.250 0	0.250 0	0.250 0

续表

$n=z/b$ \\ $m=l/b$	1.0	1.2	1.4	1.6	1.8	2.0	3.0	4.0	5.0	6.0	10.0
0.2	0.248 6	0.248 9	0.249 0	0.249 1	0.249 1	0.249 1	0.249 2	0.249 2	0.249 2	0.249 2	0.249 2
0.4	0.240 1	0.242 0	0.242 9	0.243 4	0.243 7	0.243 9	0.244 2	0.244 3	0.244 3	0.244 3	0.244 3
0.6	0.222 9	0.227 5	0.230 0	0.235 1	0.232 4	0.232 9	0.233 9	0.234 1	0.234 2	0.234 2	0.234 2
0.8	0.199 9	0.207 5	0.212 0	0.214 7	0.216 5	0.217 6	0.219 6	0.220 0	0.220 2	0.220 2	0.220 2
1.0	0.175 2	0.185 1	0.191 1	0.195 5	0.198 1	0.199 9	0.203 4	0.204 2	0.204 4	0.204 5	0.204 6
1.2	0.151 6	0.162 6	0.170 5	0.175 8	0.179 3	0.181 8	0.187 0	0.188 2	0.188 5	0.188 7	0.188 8
1.4	0.130 8	0.142 3	0.150 8	0.156 9	0.161 3	0.164 4	0.171 2	0.173 0	0.173 5	0.173 8	0.174 0
1.6	0.112 3	0.124 1	0.132 9	0.143 6	0.144 5	0.148 2	0.156 7	0.159 0	0.159 8	0.160 1	0.160 4
1.8	0.096 9	0.108 3	0.117 2	0.124 1	0.129 4	0.133 4	0.143 4	0.146 3	0.147 4	0.147 8	0.148 2
2.0	0.084 0	0.094 7	0.103 4	0.110 3	0.115 8	0.120 2	0.131 4	0.135 0	0.136 3	0.136 8	0.137 4
2.2	0.073 2	0.083 2	0.091 7	0.098 4	0.103 9	0.108 4	0.120 5	0.124 8	0.126 4	0.127 1	0.127 7
2.4	0.064 2	0.073 4	0.081 2	0.087 9	0.093 4	0.097 9	0.110 8	0.115 6	0.117 5	0.118 4	0.119 2
2.6	0.056 6	0.065 1	0.072 5	0.078 8	0.084 2	0.088 7	0.102 0	0.107 3	0.109 5	0.110 6	0.111 6
2.8	0.050 2	0.058 0	0.064 9	0.070 9	0.076 1	0.080 5	0.094 2	0.099 9	0.102 4	0.103 6	0.104 8
3.0	0.044 7	0.051 9	0.058 3	0.064 0	0.069 0	0.073 2	0.087 0	0.093 1	0.095 9	0.097 3	0.098 7
3.2	0.040 1	0.046 7	0.052 6	0.058 0	0.062 7	0.066 8	0.080 6	0.087 0	0.090 0	0.091 6	0.093 3
3.4	0.036 1	0.042 1	0.047 7	0.052 7	0.057 1	0.061 1	0.074 7	0.081 4	0.084 7	0.086 4	0.088 2
3.6	0.032 6	0.038 2	0.043 3	0.048 0	0.052 3	0.056 1	0.069 4	0.076 3	0.079 9	0.081 6	0.083 7
3.8	0.029 6	0.034 8	0.039 5	0.043 9	0.047 9	0.051 6	0.064 5	0.071 7	0.075 3	0.077 3	0.079 6
4.0	0.027 0	0.031 8	0.036 2	0.040 3	0.044 1	0.047 4	0.060 3	0.067 4	0.071 2	0.073 3	0.075 8
4.2	0.024 7	0.029 1	0.033 3	0.037 1	0.040 7	0.043 9	0.056 3	0.063 4	0.067 4	0.069 6	0.072 4
4.4	0.022 7	0.026 8	0.030 6	0.034 2	0.037 6	0.040 7	0.052 7	0.059 7	0.063 9	0.066 2	0.069 6
4.6	0.020 9	0.024 7	0.028 3	0.031 7	0.034 8	0.037 8	0.049 3	0.056 4	0.060 6	0.063 0	0.066 3
4.8	0.019 3	0.022 9	0.026 2	0.029 4	0.032 4	0.035 2	0.046 3	0.053 3	0.057 6	0.060 1	0.063 5
5.0	0.017 9	0.021 2	0.024 3	0.027 4	0.030 2	0.032 8	0.043 5	0.050 4	0.054 7	0.057 3	0.061 0
6.0	0.012 7	0.015 1	0.017 4	0.019 6	0.021 8	0.023 3	0.032 5	0.038 8	0.043 1	0.046 0	0.050 6
7.0	0.009 4	0.011 2	0.013 0	0.014 7	0.016 4	0.018 0	0.025 1	0.030 6	0.034 6	0.037 6	0.042 8
8.0	0.007 3	0.008 7	0.010 1	0.011 4	0.012 7	0.014 0	0.019 8	0.024 6	0.028 3	0.031 1	0.036 7
9.0	0.005 8	0.006 9	0.008 0	0.009 1	0.010 2	0.011 2	0.016 1	0.020 2	0.023 5	0.026 2	0.031 9
10.0	0.004 7	0.005 6	0.006 5	0.007 4	0.008 3	0.009 2	0.013 2	0.016 7	0.019 8	0.022 2	0.028 0

对于矩形面积均布荷载下地基土内任一点的附加应力计算，即计算点并不位于角点以下的情况，可利用上述应力计算公式（3-25）和叠加原理求得，这种方法称为角点法。如计算地面任一 O 点下深度 z 处的附加应力时，可通过 O 点将荷载面分为若干矩形面积， O 点就是这些矩形的公共角点，再按照式（3-25）计算各小矩形公共角点下的附加应力 σ_z ，并求其代数和。计算点不在矩形荷载面角点下的情况主要有四种，如图 3-25 所示。

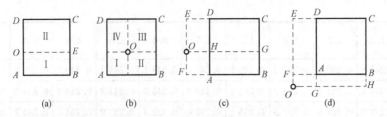

图 3-25 角点法求 O 点下某深度处的附加应力

（1）计算点 O 在荷载面边缘。过 O 作辅助线 OE 将矩形面积分为两个小矩形，O 点是 Ⅰ、Ⅱ 两个小矩形的公共角点，O 点下任意深度 z 处的附加应力为 Ⅰ、Ⅱ 两个小矩形面积均布荷载在该点产生的附加应力之和，即

$$\sigma_z = (\alpha_{cⅠ} + \alpha_{cⅡ})p_0$$

其中 $\alpha_{cⅠ}$ 和 $\alpha_{cⅡ}$ 分别是相应于矩形 Ⅰ、Ⅱ 的角点应力系数。

（2）计算点 O 在荷载面内

$$\sigma_z = (\alpha_{cⅠ} + \alpha_{cⅡ} + \alpha_{cⅢ} + \alpha_{cⅣ})p_0$$

若 O 点位于荷载面中心，则 $\alpha_{cⅠ} = \alpha_{cⅡ} = \alpha_{cⅢ} = \alpha_{cⅣ}$，得矩形面积均布荷载中心点下的附加应力 $\sigma_z = 4\alpha_{cⅠ} p_0$。

（3）计算点 O 在荷载面边缘外侧。此时荷载面可看成是 Ⅰ（$OFBG$）与 Ⅱ（$OFAH$）的差值和 Ⅲ（$OECG$）与 Ⅳ（$OEDH$）的差值合成的结果，即

$$\sigma_z = (\alpha_{cⅠ} - \alpha_{cⅡ} + \alpha_{cⅢ} - \alpha_{cⅣ})p_0$$

（4）计算点 O 在荷载面角点外侧。把荷载面看成由 Ⅰ（$OHCE$）面积中扣除 Ⅱ（$OHBF$）和 Ⅲ（$OGDE$）以后再加上 Ⅳ（$OGAF$）而成的，即

$$\sigma_z = (\alpha_{cⅠ} - \alpha_{cⅡ} - \alpha_{cⅢ} + \alpha_{cⅣ})p_0$$

需要注意，用角点法计算各矩形面积的应力分布系数 α_c 时，l 恒为矩形的长边，而 b 为短边。另外，在用式（3-25）计算时，计算点必须始终处于矩形任一角点下。

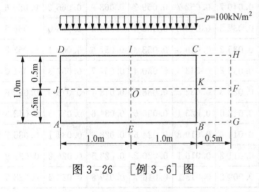

图 3-26 ［例 3-6］图

【例 3-6】 今有均布荷载 $p = 100\text{kPa}$，荷载面积为 $2\text{m} \times 1\text{m}$，如图 3-26 所示，求荷载面积上角点 A、边上点 E、中心点 O 以及荷载面积以外 F 点和 G 点等各点下 $z = 1\text{m}$ 深度处的附加应力，并结合计算结果阐述附加应力的扩散规律。

解 （1）A 点下的竖向附加应力。A 点是矩形 $ABCD$ 的角点，且 $m = l/b = 2/1 = 2$，$n = z/b = 1$，查表 3-5 得 $\alpha_c = 0.1999$，则

$$\sigma_{zA} = \alpha_c p = 0.199\,9 \times 100 = 20(\text{kPa})$$

（2）E 点下的竖向附加应力。通过 E 点将矩形荷载面积划分为两个相同的小矩形 $EADI$ 和 $EBCI$，其中 $EADI$ 的角点应力系数为

$$m = \frac{l}{b} = \frac{1}{1} = 1; n = \frac{z}{b} = \frac{1}{1} = 1$$

查表 3-5 得 $\alpha_c = 0.175\,2$，则

$$\sigma_{zE} = 2\alpha_c p = 2 \times 0.175\ 2 \times 100 = 35(\text{kPa})$$

（3）O 点下的竖向附加应力。过 O 点将矩形分为 4 个相同的小矩形，分别为 $OEAJ$，$OJDI$，$OICK$ 和 $OKBE$。求 $OEAJ$ 角点应力系数为

$$m = \frac{l}{b} = \frac{1}{0.5} = 2; n = \frac{z}{b} = \frac{1}{0.5} = 2$$

查表 3-5 得 $\alpha_c = 0.120\ 2$，则

$$\sigma_{zO} = 4\alpha_c p = 4 \times 0.1202 \times 100 = 48.1(\text{kPa})$$

（4）F 点下附加应力。点 F 不在荷载面内部，过 F 点作矩形 $FGAJ$，$FJDH$，$FGBK$ 和 $FKCH$。

先求 α_c^{FGAJ} $\qquad m = \frac{l}{b} = \frac{1}{0.5} = 2; \ n = \frac{z}{b} = \frac{1}{0.5} = 2$

查表 3-5 得 $\alpha_c^{FGAJ} = 0.136\ 3$

再求 α_c^{FGBK} $\qquad m = \frac{l}{b} = \frac{0.5}{0.5} = 1; \ n = \frac{z}{b} = \frac{1}{0.5} = 2$

得 $\alpha_c^{FGBK} = 0.084\ 0$

则 $\qquad \sigma_{zF} = 2(\alpha_c^{FGAJ} - \alpha_c^{FGBK})p = 2(0.136\ 3 - 0.084\ 0) \times 100 = 10.5(\text{kPa})$

（5）G 点下附加应力。通过 G 点作矩形 $GADH$ 和 $GBCH$，分别求出它们的角点应力系数 α_c^{GADH} 和 α_c^{GBCH}。

求 α_c^{GADH} $\qquad m = \frac{l}{b} = \frac{2.5}{1} = 2.5; \ n = \frac{z}{b} = \frac{1}{1} = 1$

$\alpha_c^{GADH} = 0.201\ 6$

求 α_c^{GBCH} $\qquad m = \frac{l}{b} = \frac{1}{0.5} = 2; \ n = \frac{z}{b} = \frac{1}{0.5} = 2$

$\alpha_c^{GBCH} = 0.120\ 2$

则 $\qquad \sigma_{zG} = (\alpha_c^{GADH} - \alpha_c^{GBCH})p = (0.201\ 6 - 0.120\ 2) \times 100 = 8.1(\text{kPa})$

计算结果如图 3-27 所示可见矩形面积均布荷载作用下，附加应力不仅产生于荷载面积下方，且在荷载面积以外的地基土中（即 F、G 两点下方）也会产生附加应力。另外，在地基中同一深度处，距离受荷面积垂线越远，附加应力越小，矩形面积中点下 σ_{zO} 最大。分别求出中点 O 下和远端 F 点下不同深度处的 σ_z 并将其绘成曲线，如图 3-27（b）所示。上述结果证实了地基中的附加应力向远处扩散的特点。

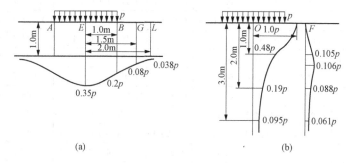

图 3-27 ［例 3-6］计算结果

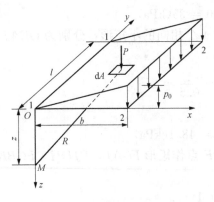

图 3-28　矩形面积竖直三角形荷载
作用时点 O 下的附加应力

（二）矩形面积竖直三角形分布荷载

如图 3-28 所示，若矩形面积上作用有竖直荷载，沿边长 b 方向呈三角形分布，而沿 l 方向为均匀分布，最大荷载强度为 p_0，取荷载强度为零的角点 1 作为坐标原点 O，同样可利用式（3-18c）与积分法求得点 O 下任意深度 z 处附加应力 σ_z。在荷载作用面内任取一微单元面积 $\mathrm{d}A = \mathrm{d}x \cdot \mathrm{d}y$，单元上的分布荷载可用集中力 $P = \dfrac{x}{b} p_0 \mathrm{d}x\mathrm{d}y$ 代替。则此集中力 P 在点 O 下某深度 z 处 M 点引起的竖向附加应力微量 $\mathrm{d}\sigma_z$ 为

$$\mathrm{d}\sigma_z = \frac{3p_0}{2\pi b} \cdot \frac{xz^3}{(x^2 + y^2 + z^2)^{5/2}} \mathrm{d}x\mathrm{d}y$$

将上式沿矩形面积积分，得到矩形面积竖直三角形荷载在点 O 下任意深度 z 处所引起的竖向附加应力为

$$\sigma_z = \alpha_{t1} \cdot p_0 \tag{3-26}$$

式中　$\alpha_{t1} = \dfrac{mn}{2\pi}\left[\dfrac{1}{\sqrt{m^2 + n^2}} - \dfrac{n^2}{(1 + n^2)\sqrt{(1 + m^2 + n^2)}}\right]$

α_{t1} 为矩形面积上作用竖直三角形荷载时，对应点 1 下竖向附加应力分布系数，由表 3-6 查得，表中 $m = l/b$，$n = z/b$，此时注意，参数 b 为沿三角形荷载变化方向上的矩形边长，而 l 为矩形的另一边长。若求得荷载最大值 p_0 边角点 2 下某深度处 σ_z，可由表 3-6 查出附加应力系数 α_{t2}，并由下式计算 σ_z。也可通过矩形均布荷载和三角形荷载零值边角点下的附加应力计算公式叠加而得。

$$\sigma_z = \alpha_{t2} p_0 = (\alpha_c - \alpha_{t1}) p_0 \tag{3-27}$$

表 3-6　　　矩形面积三角形分布荷载角点下的竖向附加应力系数 α_{t1} 和 α_{t2}

z/b ＼ l/b	0.2		0.4		0.6		0.8		1.0	
	1	2	1	2	1	2	1	2	1	2
0.0	0.000 0	0.250 0	0.000 0	0.250 0	0.000 0	0.250 0	0.000 0	0.250 0	0.000 0	0.250 0
0.2	0.022 3	0.182 1	0.028 0	0.211 5	0.029 6	0.216 5	0.030 1	0.217 8	0.030 4	0.218 2
0.4	0.026 9	0.109 4	0.042 0	0.160 4	0.048 7	0.178 1	0.051 7	0.184 4	0.053 1	0.187 0
0.6	0.025 9	0.070 0	0.044 8	0.116 5	0.056 0	0.140 5	0.062 1	0.152 0	0.065 4	0.157 5
0.8	0.023 2	0.048 0	0.042 1	0.085 3	0.055 3	0.109 3	0.063 7	0.123 2	0.068 2	0.131 1
1.0	0.020 1	0.034 6	0.037 5	0.063 8	0.050 8	0.085 2	0.060 2	0.099 6	0.066 6	0.108 6
1.2	0.017 1	0.026 0	0.032 4	0.049 1	0.045 0	0.067 3	0.054 6	0.080 7	0.061 5	0.090 1
1.4	0.014 5	0.020 2	0.027 8	0.038 6	0.039 2	0.054 0	0.048 3	0.066 1	0.055 4	0.075 1
1.6	0.012 3	0.016 0	0.023 8	0.031 0	0.033 9	0.044 0	0.042 4	0.054 7	0.049 2	0.062 8
1.8	0.010 5	0.013 0	0.020 4	0.025 4	0.029 4	0.036 3	0.037 1	0.045 7	0.043 5	0.054 3
2.0	0.009 0	0.010 8	0.017 6	0.021 1	0.025 5	0.030 4	0.032 4	0.038 7	0.038 4	0.045 6
2.5	0.006 3	0.007 2	0.012 5	0.014 0	0.018 3	0.020 5	0.023 6	0.026 5	0.028 4	0.031 8
3.0	0.004 6	0.005 1	0.009 2	0.010 0	0.013 5	0.014 8	0.017 6	0.019 2	0.021 4	0.023 3

续表

z/b \ l/b	0.2		0.4		0.6		0.8		1.0	
	1	2	1	2	1	2	1	2	1	2
5.0	0.001 8	0.001 9	0.003 6	0.003 8	0.005 4	0.005 6	0.007 1	0.007 4	0.008 8	0.009 1
7.0	0.000 9	0.001 0	0.001 9	0.001 9	0.002 8	0.002 9	0.003 8	0.003 8	0.004 7	0.004 7
10.0	0.000 5	0.000 4	0.000 9	0.001 0	0.001 4	0.001 4	0.001 9	0.001 9	0.002 3	0.002 4

z/b \ l/b	1.2		1.4		1.6		1.8		2.0	
	1	2	1	2	1	2	1	2	1	2
0.0	0.000 0	0.250 0	0.000 0	0.250 0	0.000 0	0.250 0	0.000 0	0.250 0	0.000 0	0.250 0
0.2	0.030 5	0.218 4	0.030 5	0.218 5	0.030 6	0.218 5	0.030 6	0.218 5	0.030 6	0.218 5
0.4	0.053 9	0.188 1	0.054 3	0.188 6	0.054 5	0.188 9	0.054 6	0.189 1	0.054 7	0.189 2
0.6	0.067 3	0.160 2	0.068 4	0.161 6	0.069 0	0.162 5	0.069 4	0.163 0	0.069 6	0.163 3
0.8	0.072 0	0.135 5	0.073 9	0.138 1	0.075 1	0.139 6	0.075 9	0.140 5	0.076 4	0.141 2
1.0	0.070 8	0.114 3	0.073 5	0.117 6	0.075 3	0.120 2	0.076 6	0.121 5	0.077 4	0.122 5
1.2	0.066 4	0.096 2	0.069 8	0.100 7	0.072 1	0.103 7	0.073 8	0.105 5	0.074 9	0.106 9
1.4	0.060 6	0.081 7	0.064 4	0.086 4	0.067 2	0.089 7	0.069 2	0.092 1	0.070 7	0.093 7
1.6	0.054 5	0.069 6	0.058 6	0.074 3	0.061 6	0.078 0	0.063 9	0.080 6	0.065 6	0.082 6
1.8	0.048 7	0.059 6	0.052 8	0.064 4	0.056 0	0.068 1	0.058 5	0.070 9	0.060 4	0.073 0
2.0	0.043 4	0.051 3	0.047 4	0.056 0	0.050 7	0.059 6	0.053 3	0.062 5	0.053 3	0.064 9
2.5	0.032 6	0.036 5	0.036 2	0.040 5	0.039 3	0.044 0	0.041 9	0.046 9	0.044 0	0.049 1
3.0	0.024 9	0.027 0	0.028 0	0.030 3	0.030 7	0.033 3	0.033 1	0.035 9	0.035 2	0.038 0
5.0	0.010 4	0.010 8	0.012 0	0.012 3	0.013 5	0.013 9	0.014 8	0.015 4	0.016 1	0.016 7
7.0	0.005 6	0.005 6	0.006 4	0.006 6	0.007 3	0.007 4	0.008 1	0.008 3	0.008 9	0.009 1
10.0	0.002 8	0.002 8	0.003 3	0.003 2	0.003 7	0.003 7	0.004 1	0.004 2	0.004 6	0.004 6

z/b \ l/b	3.0		4.0		6.0		8.0		10.0	
	1	2	1	2	1	2	1	2	1	2
0.0	0.000 0	0.250 0	0.000 0	0.250 0	0.000 0	0.250 0	0.000 0	0.250 0	0.000 0	0.250 0
0.2	0.030 6	0.218 6	0.030 6	0.218 6	0.030 6	0.218 6	0.030 6	0.018 6	0.030 6	0.218 6
0.4	0.054 8	0.189 4	0.054 9	0.189 4	0.054 9	0.189 4	0.054 9	0.189 4	0.054 9	0.189 4
0.6	0.070 1	0.163 8	0.070 2	0.163 9	0.070 2	0.164 0	0.070 2	0.164 0	0.070 2	0.164 0
0.8	0.077 3	0.142 3	0.077 6	0.142 4	0.077 6	0.142 6	0.077 6	0.142 6	0.077 6	0.142 6
1.0	0.079 0	0.124 4	0.079 4	0.124 8	0.079 5	0.125 0	0.079 6	0.125 0	0.079 6	0.125 0
1.2	0.077 4	0.109 6	0.077 9	0.110 3	0.078 2	0.110 5	0.078 3	0.110 5	0.078 3	0.110 5
1.4	0.073 9	0.097 3	0.074 8	0.098 2	0.075 2	0.098 6	0.075 2	0.098 7	0.075 3	0.098 7
1.6	0.069 7	0.087 0	0.070 8	0.088 2	0.071 4	0.088 7	0.071 5	0.088 8	0.071 5	0.088 9
1.8	0.065 2	0.078 2	0.066 6	0.079 7	0.067 3	0.080 5	0.067 5	0.080 6	0.067 5	0.080 8
2.0	0.060 7	0.070 7	0.062 4	0.072 6	0.063 4	0.073 4	0.063 6	0.073 6	0.063 6	0.073 8
2.5	0.050 4	0.055 9	0.052 9	0.058 5	0.054 3	0.060 1	0.054 7	0.060 4	0.054 8	0.060 5

续表

z/b \\ l/b	3.0		4.0		6.0		8.0		10.0	
	1	2	1	2	1	2	1	2	1	2
3.0	0.041 9	0.045 1	0.044 9	0.048 2	0.046 9	0.050 4	0.047 4	0.050 9	0.047 6	0.051 1
5.0	0.021 4	0.022 1	0.024 8	0.025 6	0.028 3	0.029 0	0.029 6	0.030 3	0.030 1	0.030 9
7.0	0.012 4	0.012 6	0.015 2	0.015 4	0.018 6	0.019 0	0.020 4	0.020 7	0.021 2	0.021 6
10.0	0.006 6	0.006 6	0.008 4	0.008 3	0.011 1	0.011 1	0.012 8	0.013 0	0.013 9	0.014 1

当然，在实际工程中可能要计算矩形面积作用有梯形荷载，或三角形荷载下地基中任意点（非角点）下的附加应力，这时可利用均布荷载和三角形荷载下的角点公式式（3-25）~式（3-27）以及叠加原理求解。

【例3-7】 已知相邻两矩形面积 A 和 B，其上作用荷载如图3-29（a）所示。若考虑相邻矩形 B 上荷载的影响，求出 A 面积上边缘中点 O 下深度 $z=2$m 处的竖向附加应力 σ_z。

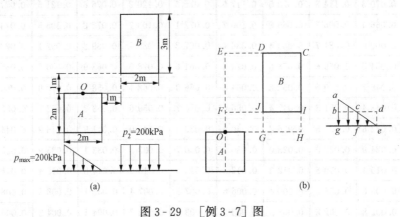

图3-29 ［例3-7］图

解 （1）首先计算矩形面积 A 竖直三角形荷载在 O 点下深度为 2m 处产生的竖向附加应力 σ_z。

由于 O 点是 A 上边缘中点，从 O 点做中线把 A 分为相等的两个小矩形，并将 O 点看成矩形面积上两个三角形荷载 abc 和 cef（荷载最大值为 $p_0=p_{max}/2=100$kPa）以及均布荷载 $bcgf$（荷载为 $p_0=p_{max}/2=100$kPa）的公共角点，通过叠加原理求解。

其中，O 点是三角形荷载 abc 荷载为零值边的角点，$l/b=2/1=2$，$z/b=2/1=2$，查表 3-6 得附加应力系数 $\alpha_{t1}=0.055\ 3$；O 点又是三角形荷载 cef 的荷载最大值边的角点，$l/b=2/1=2$，$z/b=2/1=2$，查表 3-6 得 $\alpha_{t2}=0.064\ 9$；同时 O 点也是均布荷载 $bcgf$ 的角点，$l/b=2/1=2$，$z/b=2/1=2$，查表 3-5 得 $\alpha_c=0.120\ 2$。那么矩形面积 A 三角形荷载在 O 点下深度 2m 处引起的附加应力为

$$\sigma_{z1} = (\alpha_{t1}+\alpha_{t2}+\alpha_c)p_0 = (0.055\ 3+0.064\ 9+0.120\ 2)\times 100 = 24(\text{kPa})$$

当然，也可将三角形荷载等价为均布荷载 $bdeg$，再求得 O 点下附加应力，这时 $\alpha_c=0.120\ 2$，$p_0=100$kPa，$\sigma_{z1}=2\alpha_c p_0=24$kPa。

（2）计算邻近矩形 B 上均布荷载在 O 点引起的附加应力。计算点 O 在荷载面角点外侧，

把荷载面看成由Ⅰ（OHCE）面积中扣除Ⅱ（OGDE）和Ⅲ（OHIF）以后再加上Ⅳ（OGJF）而成的，查表得 $\alpha_{cⅠ}=0.2315$，$\alpha_{cⅡ}=0.1999$，$\alpha_{cⅢ}=0.1350$，$\alpha_{cⅣ}=0.1202$。则 B 引起的附加应力为

$$\sigma_{z2} = (\alpha_{cⅠ} - \alpha_{cⅡ} - \alpha_{cⅢ} + \alpha_{cⅣ})p_2$$
$$= (0.2315 - 0.1999 - 0.1350 + 0.1202) \times 200 = 3.4(\text{kPa})$$

点 O 下深度 $z=2\text{m}$ 处的竖向附加应力 σ_z 为

$$\sigma_z = \sigma_{z1} + \sigma_{z2} = 24 + 3.4 = 27.4(\text{kPa})$$

三、圆形面积竖直均布荷载作用时中心点下的附加应力计算

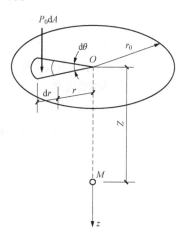

图 3 - 30　圆形面积均布荷载
中心点下的附加应力

如图 3 - 30 所示，假设圆形荷载面积的半径为 r_0，作用于地基表面上的竖直均布荷载为 p_0，求解中心点下深度 z 处 M 点的竖向附加应力。将圆形荷载面积的中心点作为坐标原点 O，并在荷载面积上任选微元面积 $dA = r \cdot d\theta \cdot dr$，用集中力 $P = p_0 dA = p_0 r d\theta dr$ 代替微元面积上的分布荷载，P 作用点与点 M 距离 $R = \sqrt{r^2 + z^2}$，结合式（3 - 18c）并积分，得到整个圆形面积上均布荷载在 M 点引起的竖向附加应力 σ_z 为

$$\sigma_z = \int_0^{2\pi} \int_0^{r_0} \frac{3p_0 z^3}{2\pi} \frac{r d\theta dr}{(r^2 + z^2)^{5/2}}$$
$$= \left\{ 1 - \frac{1}{\left[1 + \frac{1}{(z/r_0)^2} \right]^{3/2}} \right\} p_0 = \alpha_r p_0 \tag{3 - 28}$$

式中　　α_r——圆形面积上均布荷载作用时，圆心点下的竖向应力分布系数，$\alpha_r = f\left(\dfrac{z}{r_0}\right)$，可由表 3 - 7 查得。

表 3 - 7　　　　　　　　均布圆形荷载面中心点下的附加应力系数 α_r

$\frac{z}{r_0}$	α_r	$\frac{z}{r_0}$	α_r	$\frac{z}{r_0}$	α_r	$\frac{z}{r_0}$	α_r	$\frac{z}{r_0}$	α_r	$\frac{z}{r_0}$	α_r
0.0	1.000	0.8	0.756	1.6	0.390	2.4	0.213	3.2	0.130	4.0	0.087
0.1	0.999	0.9	0.701	1.7	0.360	2.5	0.200	3.3	0.124	4.2	0.079
0.2	0.992	1.0	0.647	1.8	0.332	2.6	0.187	3.4	0.117	4.4	0.073
0.3	0.976	1.1	0.595	1.9	0.307	2.7	0.175	3.5	0.111	4.6	0.067
0.4	0.949	1.2	0.547	2.0	0.285	2.8	0.165	3.6	0.106	4.8	0.062
0.5	0.911	1.3	0.502	2.1	0.264	2.9	0.155	3.7	0.101	5.0	0.057
0.6	0.864	1.4	0.461	2.2	0.245	3.0	0.146	3.8	0.096	6.0	0.040
0.7	0.811	1.5	0.424	2.3	0.229	3.1	0.138	3.9	0.091	10.0	0.015

四、条形面积上不同分布荷载作用下的附加应力计算

条形荷载是指承载面上长宽比 $l/b = \infty$，且荷载沿长度 l 方向不变。很显然，在条形荷载作用下，地基内附加应力仅为坐标 x，z 的函数，而与坐标 y 无关。这种问题，在工程上称为平面应变问题。例如，墙基础、道路路堤或坝基等建（构）筑物地基中的附加应力计

算，均属于平面应变问题。

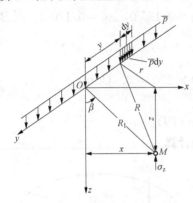

图 3 - 31　竖直线荷载作用
下的附加应力

（一）竖直线荷载

在地表面一条无限长直线上作用有竖直均布线荷载 $\bar{p}$（kN/m），求解该地基中任意点 M 处的附加应力，这就是平面问题的基本课题。

如图 3 - 31 所示，设一竖直线荷载 $\bar{p}$ 作用于 y 坐标轴上，可用集中力 $P=\bar{p}dy$ 代替沿 y 轴某微段 dy 上的均布荷载，从而可利用式（3 - 18c）求集中力 P 在 M 点的附加应力微量 $d\sigma_z$。

过 M 点构造与 y 轴垂直的 xOz 坐标，OM 与 z 轴夹角为 β，$OM=R_1=\sqrt{x^2+z^2}$，则 $\sin\beta=x/R_1$ 及 $\cos\beta=z/R_1$。于是运用积分法可求得均布线荷载作用下地基中任意点 M 的附加应力 σ_z 的极坐标表达式

$$\sigma_z = \int_{-\infty}^{+\infty} d\sigma_z = \int_{-\infty}^{+\infty} \frac{3z^3\bar{p}dy}{2\pi R^5} = \frac{2\bar{p}z^3}{\pi R_1^4} = \frac{2\bar{p}}{\pi z}\cos^4\beta \tag{3-29}$$

同理可得

$$\sigma_x = \frac{2\bar{p}x^2z}{\pi R_1^4} = \frac{2\bar{p}}{\pi z}\cos^2\beta \cdot \sin^2\beta \tag{3-30}$$

$$\tau_{xz} = \tau_{zx} = \frac{2\bar{p}xz^2}{\pi R_1^4} = \frac{2\bar{p}}{\pi z}\cos^3\beta \cdot \sin\beta \tag{3-31}$$

由于均布线荷载沿坐标轴 y 均匀分布而且无限延伸，因此，与 y 轴垂直的任何平面上的应力状态都相同，属于平面应变问题，那么

$$\tau_{xy} = \tau_{yx} = \tau_{yz} = \tau_{zy} = 0 \tag{3-32}$$

$$\sigma_y = \nu(\sigma_x + \sigma_z) \tag{3-33}$$

虽然在实际上完全的线荷载是不存在的，但可以把它看作条形面积的宽度 b 趋于零时的情况。要求条形面积上各种分布荷载下的附加应力时，可以采用线荷载公式通过积分推导得出。

（二）条形面积受竖直均布荷载

如图 3 - 32 所示，条形面积上作用竖直均布荷载 p_0，沿 x 轴即宽度 b 上取微分段 dx，由于 y 轴方向无限延伸，则 dx 上的条形荷载可以用线荷载 $\bar{p}$ 代替，设 OM 与 z 轴的夹角为 β，则

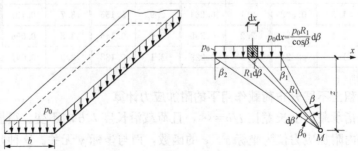

图 3 - 32　条形荷载作用下地基中任意点的应力

$$\bar{p} = p_0 \mathrm{d}x = \frac{p_0 R_1}{\cos\beta}\mathrm{d}\beta = \frac{p_0 z}{\cos^2\beta}\mathrm{d}\beta \tag{3-34}$$

将式（3-34）代入式（3-29），得到微分段 $\mathrm{d}x$ 上的条形荷载在 M 点引起的附加应力 $\mathrm{d}\sigma_z$ 为

$$\mathrm{d}\sigma_z = \frac{2\bar{p}}{\pi z}\cos^4\beta = \frac{2\dfrac{p_0 R_1}{\cos\beta}\mathrm{d}\beta}{\pi z}\cos^4\beta = \frac{2p_0}{\pi}\cos^2\beta\mathrm{d}\beta \tag{3-35}$$

将式（3-35）在 (β_1, β_2) 范围内积分，即可求得条形均布荷载作用下地基中任意点 M 处附加应力的极坐标表达式为

$$\sigma_z = \int_{\beta_1}^{\beta_2}\mathrm{d}\sigma_z = \int_{\beta_1}^{\beta_2}\frac{2p_0}{\pi}\cos^2\beta\mathrm{d}\beta$$
$$= \frac{p_0}{\pi}\left[\sin\beta_2\cos\beta_2 - \sin\beta_1\cos\beta_1 + (\beta_2 - \beta_1)\right] \tag{3-36}$$

同理得

$$\sigma_x = \frac{p_0}{\pi}\left[-\sin(\beta_2 - \beta_1)\cos(\beta_2 + \beta_1) + (\beta_2 - \beta_1)\right] \tag{3-37}$$

$$\tau_{xz} = \tau_{zx} = \frac{p_0}{\pi}\left[\sin^2\beta_2 - \sin^2\beta_1\right] \tag{3-38}$$

上述各式中，当 M 点位于荷载分布宽度 b 的两端点竖直线之间时，β_1 取负值。

将式（3-36）式（3-38）代入下列材料力学公式中，即可求得 M 点的最大主应力 σ_1 和最小主应力 σ_3

$$\left.\begin{array}{r}\sigma_1\\\sigma_3\end{array}\right\} = \frac{\sigma_z + \sigma_x}{2} \pm \sqrt{\left(\frac{\sigma_z - \sigma_x}{2}\right)^2 + \tau_{xz}^2} = \frac{p_0}{\pi}\left[(\beta_2 - \beta_1) \pm \sin(\beta_2 - \beta_1)\right] \tag{3-39}$$

将 β_0 作为 M 点与条形荷载两端连线的夹角（图 3-32），称之为视角，有 $\beta_0 = \beta_2 - \beta_1$，于是上式变为

$$\left.\begin{array}{r}\sigma_1\\\sigma_3\end{array}\right\} = \frac{p_0}{\pi}(\beta_0 \pm \sin\beta_0) \tag{3-40}$$

可以证明视角 β_0 的平分线即为最大主应力 σ_1 的方向，与平分线垂直的方向就是最小主应力 σ_3 的方向。

为了计算方便，还可将上述 σ_z、σ_x 和 τ_{xz} 的计算公式改用直角坐标表示，计算时取条形荷载宽度的中点为坐标原点，则 $M(x、z)$ 点的三个附加应力分量为

$$\sigma_z = \frac{p_0}{\pi}\left[\arctan\frac{1-2n}{2m} + \arctan\frac{1+2n}{2m} - \frac{4m(4n^2 - 4m^2 - 1)}{(4n^2 + 4m^2 - 1)^2 + 16m^2}\right] = \alpha_{sz} \cdot p_0 \tag{3-41}$$

$$\sigma_x = \frac{p_0}{\pi}\left[\arctan\frac{1-2n}{2m} + \arctan\frac{1+2n}{2m} + \frac{4m(4n^2 - 4m^2 - 1)}{(4n^2 + 4m^2 - 1)^2 + 16m^2}\right] = \alpha_{sx} \cdot p_0 \tag{3-42}$$

$$\tau_{xz} = \tau_{zx} = \frac{p_0}{\pi}\frac{32m^2 n}{(4n^2 + 4m^2 - 1)^2 + 16m^2} = \alpha_{sxz} \cdot p_0 \tag{3-43}$$

式中　　　n——计算点距离荷载分布图形中轴线的距离 x 与荷载分布宽度 b 的比值，即 $n = x/b$；

m——计算点的深度 z 与荷载宽度 b 的比值，即 $m=z/b$；

α_{sz}、α_{sx}、α_{sxz}——条形面积竖直均布荷载下的竖向附加应力分布系数、水平向应力分布系数和剪应力分布系数，其值可按 m、n 查表 3-8 得。

表 3-8 均布条形荷载下的附加应力系数

z/b	x/b								
	0.00			0.25			0.50		
	α_{sz}	α_{sx}	α_{sxz}	α_{sz}	α_{sx}	α_{sxz}	α_{sz}	α_{sx}	α_{sxz}
0.00	1.000	1.000	0	1.000	1.000	0	0.500	0.500	0.320
0.25	0.959	0.450	0	0.902	0.393	0.127	0.497	0.347	0.300
0.50	0.818	0.182	0	0.735	0.186	0.157	0.480	0.225	0.255
0.75	0.668	0.081	0	0.607	0.098	0.127	0.448	0.142	0.204
1.00	0.550	0.041	0	0.510	0.055	0.096	0.409	0.091	0.159
1.25	0.462	0.023	0	0.436	0.033	0.072	0.370	0.060	0.124
1.50	0.396	0.014	0	0.379	0.021	0.055	0.334	0.040	0.098
1.75	0.345	0.009	0	0.334	0.014	0.043	0.302	0.028	0.078
2.00	0.306	0.006	0	0.298	0.010	0.034	0.275	0.020	0.064
3.00	0.208	0.002	0	0.206	0.003	0.017	0.198	0.007	0.032
4.00	0.158	0.001	0	0.156	0.001	0.010	0.153	0.003	0.019
5.00	0.126	0.000	0	0.126	0.001	0.006	0.124	0.002	0.012
6.00	0.106	0.000	0	0.105	0.000	0.004	0.104	0.001	0.009

z/b	x/b								
	1.00			1.50			2.00		
	α_{sz}	α_{sx}	α_{sxz}	α_{sz}	α_{sx}	α_{sxz}	α_{sz}	α_{sx}	α_{sxz}
0.00	0	0	0	0	0	0	0	0	0
0.25	0.019	0.171	0.055	0.003	0.074	0.014	0.001	0.041	0.005
0.50	0.084	0.211	0.127	0.017	0.122	0.045	0.005	0.074	0.020
0.75	0.146	0.185	0.157	0.042	0.139	0.075	0.015	0.095	0.037
1.00	0.185	0.146	0.157	0.071	0.134	0.095	0.029	0.103	0.054
1.25	0.205	0.111	0.144	0.095	0.120	0.105	0.044	0.103	0.067
1.50	0.211	0.084	0.127	0.114	0.102	0.106	0.059	0.097	0.075
1.75	0.210	0.064	0.111	0.127	0.085	0.102	0.072	0.088	0.079
2.00	0.205	0.049	0.096	0.134	0.071	0.095	0.083	0.078	0.079
3.00	0.171	0.019	0.055	0.136	0.033	0.066	0.103	0.044	0.067
4.00	0.140	0.009	0.034	0.122	0.017	0.045	0.102	0.025	0.050
5.00	0.117	0.005	0.023	0.107	0.010	0.032	0.095	0.015	0.037
6.00	0.100	0.003	0.017	0.094	0.006	0.023	0.086	0.010	0.028

由条形荷载附加应力公式可计算基底下沿深度方向和各深度处沿水平方向的附加应力分

布，其应力分布规律如图 3-33 所示。

可见条形荷载与集中力作用下竖向附加应力分布形式基本保持一致。

另外，不论矩形还是条形荷载作用下的附加应力分布特征，都可以用应力等值线进行描述。将地基剖面划分为许多方形网格，使网格结点的坐标为荷载半宽即 $0.5b$ 的整数倍，通过查表获得各个结点处附加应力 σ_z、σ_x 和 τ_{zx}，再用插入法将附加应力相同的点连成等值线。绘出条形面积均布荷载下地基中的 σ_z、σ_x 和 τ_{zx} 的等值线图，以及方形面积均布荷载下 σ_z 的等值线图（见图 3-34）。

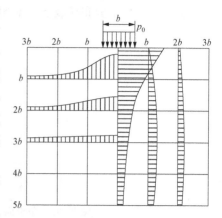

图 3-33　条形均布荷载下地
基中应力分布规律

由图 3-34（a）、（b）可知，条形荷载下的附加应力 σ_z，其影响深度比方形荷载大得多，方形荷载中心点下 $\sigma_z=0.1p_0$ 的深度约在 $z=2b$ 处，而条形荷载中心点下 $\sigma_z=0.1p_0$ 的深度达到约 $z=6b$ 处。

由条形荷载下的 σ_x 和 τ_{zx} 等值线图可见，σ_x 影响范围较浅，因此基础下地基土的侧向变形主要发生在浅层；而 τ_{zx} 的最大值位于荷载边缘下，所以在基础边缘下的土容易产生剪切破坏而出现塑性区。

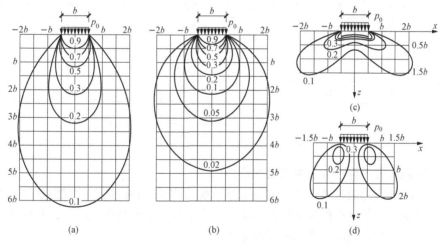

图 3-34　地基附加应力等值线
(a) σ_z 等值线（条形均布荷载）；(b) σ_z 等值线（方形荷载）；
(c) σ_x 等值线（条形均布荷载）；(d) τ_{zx} 等值线（条形均布荷载）

（三）条形面积上受三角形分布荷载

如图 3-35 所示，当条形荷载沿作用面积宽度方向呈三角形分布，并且沿长度方向不变时，可按均布条形荷载的推导方法，解得地基中任意点 $M(x, z)$ 的附加应力，其公式为

$$\sigma_z = \frac{p_0}{\pi}\left[n\left(\arctan\frac{n}{m}-\arctan\frac{n-1}{m}\right)-\frac{m(n-1)}{(n-1)^2+m^2}\right]=\alpha_s \cdot p_0 \qquad (3-44)$$

式中　m——计算点的深度 z 与荷载宽度 b 的比，$m=z/b$；

n——由计算点到荷载强度为零点的水平距离 x 与荷载宽度 b 的比值，$n=x/b$；

α_s——三角形分布荷载下的附加应力系数，查表 3-9。

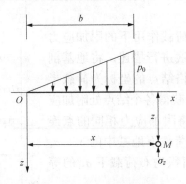

图 3-35　条形面积三角形分布荷载下的附加应力计算

表 3-9　　　　　　　　　　　三角形分布形荷载附加应力系数 α_s。

z/b ＼ x/b	−1.00	−0.50	0.00	0.50	1.00	1.50	2.00
0.00	0.000	0.000	0.000	0.500	0.500	0.000	0.000
0.25	0.000	0.001	0.075	0.480	0.424	0.015	0.003
0.50	0.003	0.023	0.127	0.410	0.353	0.056	0.017
0.75	0.016	0.042	0.153	0.335	0.293	0.108	0.024
1.00	0.025	0.061	0.159	0.275	0.241	0.129	0.045
1.50	0.048	0.096	0.145	0.200	0.185	0.124	0.062
2.00	0.061	0.092	0.127	0.155	0.153	0.108	0.069
3.00	0.064	0.080	0.096	0.104	0.104	0.090	0.071
4.00	0.060	0.067	0.075	0.085	0.075	0.073	0.060
5.00	0.052	0.057	0.059	0.063	0.065	0.061	0.051

五、非均质和各向异性地基中的附加应力

上述地基附加应力的计算方法，都将地基土视为均质、各向同性的线弹性体，但实际并非如此，如地基中土的变形模量常随深度增大，有的地基具有较明显的薄交互层状构造，而有的则是由不同压缩性土层组成的成层地基等。

因此，理论计算得出的附加应力与实际土中附加应力相比存在一定的误差。根据大量试验研究及实测结果分析，当土质较均匀，土颗粒较细，且压力不是很大时，用上述方法计算出的竖向附加应力与实测值相比，误差不是很大，但若不满足这些条件时将会有较大误差。下面简要讨论实际土体的非均质和各向异性对土中附加应力分布的影响。

1. 成层地基（非均质地基）

天然土层的分布往往是很不均匀的，如在软土区常可遇到硬黏土或密实砂土覆盖在软土层上；或在山区中可见到厚度不大的可压缩土层覆盖于刚性基岩上。这些情况下，地基中的应力分布与连续均质土体会有所不同。这种成层地基主要分为两种情况：

（1）刚性基岩上覆盖着不厚的可压缩性土层。这种情况下，在上部荷载作用时将发生应

力集中的现象，如图 3-36（a）所示，即在上层土中荷载中轴线附近的附加应力 σ_z 将比均质地基时增大，愈远离中线，应力差愈小，到一定距离时，应力则小于均质地基时的应力。应力集中的程度主要与荷载宽度 b 和岩层的埋藏深度有关，岩层埋藏愈浅，荷载宽度愈大，则应力集中程度愈高，反之则愈小。

（2）硬土层覆盖于软土层上。这种上层坚硬、下层软弱的成层地基，在硬土层的下面的荷载中轴线附近，将会出现附加应力减小的应力扩散现象，如图 3-36（b）所示。由于应力分布比较均匀，相应的地基的沉降也较为均匀。实际工程中，在进行道路路面设计时，经常用一层比较坚硬的路面来降低地基中的应力集中，防止路面因不均匀变形而破坏。

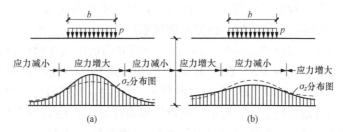

图 3-36　非均质和各向异性地基对附加应力的影响
（虚线表示均质地基中水平面上的附加应力分布）
（a）应力集中；（b）应力扩散

2. 变形模量随深度增大的地基（非均质地基）

地基土的另一种非均质性表现为土的变形模量 E 常随地基深度逐渐增大。这种现象在砂土中尤其显著，它是由土体在沉积过程中的条件决定的。与均质地基比较，沿荷载中心线下，其附加应力 σ_z 将发生应力集中现象。对于一个集中力 P 作用下地基附加应力的计算，可采用费洛列希（O. K. Frohlich）给出的半经验公式

$$\sigma_z = \frac{\mu P}{2\pi R^2} \cos^\mu \theta \qquad (3-45)$$

式中　μ——大于 3 的应力集中系数，当 $\mu = 3$ 时上式与式（3-18c）一致，即布辛内斯克解答；

对于砂土，变形模量随深度变化较为显著，一般取 $\mu = 6$；介于黏土和砂土之间的土取 $\mu = 3 \sim 6$。

3. 薄交互层地基（各向异性地基）

由于土层在生成过程中，各个时期沉积物成分上的变化，土层会出现水平薄交互层现象，这种层理构造对很多土来说都很明显，往往导致土层沿竖直方向和水平方向的变形模量不同，即出现各向异性，从而使得其附加应力分布与均质各向同性地基也有区别。

研究表明，天然沉积形成的水平薄交互层地基，其水平方向上的变形模量 E_x 通常大于竖直方向上的变形模量 E_z，与均质各向同性地基相比，在沿荷载中心线下地基附加应力 σ_z 分布常出现应力扩散现象。

思　考　题

3-1　有效应力的本质是什么？流土发生时，其有效应力是多少？

3-2　何谓土中应力？它有哪些分类和用途？

3-3 成层土的自重应力沿深度有何变化?

3-4 基底压力分布的影响因素有哪些? 柔性基础与刚性基础的基底压力分布有何区别?

3-5 如何计算基底压力和基底附加压力? 两者有何不同?

3-6 附加应力在地基中的传播规律如何? 目前附加应力计算的依据是什么? 附加应力计算有哪些假设条件? 与工程实际是否存在差别?

习 题

3-1 某土层及其物理指标如图 3-37 所示,计算土中自重应力。

3-2 如图 3-38 所示桥墩基础,已知基础底面尺寸 $b=4$m,$l=10$m,作用在基础底面中心的荷载 $N=4000$kN,$M=2800$kN·m,计算基础底面的压力并绘出分布图。

3-3 一矩形基础,宽为 3m,长为 4m,在长边方向作用一偏心荷载 $F+G=1200$kN。偏心距为多少时,基底不会出现拉应力? 试问当 $p_{min}=0$ 时,基底最大压力为多少?

3-4 某构筑物基础如图 3-39 所示,在设计地面标高处作用有偏心荷载 680kN,偏心距 1.31m,基础埋深为 2m,底面尺寸为 4m×2m。试求基底平均压力 p 和边缘最大压力 p_{max},并绘出沿偏心方向的基底压力分布图。

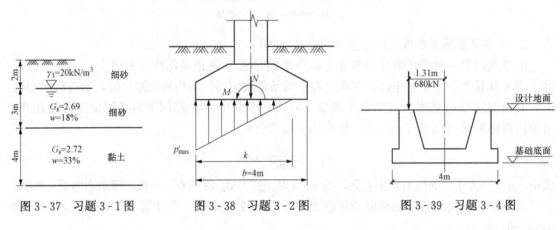

图 3-37 习题 3-1 图   图 3-38 习题 3-2 图   图 3-39 习题 3-4 图

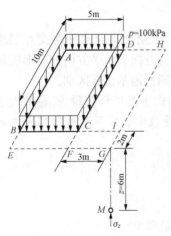

3-5 如图 3-40 所示矩形面积(ABCD)上作用均布荷载 $p=100$kPa,试用角点法计算 G 点下深度 6m 处 M 点的竖向应力 σ_z 值。

3-6 如图 3-41 所示条形分布荷载 $p=150$kPa,计算 G 点下 3m 处的竖向附加应力值。

3-7 计算如图 3-42 所示桥墩中心线下地基的自重应力及附加应力。已知桥墩的构造如图。作用在基础中心的荷载:$N=2520$kN,长边弯矩 $M=1944$kN·m。地基土的物理及力学性质见表 3-10。

图 3-40 习题 3-5 图

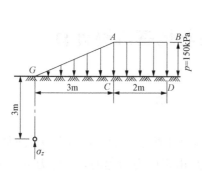

图 3-41　习题 3-6 图

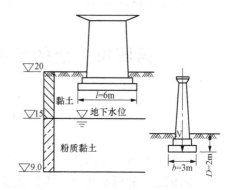

图 3-42　习题 3-7 图

表 3-10　　　　　　　　　　　地基土的物理及力学性质

土层名称	层底标高 (m)	土层厚 (m)	γ (kN/m³)	含水率 ω (%)	土粒比重 G_s	孔隙比 e	液限 (%)	塑限 (%)	塑性指数	液性指数
黏土	15	5	20	22	2.74	1.640	45	23	22	0.94
粉质黏土	9	6	18	38	2.72	1.045	38	22	16	0.99

第四章 土的压缩性与地基沉降计算

第一节 概 述

由前一章学习知道，土体在外荷载的作用下会产生附加应力，进而会引起土体变形。土体变形包括体积变形和形状变形。体积变形主要是由正应力引起的，正应力会使土体压缩；形状变形主要是由剪应力引起的，当剪应力超过一定限度时，会发生剪切破坏，如图 4-1 所示。

土体的压缩包括：①土粒本身的压缩变形；②孔隙中不同形态的水和气体的压缩变形；③孔隙中水和气体有一部分被挤出，土的颗粒相互靠拢使孔隙体积减小。一般建筑荷载作用下，①②部分压缩量很微小，可以忽略不计，所以土体压缩的本质主要是③，即孔隙中水和气体有一部分被挤出，体积减小，土体颗粒重新排列、相互靠拢。对于饱和土体而言，体积减小量就等于土体中排出的水量，因此土体的压缩过程就是饱和土体的排水过程。在建筑物荷载作用下，地基土因受到压缩引起的竖向变形或下沉即为沉降，沉降分为均匀沉降和不均匀沉降，不均匀沉降见图 4-1（b）。

沉降过大，特别是不均匀沉降，会使建筑物发生倾斜、开裂，影响建筑物的正常使用，如砖墙出现裂缝、吊车轮子出现卡轨或滑轨、高耸构筑物倾斜、机器转轴偏斜、与建筑物连接管道断裂以及桥梁偏离墩台、梁面或路面开裂。地基土沉降不仅与外荷载的大小有关、还与土本身的性质，荷载作用的时间有关。本章首先讨论土体的压缩特性和地基土的沉降计算，然后介绍沉降与时间的关系。

 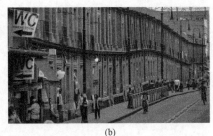

(a)　　　　　　　　　(b)

图 4-1 土体变形

(a) 道路变形；(b) 地基不均匀沉降

第二节 土 的 压 缩 性

土在压力作用下体积减小的特性称为土的压缩性。土的压缩性通常由三部分组成：①固体土颗粒被压缩；②土中水及封闭气体被压缩；③水和气体从孔隙中被挤出。固体颗粒和水的压缩量是微不足道的，在一般压力作用下，固体颗粒和水的压缩量与土的总压缩量之比完全忽略不计。所以土的压缩量可看作是土中水和气体从孔隙中被挤出，与此同时，土颗粒相应发生移动，重新排列，靠拢挤密，从而土孔隙体积减小。

一、压缩试验

土力学中利用压缩试验来研究土的压缩特性。该试验是在压缩仪（或固结仪）中完成的，如图 4-2 所示。试验时，先用金属环刀取土，然后将土样连同环刀一起放在钢护环顶部，小心将土样推入护环内，上下各盖一块透水石，以便土样受压后能够自由排水，透水石上面再施加垂直荷载。由于土样侧向受到钢护环的约束，在压缩过程中只能发生竖向变形，不可能侧向变形，所以这种方法也称为侧限压缩试验。试验时竖向压力 p_i 分级施加。在每级荷载作用下使土样变形稳定，用百分表测出土样稳定后的变形量 s_i，即可按式（4-2）计算出各级荷载下的孔隙比 e_i。

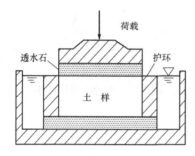

图 4-2　压缩仪原理图及实物照片

如图 4-3 所示，设土样的初始高度为 H_0，受压后的高度为 H，s 为外压力 p 作用下土样压缩至稳定的变形量，则 $H = H_0 - s$。

土体颗粒的压缩量是微小的，忽略土颗粒的压缩，认为压力施加前后土颗粒体积 V_s 不变，则土样孔隙体积在压缩前为 $e_0 V_s$，在压缩稳定后为 $e V_s$。

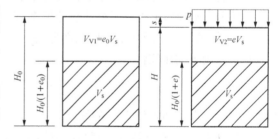

图 4-3　压缩过程中土样变形示意图

设土样横截面面积为 A，在压缩前后不变。则压缩前土样体积为

$$AH_0 = V_{V1} + V_s = e_0 \times V_s + V_s = V_s(1 + e_0)$$

压缩后土样体积为

$$AH = V_{V2} + V_s = e \times V_s + V_s = V_s(1 + e)$$

以上两式相比，又因为 $H = H_0 - s$，得出

$$\frac{H_0}{1 + e_0} = \frac{H}{1 + e} = \frac{H_0 - s}{1 + e} \tag{4-1}$$

或

$$e = e_0 - \frac{s}{H_0}(1 + e_0) \tag{4-2}$$

式（4-1）与式（4-2）式中 e_0 为土的初始孔隙比。只要测定了土样在各级压力 p_i 作用下的稳定变形量 s_i 后，就可按上式算出孔隙比 e_i。然后以横坐标表示压力 p，纵坐标表示

孔隙比 e，将相应的点（e_i，p_i）连成一平滑曲线，称为压缩曲线。

压缩曲线可按两种方式绘制，一种是普通坐标绘制的 $e-p$ 曲线（见图 4-4），在常规试验中，一般按 $p=50$、100、200、300、400 kPa 五级加荷；另一种绘制方法是将横坐标 p 取成对数，即采用半对数直角坐标绘制的 $e-\lg p$ 曲线（见图 4-5），试验时以较小的压力开始，采取小增量多级加载，并加大到较大的荷载（例如 1000kPa）为止。

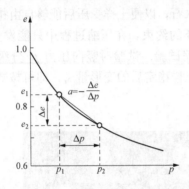

图 4-4　$e-p$ 曲线确定压缩系数 a

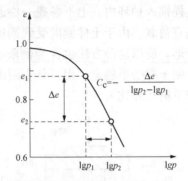

图 4-5　$e-\lg p$ 曲线中求 C_c

二、压缩性指标

1. 压缩系数（coefficient of compressibility）

$e-p$ 曲线初始较陡，土的压缩量较大，而后曲线逐渐平缓，土的压缩量也随之减小，这是因为随着孔隙比的减小，土的密实度增加一定程度后，土粒移动愈来愈趋于困难，压缩量也就减小。不同的土类，压缩曲线的形态有别，密实砂土的 $e-p$ 曲线比较平缓，而软黏土的 $e-p$ 曲线较陡，因而土的压缩性愈高。所以，曲线上任一点的切线斜率 a 就表示了相应压力 p 作用下的压缩性

$$a = -\frac{\mathrm{d}e}{\mathrm{d}p} \approx -\frac{\Delta e}{\Delta p} \tag{4-3}$$

式中　"－"表示随着压力 p 的增加，e 逐渐减少。如图 4-4 所示，设压力由 p_1 增至 p_2，相应的孔隙比由 e_1 减小到 e_2，则与应力增量 $\Delta p = p_2 - p_1$ 对应的孔隙比变化为 $\Delta e = e_2 - e_1$，则土的压缩系数为

$$a = \frac{\Delta e}{\Delta p} = \frac{e_1 - e_2}{p_2 - p_1} \tag{4-4}$$

式中　a——土的压缩系数，kPa^{-1} 或 MPa^{-1}；

e_1——相应于 p_1 作用下压缩稳定后土的孔隙比；

e_2——相应于 p_2 作用下压缩稳定后土的孔隙比。

压缩系数是评价地基土压缩性高低的重要指标之一。由图 4-4 所示可知，它不是一个常量与所取的起始压力 p_1 有关，也与压力变化范围 $\Delta p = p_2 - p_1$ 有关。为了统一标准，在工程实践中，通常采用压力由 $p_1 = 100$ kPa 增加到 $p_2 = 200$ kPa 时所求得的压缩系数 a_{1-2} 来评价土的压缩性的高低，当：$a_{1-2} < 0.1 MPa^{-1}$ 时，为低压缩性土；$0.1 MPa^{-1} \leqslant a_{1-2} < 0.5 MPa^{-1}$ 时，为中压缩性土；$a_{1-2} \geqslant 0.5 MPa^{-1}$ 时，为高压缩性土。

2. 压缩指数（compression index）

如果采用 $e-\lg p$ 曲线，它的后段接近直线，见图 4-5，则其斜率 C_c 为

$$C_{\mathrm{c}} = \frac{e_1 - e_2}{\lg p_2 - \lg p_1} = \frac{e_1 - e_2}{\lg\left(\frac{p_2}{p_1}\right)} \tag{4-5}$$

同压缩系数 a 一样，压缩指数 C_{c} 也能用来确定土的压缩性大小。C_{c} 值愈大，土的压缩性愈高。一般认为 $C_{\mathrm{c}} < 0.2$ 时，为低压缩性土；$0.2 \leqslant C_{\mathrm{c}} \leqslant 0.4$ 时，属中压缩性土；$C_{\mathrm{c}} > 0.4$ 属高压缩性土。国内外广泛采用 $e-\lg p$ 曲线来研究应力历史对土的压缩性的影响。

3. 压缩模量（modulus of compressibility）

土体在完全侧限条件下，竖向附加应力 σ_z 与相应的应变增量 ε_z 之比，称为压缩模量，用符号 E_{s} 表示。如图 4-3 所示，则有

$$E_{\mathrm{s}} = \frac{\sigma_z}{\varepsilon_z} = \frac{\Delta p}{s/H_0} \tag{4-6}$$

$$\frac{s}{H_0} = \frac{H_0 - H}{H_0} = \frac{V_0 - V}{V_0} = \frac{e_0 - e}{1 + e_0} = \frac{\Delta e}{1 + e_0} \tag{4-7}$$

由式（4-4），式（4-6）和式（4-7），得到

$$E_{\mathrm{s}} = \frac{1 + e_0}{a} \tag{4-8}$$

压缩模量 E_{s} 是土的压缩性指标的又一种表述，其单位为 kPa 或 MPa。由式（4-8）可知，压缩模量 E_{s} 与压缩系数成反比，E_{s} 愈大，a 就愈小，土的压缩性愈低，反之则土的压缩性愈高。所以 E_{s} 也具有划分土压缩性高低的功能。一般认为，$E_{\mathrm{s}} < 4$ MPa 时，为高压缩性土；$E_{\mathrm{s}} > 15$ MPa 时，为低压缩性土；4 MPa $\leqslant E_{\mathrm{s}} \leqslant 15$ MPa 时，属中压缩性土。

【例 4-1】已知原状土样高 $h = 2$ cm，截面积 $A = 30$ cm^2，重度 $\gamma = 19.1$ kN/m^3，颗粒比重 $G_{\mathrm{s}} = 2.72$，含水率 $w = 25\%$，进行压缩试验，试验结果见表 4-1，并求土的压缩系数 a_{1-2} 值。

表 4-1　　　　　　　　　　　　　压 缩 试 验 结 果

压力 p（kPa）	0	50	100	200	400
稳定时压缩量 Δh（mm）	0	0.480	0.808	1.232	1.735

解　试样的初始孔隙比为

$$e_0 = \frac{\gamma_{\mathrm{w}} G_{\mathrm{s}}(1 + w)}{\gamma} - 1 = \frac{10 \times 2.72 \times (1 + 0.25)}{19.1} - 1 = 0.78$$

当荷载等于 50kPa 时孔隙比为

$$e_1 = e_0 - \frac{\Delta h_1}{H_0}(1 + e_0) = 0.78 - \frac{0.48}{20} \times (1 + 0.78) = 0.737$$

当荷载等于 100kPa 时孔隙比为

$$e_2 = e_1 - \frac{\Delta h_1}{H_0}(1 + e_1) = 0.737 - \frac{0.808 - 0.480}{20 - 0.480} \times (1 + 0.737) = 0.708$$

同理，可得 $p = 200$kPa 时，$e_3 = 0.670$

根据 e_2、e_3 可得

$$a_{1-2} = \frac{e_2 - e_3}{200 - 100} = \frac{0.708 - 0.670}{100} = 0.38(\mathrm{MPa}^{-1})$$

第三节　地基最终沉降量计算

地基最终沉降量（final settlement）是指地基土层在荷载作用下，达到压缩稳定时地基表面的沉降量。一般地基土在自重作用下已达到压缩稳定，产生地基沉降的外因是建筑物荷载在地基中产生的附加应力。内因是土是散体材料，在附加压力的作用下，土层发生压缩变形，引起地基沉降。

计算地基沉降的目的是确定建筑物的最大沉降量、沉降差和倾斜，判断其是否超出容许的范围，为建筑物设计时采用相应的措施提供依据，保证建筑物的安全。

本节介绍分层总和法和《建筑地基基础设计规范》（GB 50007—2011）推荐的方法。

一、分层总和法

分层总和法假定地基土为直线变形体，在外荷载作用下的变形只发生在有效厚度的范围内（即压缩层），将压缩层厚度内的地基土分层，分别求出各分层的应力，然后用土的应力-应变关系式求出各分层的变形量，再总和起来作为地基的最终沉降量。

（一）分层总和法假设

（1）地基土为均质、各向同性的半无限体，因此可以利用弹性理论计算地基土中的附加应力；

（2）地基沉降计算是按照基础中心点下土柱所受到的附加应力进行计算的。计算结果对于中心受压基础偏于保守，对于偏心受压基础而言，计算结果反映了基础的平均沉降量；

（3）地基土层变形时，只发生竖直压缩而不发生侧向变形，因此计算地基沉降时，可以采用侧限压缩条件下的压缩性指标。

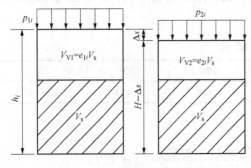

图 4-6　土体侧限压缩示意图

（二）计算原理

如图 4-6 所示，若在基础中心底下取截面为 A 的小土柱，土样上作用有自重应力和附加应力。

假定第 i 层土样在 p_{1i}（相当于自重应力）作用下，压缩稳定后的孔隙比为 e_{1i}，土柱高度为 h_i；当压力增大至 p_{2i}（相当于自重应力和附加应力之和）时，压缩稳定后的孔隙比为 e_{2i}。根据受附加应力前后土粒体积不变和土样横截面面积不变，求得

$$\frac{h_i}{1+e_{1i}} = \frac{h_i - \Delta s}{1+e_{2i}}$$

该土柱的压缩变形量 Δs_i 为

$$\Delta s_i = \frac{e_{1i} - e_{2i}}{1+e_{1i}} h_i \qquad (4-9)$$

求得各土层的变形后，叠加可得到地基最终沉降量 s 为

$$s = \sum_{i=1}^{n} \Delta s_i = \sum_{i=1}^{n} \frac{e_{1i} - e_{2i}}{1+e_{1i}} h_i \qquad (4-10)$$

又因为 $\dfrac{e_{1i}-e_{2i}}{1+e_{1i}}=\dfrac{a_i\,(p_{2i}-p_{1i})}{1+e_{1i}}=\dfrac{\bar{\sigma}_{zi}}{E_{si}}$，所以

$$s=\sum_{i=1}^{n}\frac{e_{1i}-e_{2i}}{1+e_{1i}}h_i=\sum_{i=1}^{n}\frac{\bar{\sigma}_{zi}}{E_{si}}h_i \qquad (4\text{-}11)$$

式中　　n——地基沉降计算深度范围内的土层数；

　　　　p_{1i}——作用在第 i 层土上的平均自重应力 σ_{czi}；

　　　　p_{2i}——作用在第 i 层土上的平均自重应力 $\bar{\sigma}_{czi}$ 与平均附加应力 $\bar{\sigma}_{zi}$ 之和，kPa；

　　　　a_i——第 i 层土的压缩系数，kPa^{-1} 或 MPa^{-1}；

　　　　E_{si}——第 i 层土的压缩模量，kPa 或 MPa；

　　　　h_i——第 i 层土的厚度，m。

（三）计算步骤

（1）绘制地基土层剖面图和基础的剖面图。

（2）地基土分层：将基底以下土分为若干薄层，分层原则：①厚度 $h_i\leqslant0.4b$（b 为基础宽度）；②天然土层面及地下水位都应作为薄层的分界面。

（3）计算基底中心点下各分层面上土的自重应力 σ_{czi}，绘制自重应力分布曲线。

（4）计算基底压力，及基底中心点下各分层面上的附加应力 σ_{zi}，绘制附加应力分布曲线（见图 4-7）。

（5）确定地基沉降计算深度 z_n。按 $\sigma_{zn}/\sigma_{czn}\leqslant0.2$（对软土 $\leqslant0.1$）确定。

（6）计算各分层土的平均自重应力

$\bar{\sigma}_{czi}=[\sigma_{cz(i-1)}+\sigma_{czi}]/2$ 和平均附加应力 $\bar{\sigma}_{zi}=[\sigma_{z(i-1)}+\sigma_{zi}]/2$

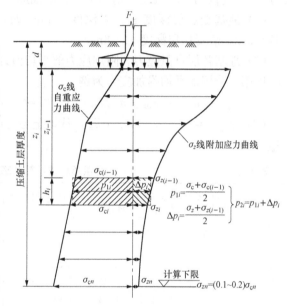

图 4-7　自重应力和附加应力分布

（7）令 $p_{1i}=\bar{\sigma}_{czi}$，$p_{2i}=\bar{\sigma}_{czi}+\bar{\sigma}_{zi}$，从该土层的压缩曲线中由 p_{1i} 及 p_{2i} 查出相应的 e_{1i} 和 e_{2i}。

（8）按式（4-9）计算每一分层土的变形量 Δs_i。

（9）按式（4-10）计算沉降计算深度范围内地基的总变形量即为地基的沉降量。

【例4-2】某正方形柱基底面边长为 $B=3m$，基础埋深 $d=1m$。上部结构传至基础顶面的荷载为 $F=1500kN$。地基为粉土，地下水位埋深1.0m。土的天然重度 $\gamma=16.2kN/m^3$，饱和重度 $\gamma_{sat}=17.5kN/m^3$，土的天然孔隙比为0.96。计算柱基中点的沉降量，见图 4-8。

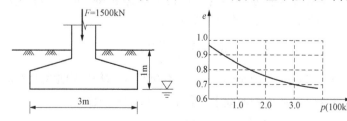

图 4-8　[例4-2] 计算简图

解　(1) 绘制地基土层和基础剖面图，如图 4-9 所示。

(2) 地基分层。每层厚度为 $h_i \leqslant 0.4b = 0.4 \times 3 = 1.2$m，按 1m 进行划分。

(3) 地基竖向自重应力 σ_{czi} 的计算。利用公式 $\sigma_{cz} = \sum_{i=1}^{n} \gamma_i h_i$，则 0 点（基底处）

$$\sigma_{cz0} = 16.2 \times 1 = 16.2 (\text{kPa})$$

(4) 地基压力和基底附加应力 σ_z 的计算。

基底平均压力　　　　$p = (F+G)/A = 1680/9 = 186.67$（kPa）

基底附加压力　　　　$p_0 = p - \sigma_c = 186.67 - 16.2 = 170.47$（kPa）

按第三章所述，根据 l/b 和 z/b 查表求取 K_c 值，矩形面积利用角点法将其分成四块来计算。计算边长 $l = b = 1.5$，则 $l/b = 1$；附加应力 $\sigma_{zi} = 4\alpha_i p_0$，见表 4-2。

(5) 地基受压层深度 z_n。当深度 $z = 8$m 时，$\sigma_z = 11.93$kPa，$\sigma_{cz} = 72.45$kPa，$\sigma_z/\sigma_{cz} = 0.17 < 0.2$，故受压层深度 $z_n = 8$m。

(6) 地基各层自重应力和附加应力的平均值计算，计算结果见表 4-2 和图 4-9。

以第 1 分层的平均附加应力为例

$$\bar{\sigma}_{z1} = (\sigma_{z0} + \sigma_{z1})/2 = (170.47 + 146.53)/2 = 158.50 (\text{kPa})$$

(7) 令 $p_{1i} = \bar{\sigma}_{czi}$，$p_{2i} = \bar{\sigma}_{czi} + \bar{\sigma}_{zi}$，从该土层的压缩曲线中由 p_{1i} 及 p_{2i} 查出相应的 e_{1i} 和 e_{2i}，见表 4-2。

表 4-2　　　　　　　　　　　　　　分层总和法计算地基最终沉降表

分层点编号	深度 z (m)	分层厚度 h_i (m)	自重应力 σ_{czi} (kPa)	深宽比 z/b	应力系数 α_i	附加应力 σ_{zi} (kPa)	平均自重应力 $\bar{\sigma}_{czi}$ (kPa)	平均附加压力 $\bar{\sigma}_{zi}$(kPa)	$\bar{\sigma}_{zi} + \bar{\sigma}_{czi}$ (kPa)	孔隙比 e_{1i}	孔隙比 e_{2i}	分层沉降 (cm)
0	0		16.2	0	1.000	170.47						
1	1	1	23.7	0.67	0.2149	146.53	19.95	158.50	178.45	0.945	0.783	8.33
2	2	1	31.2	1.33	0.1381	94.17	27.45	120.35	147.80	0.938	0.801	7.07
3	3	1	38.7	2.00	0.0840	57.28	34.95	75.72	110.67	0.931	0.833	5.08
4	4	1	46.2	2.67	0.0544	37.09	42.45	47.19	89.64	0.921	0.865	2.92
5	5	1	53.7	3.33	0.0375	25.57	49.95	31.33	81.28	0.915	0.873	2.19
6	6	1	61.2	4.00	0.0270	18.41	57.45	21.99	79.44	0.907	0.878	1.52
7	7	1	68.7	4.67	0.0203	13.84	64.95	16.12	81.07	0.896	0.859	1.95
8	8	1	76.2	5.33	0.0162	11.05	72.45	12.44	84.89	0.887	0.871	0.848

(8) 地基各分层沉降量的计算。从对应土层的压缩曲线上查出相应于某一分层 i 的平均自重应力（$\bar{\sigma}_{czi} = p_{1i}$）以及平均附加应力与平均自重应力之和（$\bar{\sigma}_{czi} + \bar{\sigma}_{zi} = p_{2i}$）的孔隙比 e_{1i} 和 e_{2i}，代入式（4-9）计算该分层 i 的变形量 Δs_i：

$$\Delta s_i = \frac{e_{1i} - e_{2i}}{1 + e_{1i}} h_i$$

例如第③分层（$i = 3$），$h_3 = 100$cm，$\bar{\sigma}_{cz3} = 34.95$kPa，从压缩曲线上查得 $e_{13} = 0.931$；

$\bar{\sigma}_{cz3} + \bar{\sigma}_{z3} = 110.67$kPa，从压缩曲线上查得 $e_{23} = 0.833$，则

$$\Delta s_3 = \frac{0.931 - 0.833}{1 + 0.931} \times 100 = 5.08 \text{（cm）}$$

（9）计算基础中点总沉降量 s。将压缩层各分层土的变形量 Δs_i 相加，得到基础的总沉降量 s，即 $s = \sum\limits_{i=1}^{n} \Delta s_i$

本例中，以 $z_n = 8\text{m}$ 考虑，共有分层数 $n = 8$，所以由分层总和法计算地基最终沉降表的数据可得

$$s = \sum_{i=1}^{n} \Delta s_i = 8.33 + 7.07 + 5.08 + 2.92 +$$
$$2.19 + 1.52 + 1.95 + 0.848 = 29.9(\text{cm})$$

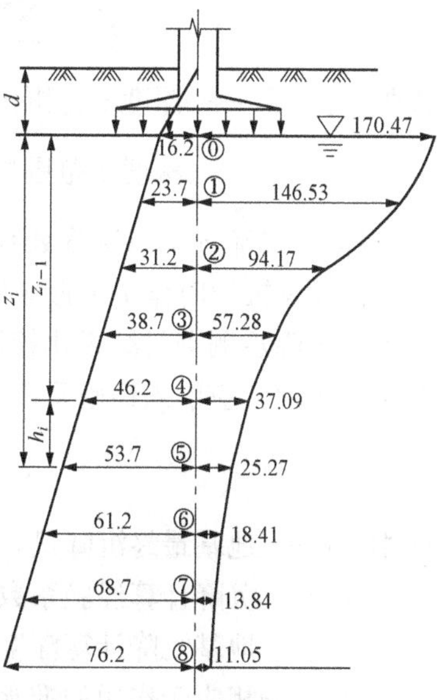

二、《建筑地基基础设计规范》（GB 50007—2011）方法

《建筑地基基础设计规范》（GB 50007—2011）（以下简称《建筑地基规范》）提出的沉降计算方法，是一种简化了的分层总和法，其引入了平均附加应力系数的概念，并在总结大量实践经验的前提下，重新规定了地基沉降计算深度的标准及沉降计算经验系数。

（一）计算原理

设地基土层匀质、压缩模量 E_s 不随深度变化，有

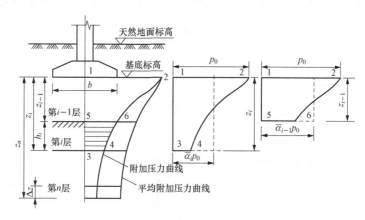

图 4-9　应力分布曲线图

$$s' = \sum_{i=1}^{n} \frac{\bar{\sigma}_{zi}}{E_{si}} h_i$$

式中　$\bar{\sigma}_{zi} h_i$——第 i 层土附加应力曲线所包围的面积（见图 4-10 中阴影部分），用符号 A_{3456} 表示。

图 4-10　采用平均附加应力系数计算地基沉降示意图

由图 4-10 可知　　　　　　　$A_{3456} = A_{1234} - A_{1256}$

而应力面积　　　　　　　$A = \int_0^z \sigma_z \mathrm{d}z = p_0 \int_0^z \alpha \mathrm{d}z$

为便于计算，引入平均附加应力系数 $\bar{\alpha}$（见图 4-10）

$A_{1234} = \bar{\alpha}_i p_0 z_i$　　即 $\bar{\alpha}_i = \dfrac{A_{1234}}{p_0 z_i}$

$A_{1256} = \bar{\alpha}_{i-1} p_0 z_{i-1}$　　即 $\bar{\alpha}_{i-1} = \dfrac{A_{1256}}{p_0 z_{i-1}}$

$$s' = \sum_{i=1}^{n} \frac{A_{1234} - A_{1256}}{E_{si}} = \sum_{i=1}^{n} \frac{p_0}{E_{si}}(\bar{\alpha}_i z_i - \bar{\alpha}_{i-1} z_{i-1}) \qquad (4-12)$$

式中 $p_0 z_i \bar{\alpha}_i$——深度 z 范围内竖向附加应力面积 A 的等代值；

$\bar{\alpha}$——深度 z 范围内平均附加应力系数，$\bar{\alpha} = \dfrac{A}{p_0 z} = \dfrac{1}{z} \int_0^z \alpha \mathrm{d}z$。

（二）沉降计算经验系数和沉降计算

由于 s' 推导时作了近似假定，而且对某些复杂因素也难以综合反映，因此将其计算结果与大量沉降观测资料结果比较发现：低压缩性地基土计算值偏大；反之，高压缩性土计算值偏小。因此，应引入经验系数 ψ_s（见表 4-3），对式（4-12）式进行修正，即

$$s = \psi_s s' = \psi_s \sum_{i=1}^{n} \frac{p_0}{E_{si}}(\bar{\alpha}_i z_i - \bar{\alpha}_{i-1} z_{i-1}) \qquad (4-13)$$

式中 s——地基最终沉降量，mm；

ψ_s——沉降计算经验系数，根据地区沉降观测资料及经验确定，也可按表 4-3 取用；

n——地基沉降计算深度范围内所划分的土层数；

p_0——相应于作用的准永久组合时基础底面处的附加压力，kPa；

E_{si}——基础底面下第 i 层土的压缩模量，应取土的自重应力至土的自重应力与附加应力之和的压力段计算，MPa。

z_i、z_{i-1}——基础底面至第 i 层和第 $i-1$ 层土底面的距离，m；

$\bar{\alpha}_i$、$\bar{\alpha}_{i-1}$——基础底面至第 i 层、第 $i-1$ 层土底面范围内的平均附加应力系数，对于均布矩形荷载作用下，通过基础中心点竖线上的平均附加应力系数 $\bar{\alpha}$，可以直接查表 4-5 得到。

表 4-3 沉降计算经验系数 ψ_s

地基附加应力 \ 压缩模量	2.5	4.0	7.0	15.0	20.0
$p_0 \geqslant f_{ak}$	1.4	1.3	1.0	0.4	0.2
$p_0 \leqslant 0.75 f_{ak}$	1.1	1.0	0.7	0.4	0.2

注 1. f_{ak} 系地基承载力特征值，见本书第 7 章。

2. $\bar{E}_s$ 系沉降计算深度范围内压缩模量的当量值，按下式计算

$$\bar{E}_s = \frac{\sum A_i}{\sum \dfrac{A_i}{E_{si}}}$$

式中 $A_i = p_0(z_i \bar{\alpha}_i - z_{i-1} \bar{\alpha}_{i-1})$，即第 i 层土附加应力系数沿土层厚度的积分值。

（三）地基沉降计算深度 z_n

地基沉降计算深度 z_n 可通过试算确定，即要求满足

$$\Delta s'_n \leqslant 0.025 \sum_{i=1}^{n} \Delta s'_i \qquad (4-14)$$

式中 $\Delta s'_i$——在计算深度 z_n 范围内，第 i 层土的计算沉降值，mm。

$\Delta s'_n$——在计算深度 z_n 处向上取厚度为 Δz，土层的计算沉降值，mm。Δz 按表 4-4 确定，也可按 $\Delta z = 0.3(1 + 1nb)$ 计算。

按式（4-14）计算确定的 z_n 下仍有软弱土层时，在相同压力条件下，变形会增大，故

尚应继续往下计算，直至软弱土层中所取规定厚度 Δz 的计算沉降量满足式（4-14）为止。

表 4-4　　　　　　　　　　　　　　　计算厚度 Δz 表

基底宽度	≤2	2<b≤4	4<b≤8	8<b≤15	15<b≤30	>30
Δz (m)	0.3	0.6	0.8	1.0	1.2	1.5

表 4-5　　　　　均布矩形荷载作用下，通过基础中心点竖线上的平均附加应力系数 $\bar{\alpha}$

z/b \ l/b	1.0	1.2	1.4	1.6	1.8	2.0	2.4	2.8	3.2	3.6	4.0	5.0	>10 (条形)
0.0	1.000	1.000	1.000	1.000	1.000	1.000	1.000	1.000	1.000	1.000	1.000	1.000	1.000
0.1	0.997	0.998	0.998	0.998	0.998	0.998	0.998	0.998	0.998	0.998	0.998	0.998	0.998
0.2	0.987	0.990	0.991	0.992	0.992	0.992	0.993	0.993	0.993	0.993	0.993	0.993	0.993
0.3	0.967	0.973	0.976	0.978	0.979	0.979	0.980	0.980	0.981	0.981	0.981	0.981	0.982
0.4	0.936	0.947	0.953	0.956	0.958	0.965	0.961	0.962	0.962	0.963	0.963	0.963	0.963
0.5	0.900	0.915	0.924	0.929	0.933	0.935	0.937	0.939	0.939	0.940	0.940	0.940	0.940
0.6	0.858	0.878	0.890	0.898	0.903	0.906	0.910	0.912	0.913	0.914	0.914	0.915	0.915
0.7	0.816	0.840	0.855	0.865	0.871	0.876	0.881	0.884	0.885	0.886	0.887	0.887	0.888
0.8	0.775	0.801	0.819	0.831	0.839	0.844	0.851	0.855	0.857	0.858	0.859	0.860	0.860
0.9	0.735	0.764	0.784	0.797	0.806	0.813	0.821	0.826	0.829	0.830	0.831	0.832	0.833
1.0	0.698	0.723	0.749	0.764	0.775	0.783	0.792	0.798	0.801	0.803	0.804	0.806	0.807
1.1	0.663	0.694	0.717	0.733	0.744	0.753	0.764	0.771	0.775	0.777	0.779	0.780	0.782
1.2	0.631	0.663	0.686	0.703	0.715	0.725	0.737	0.744	0.749	0.752	0.754	0.756	0.758
1.3	0.601	0.633	0.657	0.674	0.688	0.698	0.711	0.719	0.725	0.728	0.730	0.733	0.735
1.4	0.573	0.605	0.629	0.648	0.661	0.672	0.687	0.696	0.701	0.705	0.708	0.711	0.714
1.5	0.548	0.580	0.604	0.622	0.637	0.643	0.664	0.676	0.679	0.683	0.686	0.690	0.693
1.6	0.524	0.556	0.580	0.599	0.613	0.625	0.641	0.651	0.658	0.663	0.666	0.670	0.675
1.7	0.502	0.533	0.558	0.577	0.591	0.603	0.620	0.631	0.638	0.643	0.646	0.651	0.656
1.8	0.482	0.513	0.537	0.556	0.571	0.583	0.600	0.611	0.619	0.624	0.629	0.633	0.638
1.9	0.463	0.493	0.517	0.536	0.551	0.563	0.581	0.593	0.601	0.606	0.610	0.616	0.622
2.0	0.446	0.475	0.499	0.518	0.533	0.545	0.563	0.575	0.584	0.590	0.594	0.600	0.606
2.1	0.429	0.459	0.482	0.500	0.515	0.528	0.546	0.559	0.567	0.574	0.578	0.585	0.591
2.2	0.414	0.443	0.466	0.484	0.499	0.511	0.530	0.543	0.552	0.558	0.563	0.570	0.577
2.3	0.400	0.428	0.451	0.469	0.484	0.496	0.515	0.528	0.537	0.544	0.548	0.556	0.564
2.4	0.387	0.414	0.436	0.454	0.469	0.481	0.500	0.513	0.523	0.530	0.535	0.543	0.551
2.5	0.374	0.401	0.423	0.441	0.455	0.468	0.486	0.500	0.509	0.516	0.522	0.530	0.539
2.6	0.362	0.389	0.410	0.428	0.442	0.455	0.473	0.487	0.496	0.504	0.509	0.518	0.528
2.7	0.351	0.377	0.398	0.416	0.430	0.442	0.461	0.474	0.484	0.492	0.497	0.506	0.517
2.8	0.341	0.366	0.387	0.404	0.418	0.430	0.449	0.463	0.472	0.480	0.486	0.495	0.506
2.9	0.331	0.356	0.377	0.393	0.407	0.419	0.438	0.451	0.461	0.469	0.475	0.485	0.496

z/b \ l/b	1.0	1.2	1.4	1.6	1.8	2.0	2.4	2.8	3.2	3.6	4.0	5.0	>10（条形）
3.0	0.322	0.346	0.366	0.383	0.397	0.409	0.427	0.441	0.451	0.459	0.465	0.474	0.487
3.1	0.313	0.337	0.357	0.373	0.387	0.398	0.417	0.430	0.440	0.448	0.454	0.464	0.477
3.2	0.305	0.328	0.348	0.364	0.377	0.389	0.407	0.420	0.431	0.439	0.445	0.455	0.468
3.3	0.297	0.320	0.339	0.355	0.368	0.379	0.397	0.410	0.421	0.429	0.436	0.446	0.460
3.4	0.289	0.312	0.331	0.346	0.359	0.371	0.388	0.402	0.412	0.420	0.427	0.437	0.452
3.5	0.282	0.304	0.323	0.338	0.351	0.362	0.380	0.393	0.403	0.412	0.418	0.429	0.444
3.6	0.276	0.297	0.315	0.330	0.343	0.354	0.372	0.385	0.395	0.403	0.410	0.421	0.436
3.7	0.269	0.290	0.308	0.323	0.335	0.346	0.364	0.377	0.387	0.395	0.402	0.413	0.429
3.8	0.263	0.284	0.301	0.316	0.328	0.339	0.356	0.369	0.379	0.388	0.394	0.405	0.422
3.9	0.257	0.277	0.294	0.309	0.321	0.332	0.349	0.362	0.372	0.380	0.387	0.398	0.415
4.0	0.251	0.271	0.288	0.302	0.314	0.325	0.342	0.355	0.365	0.373	0.379	0.391	0.408
4.1	0.246	0.265	0.282	0.296	0.308	0.318	0.335	0.348	0.358	0.366	0.372	0.384	0.402
4.2	0.241	0.260	0.276	0.290	0.302	0.312	0.328	0.341	0.352	0.359	0.366	0.377	0.396
4.3	0.236	0.255	0.270	0.284	0.296	0.306	0.322	0.335	0.345	0.363	0.359	0.371	0.390
4.4	0.231	0.250	0.265	0.278	0.290	0.300	0.316	0.329	0.339	0.347	0.353	0.365	0.384
4.5	0.226	0.245	0.260	0.273	0.285	0.294	0.310	0.323	0.333	0.341	0.347	0.359	0.378
4.6	0.222	0.240	0.255	0.268	0.279	0.289	0.305	0.317	0.327	0.335	0.341	0.353	0.373
4.7	0.218	0.235	0.250	0.263	0.274	0.284	0.299	0.312	0.321	0.329	0.336	0.347	0.367
4.8	0.214	0.231	0.245	0.258	0.269	0.279	0.294	0.306	0.316	0.324	0.330	0.342	0.362
4.9	0.210	0.227	0.241	0.253	0.265	0.274	0.289	0.301	0.311	0.319	0.325	0.337	0.357
5.0	0.206	0.223	0.237	0.249	0.260	0.269	0.284	0.296	0.306	0.313	0.320	0.332	0.352

当无相邻荷载影响，基础宽度在（1～50）m 范围内，基础中点的地基沉降计算深度 z_n 也可按式（4-15）计算

$$z_n = b(2.5 - 0.4 \ln b) \qquad (4-15)$$

式中 b——基础宽度，m，$\ln b$ 为 b 的自然对数。

此外，当沉降计算深度范围内存在基岩时，z_n 可取至基岩表面为止。

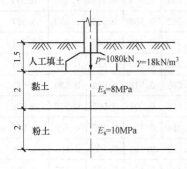

图 4-11 ［例 4-3］计算示意图

【例 4-3】 有一柱基础，其底面积为 2m×3m，埋深为 1.5m，上部荷载和基础重共计 $P=1080$kN，地质剖面图和土的性质见图 4-11；试用《建筑地基基础设计规范》（GB 50007—2011）规范法计算基础的最终沉降量。

解 （1）求基底压力

$$p = P/A = 1080/(2 \times 3) = 180(\text{kPa})$$

（2）确定柱基础地基受压层计算深度 z_n

$$z_n = b(2.5 - 0.4 \ln b)$$
$$= 2(2.5 - 0.4 \ln 2) = 4.446(\text{m})$$

（3）基底附加压力

$$p_0 = p - \sigma_c = 180 - 18 \times 1.5 = 153(\text{kPa})$$

（4）沉降计算。基础中心点线处地基沉降量计算公式为 $\Delta s_i = \sum_{i=1}^{n} \frac{p_0}{E_{si}}(\bar{\alpha}_i z_i - \bar{\alpha}_{i-1} z_{i-1})$，计算结果见表 4-6。

由于所需计算的为基础中点下的地基沉降量，因此查表时要应用"角点法"，即将基础分为 4 块相同的小面积，查表时按 $\frac{l/2}{b/2} = l/b$、$\frac{z}{b/2}$ 查，查得的平均附加应力系数应乘以 4（或直接查表 4-5 所示的基础中心点下的平均竖向附加应力系数 $\bar{\alpha}$）。

表 4-6　　沉降量计算结果表

z_i (m)	z_i/b ($b=2.0/2$)	$\bar{\alpha}_i$	$z_i\bar{\alpha}_i$ (mm)	$z_i\bar{\alpha}_i - z_{i-1}\bar{\alpha}_{i-1}$ (mm)	E_s (MPa)	Δs_i (mm)	$\sum\Delta s_i$ (mm)
0	0	1	0	0	0	0	0
2	2	$4\times0.189\,4=0.757\,6$	1.515	1.515	8	28.97	28.97
4	4	$4\times0.127\,1=0.508\,4$	2.034	0.519	10	7.94	36.91
4.5	4.5	$4\times0.116\,9=0.467\,6$	2.104 2	0.070 2	15	0.716	37.63

（5）确定沉降计算经验系数 ψ_s。4.5m 深度以内地基压缩模量的当量值

$$\bar{E}_s = \frac{\sum A_i}{\sum (A_i/E_{si})} = \frac{\sum (z_i\bar{\alpha}_i - z_{i-1}\bar{\alpha}_{i-1})}{\sum \frac{(z_i\bar{\alpha}_i - z_{i-1}\bar{\alpha}_{i-1})}{E_{si}}} = \frac{1.515 + 0.519 + 0.070\,2}{\frac{1.515}{8} + \frac{0.519}{10} + \frac{0.070\,2}{15}} = 8.55(\text{MPa})$$

从规范查得 ψ_s 值，设地基承载力标准值 $f_{ak} = 150\text{kPa}$，内插得 $\psi_s = 0.88$，故本基础的最终沉降量为

$$s = \psi_s \sum_{i=1}^{n} \Delta s_i = 0.88 \times 37.626 = 33.11(\text{mm})$$

第四节　地基沉降计算的 $e-\lg p$ 曲线法

一、天然土层的应力历史

应力历史是指土在形成的地质年代中经受应力变化情况。对于大多数天然土层来讲，在漫长的地质年代中，经过各种地质作用，由于上覆土层的厚度不断变化，从而导致作用在其下伏土层上的自重应力也会出现变动，我们把土层在历史上曾经受到的最大有效应力称为前期固结应力，以 p_c 表示；把前期固结应力与现有土层自重应力 p_0 之比定义为超固结比，以 OCR 表示，即 OCR $= p_c/p_0$，根据 OCR 值的大小，把天然土层分为正常固结土、超固结土和欠固结土三种固结状态，如图 4-12 所示。

1. 正常固结土

正常固结土指土层在前期固结压力作用下固结稳定后，其上覆土体厚度没有大的变化，也没有受到过其他荷载的继续作用的情况，即土层在历史上曾经遭受的最大有效固结压力就是当前土层承受的自重应力 p_0。所以有 $p_c = p_0 = \gamma h$，OCR $= 1$。

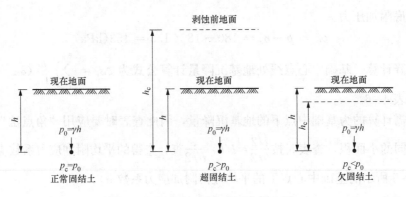

图 4 - 12　三种不同应力历史的土层

2. 超固结土

指天然土层在历史上受到过的前期固结压力 p_c 大于目前的上覆土体自重应力 p_0，即 $p_c > p_0 = \gamma h$，所以 OCR > 1。导致这种变化的原因，可能是土层在自重应力作用下压缩固结稳定后，由于区域地表遭受剥蚀地质作用将上覆的部分土层剥蚀掉，或者是其他地质作用导致下伏土层所承受的压缩荷载减小（比如冰川融化等因素）所引起的。

3. 欠固结土

指新近沉积的土层，由于沉积后经历时间不久，其自身在自重应力作用下尚未固结压缩稳定，将来固结完成后地面将沉降到图中虚线所示的位置。因此该土层内部任意深度处的土体所承受的前期固结应力 $p_c = \gamma h_c$ 小于其上覆土体自重应力 $p_0 = \gamma h$，则有 OCR < 1。

二、现场压缩曲线的推求

由于土层所经受的应力历史不同，则在相同荷载作用下，其压缩沉降特征也不一样。由于现场取样对土层应力状态的扰动，常规室内压缩试验不可能获得现场未扰动土的压缩特征（由于取样过程中的应力释放作用，室内压缩曲线实际上是一条再压缩曲线），因此为了能正确反映应力历史对土层压缩特性的影响，我们必须要根据室内试样的常规压缩曲线特征来近似推求现场压缩曲线。

（一）室内压缩曲线的特征

根据试样在室内压缩、回弹和再压缩试验的结果，将其绘制在半对数坐标中，得到如图 4 - 13 所示的 $e - \lg p$ 曲线，该试验曲线具有下列特征：

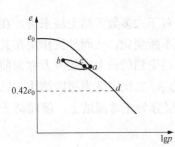

图 4 - 13　室内压缩与
再压缩曲线特征示意图

（1）室内压缩曲线开始时较平缓，随着压力的增大，则明显地向应力轴弯曲，继而近乎直线向下延伸；

（2）不管试样的扰动程度如何，当压缩应力较大时，所有的压缩曲线都近乎直线变化，且大致交会于纵坐标为 $0.42e_0$ 的 d 点，e_0 为试样的初始孔隙比；

（3）扰动愈剧烈，压缩曲线愈低，曲率也愈不明显；

（4）卸荷点 a 位于再压缩曲线的曲率最大点 c 的右下侧。

（二）前期固结压力 p_c 的确定

为了判断土体的应力历史，首先必须要确定该土体的前

期固结压力 p_c，最常用的方法是卡萨格兰德（Casagrande）根据试样室内压缩曲线特征建议的经验作图法，步骤如下。

（1）在 $e-\lg p$ 坐标上绘出试样的室内压缩曲线，如图 4-14 所示；

（2）在 $e-\lg p$ 曲线上找出曲率最大的 A 点，过 A 点作水平线 $\overline{A1}$，切线 $\overline{A2}$ 以及 $\angle 1A2$ 的角平分线 $\overline{A3}$；

（3）将 $e-\lg p$ 曲线位于纵坐标为 $0.42e_0$ 点下部的直线段向上延伸交 $\overline{A3}$ 线于 B 点，则 B 点的横坐标即为所求土样的前期固结压力 p_c。

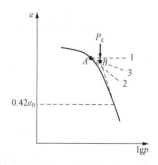

图 4-14 前期固结压力确定示意图

值得注意的是，采用这种方法确定前期固结压力，仅适用于 $e-\lg p$ 曲线的曲率变化明显的土层，对于扰动严重的土层，由于曲线的曲率不甚明显，不太适用该方法确定前期固结压力 p_c。另外 p_c 值的精度取决于曲率最大的 A 点的正确选择，而曲线曲率随着纵坐标选用比例的变化而改变，再加上人为的目测也难以准确确定 A 点的位置，这些因素导致作图法所得到的 p_c 值不一定可靠。因此要可靠地确定 p_c 值，还需要结合土层形成的历史资料，加以综合分析。

（三）现场压缩曲线的推求

由作图法得到土层前期固结压力 p_c 后，将其与试样现有的自重应力 $p_0 = \gamma h$ 比较，以判断试样属于正常固结土、超固结土还是欠固结土。然后再根据室内压缩曲线的特征推求现场压缩曲线。

1. 正常固结及欠固结土现场压缩曲线的推求

由于欠固结土的实质上属于正常固结土类，因此它的现场压缩曲线的推求方法完全与正常固结土一样。

对于正常固结土一般假定取样过程中试样的体积不发生变化，则根据土样的基本物理指标，由公式 $e_0 = \dfrac{G_s \rho_w}{\rho_d} - 1$ 计算出试样的初始孔隙比 e_0，然后再在 $e-\lg p$ 坐标上，由 e_0 点做 $\lg p$ 轴的水平线与平行于 e 轴的 p_c 线相交于点 C_1，此点即为正常固结土现场压缩曲线的起点，再从纵坐标为 $0.42e_0$ 处作一水平线交室内压缩曲线与 C 点，连接 C_1C 点即得到所要求的正常固结土现场压缩曲线，如图 4-15 所示。

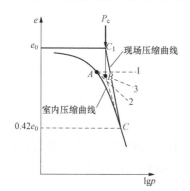

图 4-15 正常固结土现场压缩曲线推求

2. 超固结土现场压缩曲线的推求

由于超固结土在经历前期固结压力 p_c 降低至 p_0 的过程中，曾在原位发生过卸荷回弹，因此超固结土在受到由外荷载引起的附加应力作用时，首先沿着现场再压缩曲线发生压缩，只有当附加应力超过前期最大固结压力后，才会沿着现场压缩曲线压缩。为了获得超固结土的现场压缩曲线，必须要在试样室内压缩过程中随时绘制 $e-\lg p$ 曲线，当室内压缩曲线出现急剧转折之后，立即逐级卸荷至 p_0，待试样回弹变形稳定后，再分级加荷，按如下步骤推求现场压缩曲线。

（1）从 $\lg p$ 轴上，分别做平行于 e 轴的 p_0 和 p_c 位

置线；

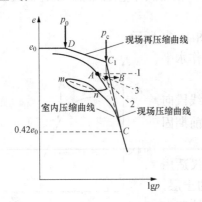

图 4 - 16 超固结土现场压缩曲线推求

（2）从 e 轴上 $0.42e_0$ 处，作一条平行于 $\lg p$ 轴的水平线，交室内压缩曲线于 C 点；

（3）从 e 轴上 e_0 处，作一条平行于 $\lg p$ 轴的水平线，交 p_0 位置线于 D 点；

（4）假设现场再压缩曲线与室内回弹、再压缩曲线构成的迴滞环的割线 $\overline{mn}$ 平行。则过 D 点做 mn 平行线交 p_c 位置线于 C_1 点。连接 DC_1 点，$\overline{DC_1}$ 线即为现场再压缩曲线；

（5）连接 C_1C 点，$\overline{C_1C}$ 线就是所要求的超固结土现场压缩曲线，如图 4 - 16 所示。

三、考虑应力历史的地基沉降计算

考虑应力历史影响的地基土沉降量的计算原理与前述的分层总和法是一样的，地基土每一分层压缩量的计算仍然采用 $\Delta s_i = \dfrac{e_{1i} - e_{2i}}{1 + e_{1i}} h_i = \dfrac{\Delta e_i}{1 + e_{1i}} h_i$，所不同的是：孔隙比 e_i 应由现场压缩曲线来获得，初始孔隙比应为 e_0，压缩指数也应该由现场压缩曲线求得。

（一）正常固结土的沉降计算

假定第 i 分层土的现场压缩曲线如图 4 - 17 所示，则第 i 分层土在附加应力 Δp_i 的作用下，固结完成时的孔隙比改变量 Δe_i 按下式计算

$$\Delta e_i = -C_{ci}\lg\left(\frac{p_{0i} + \Delta p_i}{p_{0i}}\right)$$

第 i 分层土的压缩量为

$$S_i = \frac{h_i}{1 + e_{0i}} C_{ci}\lg\left(\frac{p_{0i} + \Delta p_i}{p_{0i}}\right) \qquad (4 - 16)$$

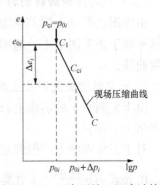

图 4 - 17 正常固结土沉降计算

地基总的压缩沉降量为

$$S = \sum_{i=1}^{n} S_i = \sum_{i=1}^{n} \frac{h_i}{1 + e_{0i}} C_{ci}\lg\left(\frac{p_{0i} + \Delta p_i}{p_{0i}}\right) \qquad (4 - 17)$$

式中　e_{0i}——第 i 分层的初始孔隙比；

　　　p_{0i}——第 i 分层的平均自重应力；

　　　h_i——第 i 分层的厚度；

　　　C_{ci}——第 i 分层的现场压缩指数。

（二）超固结土的沉降计算

对于超固结土地基的沉降计算，则根据荷载大小区分为两种情况：第一种情况是 $p_0 + \Delta p > p_c$；第二种情况是 $p_0 + \Delta p < p_c$。

第一种情况下（$p_0 + \Delta p > p_c$），第 i 分层土在 Δp_i 的作用下，孔隙比先沿着现场再压缩曲线 DC_1 减小 Δe_{i1}，然后再沿着现场压缩曲线 C_1C 减小 Δe_{i2}，如图 4 - 18 所示。

根据压缩指数的定义有

$$\Delta e_{1i} = -C_{ei}(\lg p_{ci} - \lg p_{0i}) = -C_{ei}\lg\frac{p_{ci}}{p_{0i}}$$

$$\Delta e_{2i} = -C_{ci} \lg \frac{p_{0i} + \Delta p_i}{p_{ci}}$$

在 Δp_i 作用下，第 i 分层土的总孔隙比变化量为

$$\Delta e_i = \Delta e_{1i} + \Delta e_{2i} = -\left[C_{ei} \lg \frac{p_{ci}}{p_{0i}} + C_{ci} \lg \frac{p_{0i} + \Delta p_i}{p_{ci}} \right]$$

将上述孔隙比变化量代入式（4-9）得到第 i 分层土的压缩量为：

$$S_i = \frac{h_i}{1 + e_{0i}} \left[C_{ei} \lg \frac{p_{ci}}{p_{0i}} + C_{ci} \lg \frac{p_{0i} + \Delta p_i}{p_{ci}} \right]$$

式中　C_{ei}——现场再压缩指数；

　　　　C_{ci}——现场压缩指数；

　　　　p_{ci}——第 i 分层土的前期固结压力；

　　　　p_{0i}——第 i 分层土的自重应力；

　　　　Δp_i——作用在第 i 分层土上的平均附加应力；

　　　　h_i——第 i 分层土的厚度；

　　　　e_{0i}——第 i 分层土的初始孔隙比。

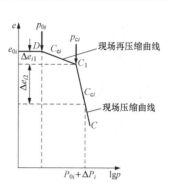

图 4-18　第一种情况超固
结土沉降计算

所以，超固结土地基的总沉降量为

$$S = \sum_{i=1}^{n} S_i = \sum_{i=1}^{n} \frac{h_i}{1 + e_{0i}} \left[C_{ei} \lg \frac{p_{ci}}{p_{0i}} + C_{ci} \lg \frac{p_{0i} + \Delta p_i}{p_{ci}} \right]$$

$$(4 - 18)$$

第二种情况下（$p_0 + \Delta p < p_c$），第 i 分层土在 Δp_i 的作用下，孔隙比只沿着现场再压缩曲线 DC_1 减小 Δei，如图 4-19 所示。则有

$$\Delta e_i = -C_{ei} \lg \frac{p_{0i} + \Delta p_i}{p_{0i}}$$

第 i 分层土的压缩量为

$$S_i = \frac{h_i}{1 + e_{0i}} \left(C_{ei} \lg \frac{p_{0i} + \Delta p_i}{p_{0i}} \right)$$

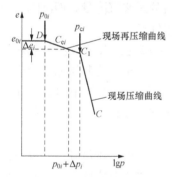

图 4-19　第二种情况
超固结土沉降计算

基础底部超固结土的总沉降量为

$$S = \sum_{i=1}^{n} S_i = \sum_{i=1}^{n} \frac{h_i}{1 + e_{0i}} \left(C_{ei} \lg \frac{p_{0i} + \Delta p_i}{p_{0i}} \right) \qquad (4 - 19)$$

需要说明的是：如果超固结土层中的沉降计算分层中既有第一种情况（$p_0 + \Delta p > p_c$）又有第二种情况（$p_0 + \Delta p < p_c$）时，其地基沉降量应该分别按照式（4-18）和式（4-19）计算，最后将两部分沉降量叠加即可。

（三）欠固结土的沉降计算

对于欠固结土而言，有 $p_c < p_0$（p_0 为自重应力，p_c 为土层的前期固结压力即为土层的有效应力），因此土层在自重应力作用下还没有完全达到固结稳定。在这样的土层上施加附加应力 Δp，地基土的压缩沉降量必为土层在自重应力作用下的继续固结沉降和附加应力所引起的沉降量之和。

图 4-20 所示的第 i 分层土的总孔隙比变化量 Δe_i 为

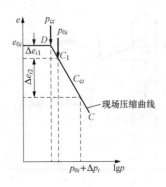

$$\Delta e_i = \Delta e_{i1} + \Delta e_{i2} = -C_{ci}\lg\frac{p_{0i}+\Delta p_i}{p_{ci}}$$

式中　　Δe_{i1}——第 i 分层土在自重应力作用下的继续固结所引起的孔隙比变化量；

Δe_{i2}——第 i 分层土上附加应力 Δp_i 所引起的孔隙比变化量；

C_{ci}——第 i 分层的现场压缩指数。

则第 i 分层土的压缩量为

$$S_i = \frac{h_i}{1+e_{0i}}\left(C_{ci}\lg\frac{p_{0i}+\Delta p_i}{p_{ci}}\right)$$

图 4-20　欠固结土沉降计算

地基土的总沉降量为

$$S = \sum_{i=1}^{n}S_i = \sum_{i=1}^{n}\frac{h_i}{1+e_{0i}}\left(C_{ci}\lg\frac{p_{0i}+\Delta p_i}{p_{ci}}\right) \tag{4-20}$$

第五节　饱和土的单向固结理论

前文介绍的地基沉降量为地基在外荷载的作用下压缩稳定后的最终沉降量，而沉降与时间的关系，即预估建筑物达到某一沉降量所需要的时间，仍然不知道。

饱和土的压缩需要一定时间才能完成，压缩变形快慢与土的渗透性有关。在荷载作用下，透水性大的饱和无黏性土，其压缩过程短，建筑物施工完毕时，可认为其压缩变形已基本完成；而透水性小的饱和无黏性土，其压缩过程所需时间长，甚至几十年压缩变形才稳定。土体在外力作用下，压缩随时间增长的过程称为固结，对于饱和黏性土来说，土的固结问题非常重要。

在工程实践中，往往需要了解建筑物在施工期间或以后某一时间的基础沉降量，以便控制施工速度或考虑建筑物正常使用的安全措施（如考虑建筑物各有关部分之间的预留净空或连接方法等）。采用堆载预压等方法处理地基时，也需要考虑地基变形与时间的关系。

下面讨论饱和土的变形与时间的关系。

一、饱和土的渗透固结

饱和黏土在压力作用下，孔隙水将随时间的迁延而逐渐被排出，同时孔隙体积也随之缩小，这一过程称为饱和土的渗透固结，可借助如图 4-21 所示的弹簧-活塞模型来说明。在一个盛满水的圆筒中，装一个带有弹簧的活塞，弹簧表示土的颗粒骨架，容器内的水表示土中的自由水，带孔的活塞则表征土的透水性。由于模型中只有固、液两相介质，则对于作用在活塞上的附加应力 σ_z，只能由水与弹簧来共同承担。设其中的弹簧承担的压力为有效应力 σ'，圆筒中水所承担的应力为孔隙水压力 u，根据有效应力原理有

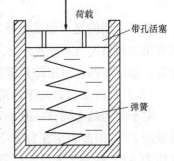

图 4-21　饱和土的渗透固结模型

$$\sigma_z = \sigma' + u$$

上式的物理意义是土的孔隙水压力 u 与有效应力 σ' 对外

力 σ_z 的分担作用，它与时间有关，这就是有效应力原理。

（1）当 $t=0$ 时，即活塞顶面骤然受到压力 σ_z 作用的瞬间，水来不及排出，弹簧没有变形和受力，附加应力 σ_z 全部由水来承担，即 $u=\sigma_z$，$\sigma'=0$；

（2）当 $t>0$ 时，随着荷载作用时间的迁延，水受到压力后开始从活塞排水孔中排出，活塞下降，弹簧开始承受压力 σ'，并逐渐增长；而相应的 u 则逐渐减小。有 $u+\sigma'=\sigma_z$，且 $u<\sigma_z$，$\sigma'>0$；

（3）当 $t\to\infty$ 时（代表"最终"时间），水从排水孔中充分排出，超静孔隙水应力完全消散，活塞最终下降到 σ_z 全部由弹簧承担，饱和土的渗透固结完成。即 $\sigma_z=\sigma'$，$u=0$。

可见，饱和土的渗透固结也就是孔隙水压力逐渐消散和有效应力相应增长的过程。

二、太沙基一维固结理论

为了求得饱和土层在渗透固结过程中某一时间的变形，通常采用太沙基提出的一维固结理论进行计算。

设厚度为 H 的饱和黏土层（见图 4-22），顶面是透水层和不可压缩层，假设该饱和土层在自重应力作用下的固结已完成，现在顶面受到一次骤然施加的无限均布荷载 p 作用。由于土层厚度远小于荷载面积，故土层中附加应力图形将近似地取作矩形分布，即附加应力不随深度而变化。但是孔隙压力 u（另一方面也是有效应力 σ'）却是深度 z 和时间 t 的函数。即 σ' 和 u 分别写为 $\sigma'_{z,t}$ 和 $u_{z,t}$。

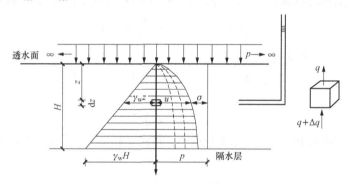

图 4-22 饱和土层的固结过程

为了求解在附加应力作用下地基中孔隙水压力问题，一维固结理论有下列一些基本假定：①土体是饱和、各向同性、均质的；②土的压缩完全是由于孔隙体积的减小所致，土颗粒和水都是不可压缩的；③土的压缩和水的排出只在竖直方向发生；④土中孔隙水的排出符合达西定律，因此土的固结快慢取决于其渗透速度；⑤在土体固结过程中，将土渗透系数 k 及压缩系数 a 视为常数；⑥地面上作用的连续均布荷载是一次瞬时施加的。

为了找出如图 4-22 所示均质、各向同性的饱和黏土层在固结过程中孔隙水压力 u 的变化规律，现从该饱和黏土层顶面下深度 z 处取厚度为 $\mathrm{d}z$、面积为 1×1 的微单元体来研究：

1. 单元体的渗流条件

由于渗流自下而上进行，设在外荷载施加后某时刻 t 流入单元体的水量为 $\left(q+\dfrac{\partial q}{\partial z}\mathrm{d}z\right)$，流出单元体的水量为 q，所以在 $\mathrm{d}t$ 时间内，流经该单元体的净流出水量为

$$dQ = qdt - (q + \frac{\partial q}{\partial z}dz)dt = -\frac{\partial q}{\partial z}dzdt \tag{4-21}$$

根据达西定律，可得单元体过水面积 $A = 1 \times 1$ 的流量 q 为

$$q = vA = ki = k\frac{\partial h}{\partial z} = \frac{k}{\gamma_w} \times \frac{\partial u}{\partial z}$$

代入式（4-21）得

$$-\frac{\partial q}{\partial z}dzdt = -\frac{k}{\gamma_w} \times \frac{\partial^2 u}{\partial z^2}dzdt \tag{4-22}$$

2. 单元体的变形条件

在 dt 时间内，单元体孔隙体积 V_v 随时间的减小量为

$$dV = \frac{\partial V_v}{\partial t}dt = \frac{\partial}{\partial t}\left(\frac{e}{1+e_0}\right)dzdt = \frac{1}{1+e_0} \times \frac{\partial e}{\partial t}dzdt \tag{4-23}$$

考虑到微单元体土粒体积 $\frac{1}{1+e_0} \times 1 \times 1 \times dz$ 为不变的常数，而

$de = -adp = -ad\sigma'$ 或

$$\frac{\partial e}{\partial t} = -a\frac{\partial(p-u)}{\partial t} = a\frac{\partial u}{\partial t} \tag{4-24}$$

"—"表示压力增加时，孔隙比减少。

再根据有效应力原理以及总应力 $\sigma_z = p_0$ 是常量的条件，则将式（4-24）代入式（4-23）有

$$\frac{\partial V_v}{\partial t}dt = \frac{a}{1+e_0} \times \frac{\partial u}{\partial t} \times dzdt \tag{4-25}$$

3. 单元体的渗流连续条件

根据连续条件，在 dt 时间内，单元体孔隙的减少量应等于该单元体内净排出的水量，即

$$dV = -dQ \tag{4-26}$$

"—"表示排出的水量越多，孔隙体积越小。将式（4-21）、式（4-23）代入式（4-26），即有

$$\frac{\partial q}{\partial z}dzdt = \frac{\partial V_v}{\partial t}dt$$

进一步整理可得

$$\frac{k(1+e_0)}{a\gamma_w} \times \frac{\partial^2 u}{\partial z^2} = \frac{\partial u}{\partial t}$$

令 $C_v = \frac{k(1+e_0)}{a\gamma_w}$，可得

$$C_v\frac{\partial^2 u}{\partial z^2} = \frac{\partial u}{\partial t} \tag{4-27}$$

式中　C_v——土的竖向固结系数（下标 v 表示是竖向渗流的固结），由室内固结（压缩）试验确定；

k、a、e_0——渗透系数、压缩系数和土的初始孔隙比。

式（4-27）即为饱和土的一维固结微分方程。一般可用分离变量法求解，解的形式可以用傅里叶级数表示。现根据如图 4-22 所示的初始条件（开始固结时的附加应力分布情况）和边界条件（可压缩土层顶、底面的排水条件）有：

当 $t=0$ 和 $0 \leqslant z \leqslant H$ 时，$u = \sigma_z = p$；

$0 < t < \infty$ 和 $z = 0$ 时，$u = 0$；

$0 < t < \infty$ 和 $z = H$ 时，$\dfrac{\partial u}{\partial z} = 0$；

$t = \infty$ 和 $0 \leqslant z \leqslant H$ 时，$u = 0$。

根据以上的初始条件和边界条件，采用分离变量法可求得式（4-27）的特解如下

$$u_{z,t} = \frac{4}{\pi} p \sum_{m=1}^{\infty} \frac{1}{m} \sin \frac{m\pi z}{2H} \exp\left(-\frac{m^2 \pi^2}{4} T_v\right) \tag{4-28}$$

式中　m——正奇整数（1、3、5…）；

$\quad\quad T_v$——竖向固结时间因数，$T_v = \dfrac{C_v t}{H^2}$，其中 C_v 为竖向固结系数；

$\quad\quad t$——时间；

$\quad\quad H$——压缩土层最远的排水距离，当土层为单面排水时，H 取土层厚度；双面排水时，水由土层中心分别向上下两方向排出，此时 H 应取土层厚度一半。

三、单向固结理论的工程应用

理论上可以根据固结时超静孔隙水压力 u 的解析式（4-28）求出任意时刻 t 的孔隙水压力 u 及相应的有效应力 σ' 的大小和分布，再利用压缩量基本计算公式，即可求出固结沉降量随时间的变化规律，但是这种求解方法在实际应用时，非常不方便。为了解决这个问题，下面将引入并应用固结度的概念。

固结度 U（degree of consolidation）：是指某一深度 z 处，在某一固结应力作用下，经过时间 t 后，土体发生固结或孔隙水压力消散的程度。即

$$U_{zt} = \frac{\sigma'_{zt}}{\sigma_z} = \frac{\sigma_z - u_{zt}}{\sigma_z} = 1 - \frac{u_{zt}}{\sigma_z} = 1 - \frac{u_{zt}}{u_0}$$

式中　u_0——初始孔隙水应力，数值上等于该点的固结应力 $u_0 = \sigma_z$；

$\quad\quad u_{zt}$——某一深度 z 处，t 时刻孔隙水压力。

某一点的固结度对于解决工程实际问题来说并不重要，因此引入平均固结度 U_t 的概念。t 时刻平均固结度等于此时土骨架已经承担的平均有效应力面积 $A_{\sigma'}$ 除以总应力面积 A_σ，数值上也等于土体在 t 时间内的固结沉降量 S_t 与最终沉降量 S 的比值。对于图 4-22 所示的单向固结情况而言，土层的平均固结度 U_t 为

$$U_t = \frac{A_{\sigma'}}{A_\sigma} = 1 - \frac{\displaystyle\int_0^H u\,\mathrm{d}z}{\displaystyle\int_0^H u_0\,\mathrm{d}z} = 1 - \frac{\displaystyle\int_0^H u\,\mathrm{d}z}{pH} = \frac{S_t}{S} \tag{4-29}$$

将式（4-28）代入式（4-29），积分后得到土层的平均固结度为

$$U_t = 1 - \frac{8}{\pi^2} \sum_{m=0}^{\infty} \frac{1}{m^2} \exp\left[-\frac{(m\pi)^2}{4} T_v\right] \tag{4-30}$$

式（4-30）中符号含义同式（4-28）。

上式括号内的级数收敛很快，当 $U_t > 30\%$ 时可近似地取其中第一项如下

$$U_t = 1 - \frac{8}{\pi^2} \exp\left(-\frac{\pi^2}{4} T_v\right) \tag{4-31}$$

上式表明，土层的平均固结度是时间因数 T_v 的单值函数，它与土层承受的固结应力大

小无关，但是与土层中固结应力的分布有关。

为了便于实际应用，将式（4-30）按照土层中固结应力的分布和排水条件，绘制成如图 4-23 所示的 U_t 与 T_v 的关系曲线簇。

$$\alpha = \frac{\sigma_z'}{\sigma_z''} \qquad (4-32)$$

式中 σ_z'——透水面的固结应力；

σ_z''——不透水面的固结应力。

上述单向固结理论的计算都是指单面排水情况。如果土层上下两面均可排水，则不论土中固结应力如何分布，土层的平均固结度均按固结应力为均匀分布情况进行计算，即双面排水时取 $\alpha=1$，但是计算时间因数 T_v 时，排水距离 H 应取土层厚度的一半。

利用图 4-23 中的曲线或表 4-7，可以解决下列两类工程问题。

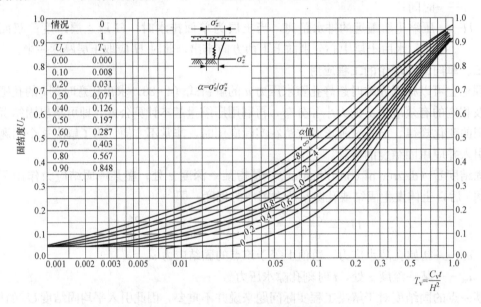

图 4-23 U_t 与 T_v 的关系曲线簇

表 4-7 不同 α、U_t 时的时间因数 $T_v = C_v t/H^2$ 值

$\alpha = \sigma_z'/\sigma_z''$	固结度，U_t					
	0	0.2	0.4	0.6	0.8	0.9
0	0	1.101	0.217	0.384	0.665	0.946
0.4	0	0.056	0.164	0.330	0.600	0.900
0.8	0	0.036	0.134	0.290	0.570	0.886
1.0	0	0.031	0.126	0.286	0.565	0.848
2.0	0	0.0191	0.0951	0.240	0.520	0.810

1. 已知土层的最终沉降量 S，计算经历时间 t 后，土层的沉降量 S_t

解决这类问题，首先根据土层的物理指标 k、a、e_0、H 和给定的固结时间 t，计算出土

层平均固结系数 C_v 和时间因数 T_v，然后根据固结应力分布形式，利用式（4-32）计算出 α 后，由图4-23中的对应曲线查出相应的固结度 U_t，最后按照式（4-33）求出 t 时刻的土层沉降量 S_t。

$$S_t = U_t \cdot S \qquad (4-33)$$

2. 已知土层的最终沉降量 S，计算土层达到某一沉降量 S_t 时所需要的时间 t

对于这类问题的解决，首先要按照式（4-33），求出土层的平均固结度 $U_t = \dfrac{S_t}{S}$，再根据固结应力分布形式，利用式（4-32）计算出 α，再由图4-23中的对应曲线查出相应的时间因数 T_v，最后按照式（4-34）求出所需要的时间 t。

$$t = \frac{H^2}{C_v} T_v \qquad (4-34)$$

【**例4-4**】 某饱和黏土层层厚 $H = 10\text{m}$，压缩模量 $E_s = 3\text{MPa}$，渗透系数 $k = 10^{-6}\text{cm/s}$，地表作用大面积均布荷载 $q = 100\text{kPa}$，荷载瞬时施加，问加载1年后地基固结沉降多大？若土层厚度、压缩模量和渗透系数均增大1倍，问与原来相比，该地基固结沉降有何变化？

解 （1）最终沉降量为

$$S = \frac{\bar{\sigma}_z}{E_s}H = \frac{q}{E_s}H = \frac{0.1}{3} \times 1000 = 33.33\text{(cm)}$$

$$k = 10^{-6}\text{cm/s} = 0.315\,36\text{(m/a)}$$

$$C_v = \frac{kE_s}{\gamma_w} = \frac{0.315\,36 \times 3 \times 10^3}{10} = 94.608\text{(m}^2\text{/a)}$$

$$T_v = \frac{C_v t}{H^2} = \frac{94.608 \times 1}{10^2} = 0.946\,08$$

又由 $U_t = 1 - \dfrac{8}{\pi^2}e^{-\frac{\pi^2}{4}T_v}$ 得

$$U_t = 1 - \frac{8}{\pi^2}e^{-\frac{\pi^2}{4} \times 0.946\,08} = 92.15\%$$

一年以后的沉降量为

$$S_t = U_t S = 0.9215 \times 33.33 = 30.71\text{(cm)}$$

（2）因为 $T_v = \dfrac{C_v t}{H^2} = \dfrac{kE_s t}{\gamma_w H^2} = \dfrac{4kE_s t}{4\gamma_w H^2}$ 结果不变，固结沉降不变。

【**例4-5**】 在不透水不可压缩土层上，填5m厚的饱和软黏土，已知软黏土重度 $\gamma = 18\text{kN/m}^3$，压缩模量 $E_s = 1500\text{kPa}$，固结系数 $C_v = 19.1\text{m}^2\text{/a}$，试求：（1）软黏土在自重下固结，当固结度达到 $U_t = 0.6$ 时，产生的沉降？（2）当软黏土固结度 $U_t = 0.6$ 在其上填筑路堤，路堤引起的附加应力 $\sigma = 120\text{kPa}$，为矩形分布，如图4-24所示，求路堤填筑后0.74年，软黏土又增加了多少沉降量？（计算中假定路堤土是透水的，路堤填筑时间很快，不考虑施工期间固结影响）

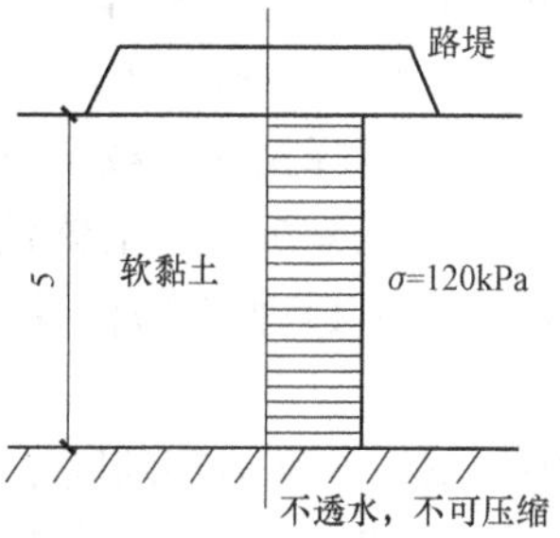

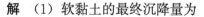

图4-24 ［例4-5］图

解 （1）软黏土的最终沉降量为

$$S_\infty = \frac{\sigma_{cz}}{E_s}h = \frac{\gamma h^2}{2E_s} = \frac{18 \times 5^2}{2 \times 1500} = 15\text{(cm)}$$

则固结度达 0.6 时的沉降量为

$$S = U_t S_\infty = 0.6 \times 15 = 9 (\text{cm})$$

（2）黏性土顶部压力为 120kPa。底部压力为 $120 + \gamma h' = 120 + 18 \times (5 - 0.09) = 208.38$（kPa），故固结压力为梯形分布，$\alpha = 120/208.38 = 0.575\ 9$

因为 $T_v = \dfrac{C_v t}{H^2} = \dfrac{19.1 \times 0.74}{(5 - 0.09)^2} = 0.586\ 3$

根据 α、T，查得 $U_t = 0.8$，故

$$S = S_\infty U_t = \frac{0.5(120 + 208.38)}{E_s} h U_t = \frac{0.5(120 + 208.38)}{1500} \times (5 - 0.09) \times 0.8 = 42.99 (\text{cm})$$

第六节　地基沉降组成及计算

在荷载作用下，黏性土地基的总沉降由三个部分组成：瞬时沉降 S_d、固结沉降 S_c 和次固结沉降 S_s。即总沉降量 S 是由三部分组成

$$S = S_d + S_c + S_s \tag{4-35}$$

1. 瞬时沉降 S_d 的计算

瞬时沉降 S_d 是指加荷瞬间，土中孔隙水来不及排出，土体体积尚未发生变化，仅发生剪切变形时的地基沉降。大比例的模型试验和现场实测都表明：饱和的或接近饱和的黏性土在适当的应力增量作用下，土层的瞬时沉降可以近似地利用下面的弹性力学公式计算，即

$$S_d = \omega(1 - \mu^2) \frac{pb}{E} \tag{4-36}$$

式中　ω——沉降影响系数，由基础的刚度、底面形状以及计算点位置决定；

　　　b——矩形荷载的宽度或圆形荷载的直径；

　　　μ——土体泊松比，由于发生瞬时沉降时没有体积变化，所以 $\mu = 0.5$；

　　　E——土体的弹性模量。

瞬时沉降计算时所采用的弹性模量的确定，可以利用常规三轴压缩试验或单轴压缩试验所得到土体的应力应变曲线，由该曲线确定初始切线模量 E_i 或相当于现场荷载条件下的再加载模量 E_r。或者也可以近似采用下式估算土体的弹性模量 E，即

$$E = (500 \sim 1000)C_u \tag{4-37}$$

式中　C_u——土的不排水抗剪强度。

2. 固结沉降 S_c 计算

固结沉降是在荷载作用条件下，随着土中孔隙水分的逐渐挤出，孔隙体积相应减少而产生的土体压缩沉降。最终沉降量通常采用分层总和法或《建筑地基基础设计规范》（GB 50007—2011）推荐方法计算。而任意时刻 t 的地基沉降量 S_t 则按式（4-38）计算

$$S_t = S_d + S_{ct} = S_d + U_t S_c \tag{4-38}$$

式中　S_{ct}——t 时刻的固结沉降量，其余符号含义同前。

3. 次固结沉降 S_s 计算

次固结沉降是指土体中有效应力基本不变后，地基的沉降随时间而缓慢增长的现象。次固结沉降的本质是土颗粒骨架的蠕变现象（在恒定荷载作用下变形持续增加的现象）。

室内试验和现场量测的结果表明，在主固结完成之后发生的次固结的大小与时间关系在

对数坐标上近似于一条直线。按照图 4-25 所示，由次固结所引起的孔隙比变化可以近似表示为

$$\Delta e = C_{a} \lg \frac{t}{t_1} \tag{4-39}$$

式中　C_a——半对数坐标系中直线的斜率，称为次压缩系数，由试验确定；

　　　t——所求次固结沉降的时间，$t > t_1$；

　　　t_1——相当于主固结度为 100％ 的时间，根据次固结曲线外推而得。

地基的次固结沉降量计算公式如下

$$S_s = \sum \frac{h_i}{1+e_{0i}} C_{ai} \lg \frac{t}{t_1} \tag{4-40}$$

根据大量的室内试验和现场量测结果，C_a 可以近似计算如下

$$C_a = 0.018\omega \tag{4-41}$$

式中　ω——土的天然含水率。

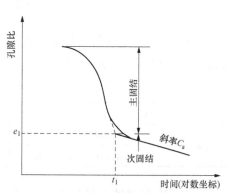

图 4-25　次固结沉降计算时的孔隙比与时间关系曲线

上述考虑不同变形阶段的地基沉降计算方法，对黏性土地基是合适的，而对于砂性土地基，由于其透水性好，固结完成快，瞬时沉降与固结沉降之间已经无法分开来，所以不适合运用此方法进行计算。

思 考 题

4-1　土的变形特性是否能满足弹性力学的主要假定？用弹性力学公式计算土体应力的前提是什么？

4-2　试述压缩系数、压缩指数、压缩模量和固结系数的定义、用途及其确定方法？

4-3　压缩模量与变形模量之间有何区别？它们与弹性模量关系如何？

4-4　分层总和法有哪些重要的前提？与实际情况有哪些不同？计算建筑物最终沉降量的分层总和法与《建筑地基基础设计规范》（GB 50007—2011）推荐方法有什么不同？

4-5　分析地下水位的变化对建筑物沉降的影响？

4-6　太沙基的单向渗透固结理论的基本假设有哪些？写出固结微分方程式及其初始条件和边界条件。

4-7　在地基最终沉降量计算中，土中附加应力是指有效应力还是总应力？

4-8　正常固结土、超固结土及欠固结土的含义是什么？土的应力历史是如何影响土的压缩性的？

4-9　先期固结压力代表什么意义？如何用它来判别土的固结情况？

4-10　饱和土的一维固结过程中，土的有效应力和孔隙水压力是如何变化的？固结度有时用 $U_t = \sigma_z/\sigma_z$ 表示，而有时则用 $U_t = S_t/S_\infty$ 表示，这两种表示方法有些什么差别？

4-11　土的最终沉降量由哪几部分组成的？它们的变形特征是什么？每一部分对结构物有何影响？

4-12　大的建筑物常有主楼和群楼，主楼往往比较高大，从沉降角度考虑. 应先施工哪一部分比较合理，为什么？

习　题

4-1　某钻孔土样的压缩记录如表4-8所示，试绘制压缩曲线和计算各土层的a_{1-2}及相应的E_s，并评定各土层的压缩性。

表4-8　　　　　　　　　　　　习题4-1土样的压缩试验记录

压力（kPa）		0	50	100	200	300	400
孔隙比	1#土样	0.882	0.864	0.852	0.837	0.824	0.819
	2#土样	1.182	1.015	0.895	0.805	0.750	0.710

4-2　某饱和黏土试样在室内进行压缩试验时，测得试验数据如下：试样原始高度20mm，环刀截面积30cm^2，土样与环刀总重量为1.756N，环刀重0.586N。当荷载由$p_1=100$kPa增加到$p_2=200$kPa时，在24h内，试样高度由19.13mm减少至18.76mm，试验结束后烘干土样，得干土重为0.91N。

（1）计算与p_1、p_2相对应的孔隙比e_1、e_2；

（2）求a_{1-2}及相应的E_s。

4-3　某黏土原状试样的压缩试验结果见表4-9。

表4-9　　　　　　　　　　　　习题4-3试验记录表

应力（kPa）	0	17.28	34.60	86.60	173.2	346.4	693.8	1385.8
孔隙比	1.06	1.029	1.024	1.007	0.989	0.953	0.913	0.835
应力（kPa）	2771.2	5542.4	11084.8	2771.2	6928.0	1732	34.6	
孔隙比	0.725	0.617	0.501	0.538	0.577	0.624	0.665	

（1）试确定前期固结压力p_c；

（2）试求压缩指数C_c；

（3）已知土层自重应力为293kPa，试判断该土层的固结状态。

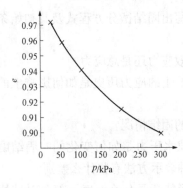

图4-26　习题4-5图

4-4　某厂房为框架结构，柱基底面为正方形，边长$l=b=4.0$m，基础埋置深度为$d=1.0$m。上部结构传至基础顶面荷重$F=1440$kN。地基为粉质黏土，土的天然重度$\gamma=16.0$kN/m^3，土的天然孔隙比$e=0.97$。地下水位埋深3.4m，地下水位以下土的饱和重度$\gamma_{sat}=17.8$kN/m^3，土的压缩系数：地下水位以上为$a_1=0.3$MPa^{-1}，地下水位以下为$a_2=0.25$MPa^{-1}。计算柱基中心的沉降量。

4-5　某厂房为框架结构，柱基底面为正方形独立基础，基础地面尺寸$l=b=4.0$m，基础埋置深度为$d=1.0$m。上部结构传至基础顶面荷重$F=1440$kN。地基为粉质黏土，土的天然重度 $\gamma = 16.0\text{kN/m}^3$，地下水位埋深 3.4m，地下水位以下土的饱和重度 $\gamma_{\text{sat}} = 17.8\text{kN/m}^3$，土的压缩实验结果 $e - p$ 曲线，如右图所示。分别采用分层总和法和"规范法"计算柱基中点的沉降量（已知 $f_{\text{ak}} = 94\text{kPa}$）。

4-6 某超固结土层厚 2.0m，前期固结压力 $p_c = 300\text{kPa}$，现存自重应力 $p_0 = 100\text{kPa}$，建筑物对该土层引起的平均附加应力为 400kPa，已知土层的压缩指数 $C_c = 0.4$，再压缩指数 $C_e = 0.1$，初始孔隙比 $e_0 = 0.81$，求该土层的最终沉降量。

4-7 厚度 $H = 10\text{m}$ 的黏土层，上覆透水层，下卧不透水层，其压缩应力如图 4-27 所示。已知黏土层的初始孔隙比 $e_1 = 0.8$，压缩系数 $a = 0.000\,25\text{kPa}^{-1}$，渗透系数 $k = 0.02\text{m/a}$。试求：

（1）加荷一年后的沉降量 S_t。

（2）地基固结度达 $U_t = 0.75$ 时所需要的历时 t。

（3）若将此黏土层下部改为透水层，则 $U_t = 0.75$ 时所需历时 t。

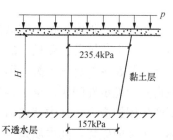

图 4-27 习题 4-7 图

4-8 某黏土层厚度为 8m，土层上下层面均为砂层，已知黏土层孔隙比 $e_0 = 0.8$，压缩系数 $a = 0.25\text{MPa}^{-1}$，渗透系数 $k = 6.3 \times 10^{-8}\text{cm/s}$，地表瞬时施加无穷均布荷载 $p = 180\text{kPa}$。求：

（1）加荷半年后地基的沉降量；

（2）该黏土层达到 50% 固结度所需要的时间。

第五章 土的抗剪强度及其参数确定

第一节 概　述

土的抗剪强度是指土体抵抗剪切破坏的极限能力，数值上等于土体发生剪切破坏时的切向应力。土的抗剪强度是土的重要力学性质指标之一。与土的抗剪强度有关的土工结构设计和施工问题主要有三大类：第一类是土作为建筑物和构筑物地基的承载力问题；第二类是土坡自身的稳定性问题；第三类是挡土结构上的土压力问题。当土体受到外力后，其内部必然要产生附加应力，其中就包括切向应力。当切向应力达到一定程度后，土体就会产生剪切破坏。土体的破坏，其本质是剪切破坏，其破坏面（滑动面）显然属于剪切破坏面。例如，苏州某基坑发生整体滑移失稳（见图 5-1）。土中破裂面的产生就是由于滑动面上的剪应力达到了土的抗剪强度所致。

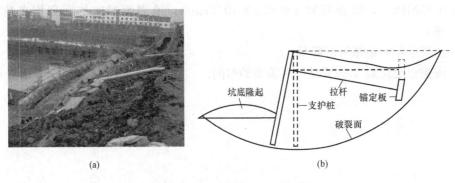

(a)　　　　　　　　　　(b)

图 5-1　基坑失稳的工程案例

（a）苏州某基坑失稳；（b）挡土结构物失稳示意图

土体的强度与土体本身的基本性质（即土的类型及组成、粒径级配、矿物成分、含水状态、土粒结构、土体构造等）有关，还与土的形成环境、应力历史及试验方法等有关。因此，应该深入现场，较全面地了解和掌握土的特性，才能真正掌握其力学性质。

第二节　莫尔-库仑强度理论

一、莫尔应力圆

土体中一点的应力状态是客观存在的。在一般的土工建筑物中，该点通常处于三维应力状态，其三个主应力分别表示为 σ_1、σ_2 和 σ_3。本节所述的莫尔—库仑强度理论没有考虑中间主应力 σ_2 的作用。在采用莫尔圆法进行土中一点应力状态分析时，因考虑土为碎散体而很少或不能承受拉应力，所采用的应力正、负号与材料力学不同。一般规定如下：法向应力以压应力为正，拉应力为负；剪应力以逆时针方向为正，顺时针方向为负。

若土体内部任何一个面上的剪应力等于其抗剪强度，则可沿该面发生内部滑动。以平面问题或轴对称问题为研究对象，不考虑中间主应力的影响，如图 5 - 2 所示，取一微单元体，作用于通过该单元体的任一平面上的应力可分解为法向应力（正应力）σ 和切向应力（剪应力）τ 两个分量。若该单元的大主应力 σ_1 和小主应力 σ_3 的大小和方向都已知，则与大主应力面成 θ 角的任一平面上的法向应力 σ 和剪应力 τ 可根据力的平衡条件求得。

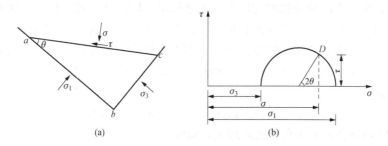

图 5 - 2　土微单元体的应力

按 σ 方向的静力平衡条件

$$\sigma \times ac = \sigma_1 \times ab\cos\theta + \sigma_3 \times bc\sin\theta \tag{5 - 1}$$

根据三角几何关系，经换算后可得

$$\sigma = \frac{\sigma_1 + \sigma_3}{2} + \frac{\sigma_1 - \sigma_3}{2}\cos 2\theta \tag{5 - 2}$$

按 τ 方向的静力平衡条件

$$\tau \times ac = \sigma_1 \times ab\sin\theta - \sigma_3 \times bc\cos\theta \tag{5 - 3}$$

根据三角几何关系，经换算后可得

$$\tau = \frac{\sigma_1 - \sigma_3}{2}\sin 2\theta \tag{5 - 4}$$

由式（5 - 2）和式（5 - 4）可知，在给定 σ_1 和 σ_3 的情况下，作用在通过该单元体任一平面上的法向应力 σ 和剪应力 τ 将随它与大主应力面的夹角 θ 而变化。

联立式（5 - 2）和式（5 - 4），消去 θ 可得

$$\left(\sigma - \frac{\sigma_1 + \sigma_3}{2}\right)^2 + \tau^2 = \left(\frac{\sigma_1 - \sigma_3}{2}\right)^2 \tag{5 - 5}$$

由式（5 - 5）可知，在 σ - τ 坐标平面内，土单元体的应力状态的轨迹将是一个圆，且圆心在 σ 轴上，与坐标原点的距离为 $(\sigma_1 + \sigma_3)/2$，半径为 $(\sigma_1 - \sigma_3)/2$，该圆称为莫尔应力圆。莫尔应力圆上每一点都代表一个斜平面，该斜面与大主应力面的夹角为 θ，但在莫尔圆上该点的转角为 2θ（见图 5 - 2 中的 D 点），其坐标 (σ, τ) 则为作用在这个斜面上的法向应力和剪应力值。

二、库仑抗剪强度公式

1773 年，法国学者库仑（C. A. Coulomb）首先根据砂土直剪试验结果，见图 5 - 3（a），将砂土的抗剪强度表达为剪切破裂面上法向应力的正比例函数，即

$$\tau_f = \sigma\tan\varphi \tag{5 - 6}$$

式中　τ_f——砂土的抗剪强度，kPa；

　　　σ——剪切破裂面上的法向应力，kPa；

　　　φ——砂土的内摩擦角，°。

后来库仑又根据黏土的试验结果，见图 5-3（b），提出更为普遍的土体抗剪强度表达形式

$$\tau_f = c + \sigma\tan\varphi \tag{5-7}$$

式中 c——黏土的黏聚力，kPa。

库仑定律表明，土的抗剪强度与法向应力之间呈直线关系。式（5-7）中的 c 和 φ 是决定土抗剪强度的两个指标，称为土的抗剪强度指标。土的抗剪强度采用法向应力为总应力 σ 表示，称为用总应力表示的抗剪强度表达式。根据有效应力原理，土体总应力 σ 等于有效应力 σ' 和孔隙水压力 u 之和，即 $\sigma = \sigma' + u$。通过简单推导可以得到用有效应力表示土的抗剪强度的一般表达式

$$\tau_f = c' + \sigma'\tan\varphi' = c' + (\sigma - u)\tan\varphi' \tag{5-8}$$

式中 σ'——剪切破裂面上的有效法向应力，kPa；

　　　　u——土中的孔隙水压力，kPa；

　　　　c'——土的有效黏聚力，kPa；

　　　　φ'——土的有效内摩擦角，°。

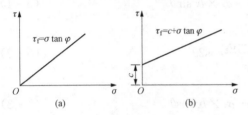

图 5-3 土的抗剪强度与外荷载的关系
(a) 砂土抗剪强度曲线；(b) 黏土抗剪强度曲线

库仑试验表明，密实、颗粒大、尖棱、粗糙、级配好的土体的内摩擦角越大，土的抗剪切强度就越大。在 τ-σ 平面上，c（c'）为 τ 轴上的截距，φ（φ'）为直线的倾角。

试验研究表明，土的抗剪强度取决于土粒间的有效应力，然而，总应力在应用上比较方便，许多土工问题的分析方法都还建立在总应力概念的基础上，故在工程上仍沿用至今。

三、莫尔-库仑强度准则

1910 年，莫尔提出材料的破坏是剪切破坏，当土体内任一平面上的剪应力等于材料的抗剪强度时，该点就发生破坏。莫尔同时提出，在破坏面上的剪应力，也即抗剪强度 τ_f 是该面上法向应力的函数，即

$$\tau_f = f(\sigma) \tag{5-9}$$

式（5-9）所定义的曲线（见图 5-4）称为莫尔强度包络线，莫尔强度包络线是反映土的抗剪强度性质与土中极限应力状态的关系曲线。理论分析和试验都证明，在应力变化范围不很大的情况下，一般土的莫尔强度包络线通常可以近似地用直线代替，如图 5-4 中的虚线所示，该直线方程就是库仑强度公式的表达式。由库仑公式表示莫尔包络线的强度理论，称为莫尔-库仑强度理论。

图 5-4 莫尔-库仑强度包络线

归纳莫尔-库仑强度理论，可表述为以下三个要点。

（1）剪切破裂面上，材料的抗剪强度是法向应力的单值函数，即 $\tau_f = f(\sigma)$。

（2）在法向应力不很大的一定应力范围内，这一函数关系可简化为线性函数，即库仑公

式 $\tau_f = c + \sigma \tan\varphi$。

（3）土单元体中，任何一个面上的剪应力达到了它的抗剪强度，土单元体即发生破坏。

尽管大量试验研究表明，无论是粗粒土或细粒土，试样破坏时的应力组合都比较符合莫尔-库仑强度准则，但必须指出的是，这一强度理论没有考虑中间主应力 σ_2 的影响。

四、土的极限平衡条件和土体破坏的判别方法

根据莫尔-库仑强度理论，当土体中任一点受到应力的作用，逐渐达到极限平衡状态时，其莫尔应力圆与莫尔强度包络线相切，土体就沿一定的剪切面发生剪切破坏，此时与莫尔强度包络线相切的莫尔应力圆即为土体剪切破坏时的极限应力圆，如图 5-5 所示。反过来说，欲使土体某一点沿一定的剪切面产生剪切破坏，必须要求该点的应力达到极限平衡状态，代表该点应力状态的莫尔应力圆与莫尔强度包络线相切，这一应力条件称为土体破坏的极限平衡条件。当土体中应力状态达到极限平衡状态时，土体就产生破坏；反之，土体就不会出现剪切破坏。在实际工程问题中，可能发生剪切破坏的平面一般不易预先确定。

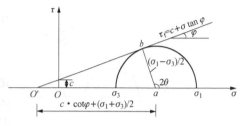

图 5-5　极限平衡条件

根据图 5-5 所示，土体中的应力分析为

$$\sin\varphi = \frac{ab}{O'a} = \frac{\dfrac{\sigma_1 - \sigma_3}{2}}{\dfrac{\sigma_1 + \sigma_3}{2} + c\cot\varphi} = \frac{\sigma_1 - \sigma_3}{\sigma_1 + \sigma_3 + 2c\cot\varphi} \tag{5-10}$$

对式（5-10）进行整理，可得

$$\sigma_1 = \sigma_3 \cdot \frac{1 + \sin\varphi}{1 - \sin\varphi} + 2c \cdot \frac{\cos\varphi}{1 - \sin\varphi} \tag{5-11}$$

进一步整理得

$$\sigma_1 = \sigma_3 \tan^2\left(45° + \frac{\varphi}{2}\right) + 2c \cdot \tan\left(45° + \frac{\varphi}{2}\right) \tag{5-12}$$

用同样的方法可以推导出

$$\sigma_3 = \sigma_1 \tan^2\left(45° - \frac{\varphi}{2}\right) - 2c \cdot \tan\left(45° - \frac{\varphi}{2}\right) \tag{5-13}$$

对于砂土，由于 $c=0$，代入式（5-12）和式（5-13），即可得到砂土中土单元体的极限平衡条件

$$\sigma_1 = \sigma_3 \tan^2\left(45° + \frac{\varphi}{2}\right) \tag{5-14}$$

$$\sigma_3 = \sigma_1 \tan^2\left(45° - \frac{\varphi}{2}\right) \tag{5-15}$$

利用极限平衡条件式（5-12）～式（5-15）判别土单元体是否发生剪切破坏，可采用如下三种方法之一。

（1）最大主应力比较法。利用土单元体的实际最小主应力 σ_3 和抗剪强度指标 c、φ，求得土体处于极限平衡状态时的最大主应力 σ_{1f}

$$\sigma_{1f} = \sigma_3 \tan^2\left(45° + \frac{\varphi}{2}\right) + 2c \cdot \tan\left(45° + \frac{\varphi}{2}\right)$$

并与土单元体的实际最大主应力 σ_1 进行比较。如图 5 - 6（a）所示，如果 $\sigma_{1f}>\sigma_1$，表明达到极限平衡状态所要求的最大主应力大于实际的最大主应力，此时土体不发生破坏；如果 $\sigma_{1f}=\sigma_1$，表明土体刚好达到极限平衡状态，土体发生破坏；如果 $\sigma_{1f}<\sigma_1$，表明土体已经发生破坏，但实际这种情况是不可能存在的。

（2）最小主应力比较法。利用土单元体的实际最大主应力 σ_1 和抗剪强度指标 c、φ，求得土体处于极限平衡状态时的最小主应力 σ_{3f}

$$\sigma_{3f} = \sigma_1 \tan^2\left(45° - \frac{\varphi}{2}\right) - 2c \cdot \tan\left(45° - \frac{\varphi}{2}\right)$$

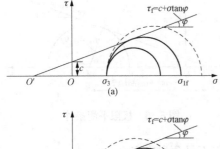

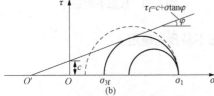

并与单元体的实际最小主应力 σ_3 进行比较。如图 5 - 6（b）所示，如果 $\sigma_{3f}<\sigma_3$，表明达到极限平衡状态所要求的最小主应力小于实际的最小主应力，此时土体不发生破坏；如果 $\sigma_{3f}=\sigma_3$，表明土体刚好达到极限平衡状态，土体发生破坏；如果 $\sigma_{3f}>\sigma_3$，表明土体已经发生破坏，同样地，这种情况也是不可能存在的。

图 5 - 6　土体破坏的判别

（a）最大主应力比较法；（b）最小主应力比较法

下面分析土体破坏时剪切破裂面的位置。如图 5 - 5 所示，土体处于极限平衡状态时，根据莫尔 - 库仑强度理论，莫尔应力圆必定与强度包络线相切。此时切点 b 的坐标就代表某一斜面上的法向应力和剪应力，且剪应力等于该面上的抗剪强度，此斜面即为剪切破裂面，且该剪切破裂面与最大主应力面的夹角为 θ_f（见图 5 - 2）。根据图 5 - 5 所示的三角几何关系，有

$$2\theta_f = 90° + \varphi \tag{5-16}$$

$$\theta_f = 45° + \frac{\varphi}{2} \tag{5-17}$$

即剪切破裂面与最大主应力面成 $45° + \varphi/2$ 的夹角；相应地，剪切破裂面与最小主应力面成 $45° - \varphi/2$ 的夹角。由此可见，对于土这种具有内摩擦强度的碎散材料，其剪切破坏时的破裂面并不是最大剪应力面，而是与最大主应力面成 $45° + \varphi/2$ 的夹角的斜面。

【例 5 - 1】　某黏土地基抗剪强度指标为 $c'=30\text{kPa}$，$\varphi'=30°$，地基内某点最小主应力为 $\sigma_3'=100\text{kPa}$。当土体处于极限平衡状态时，求该点的正应力和剪应力。

解　（1）土体处于极限平衡状态时，根据莫尔 - 库仑强度准则

$$\sigma_1' = \sigma_3'\tan^2\left(45° + \frac{\varphi'}{2}\right) + 2c' \cdot \tan\left(45° + \frac{\varphi'}{2}\right)$$

所以

$$\sigma_1' = 100 \times 3 + 2 \times 30 \times 1.73 = 403.8(\text{kPa})$$

（2）该点正应力和剪应力为

$$\sigma = \frac{1}{2}(\sigma_1' + \sigma_3') - \frac{1}{2}(\sigma_1' - \sigma_3')\cos(180° - 2\theta_f) = \frac{1}{2}(\sigma_1' + \sigma_3') + \frac{1}{2}(\sigma_1' - \sigma_3')\cos 2\theta_f$$

$$\tau = \frac{1}{2}(\sigma_1' - \sigma_3')\sin(180° - 2\theta_f) = \frac{1}{2}(\sigma_1' - \sigma_3')\sin 2\theta_f$$

代入数据得

$$\sigma = \frac{1}{2} \times (403.8 + 100) + \frac{1}{2} \times (403.8_1 - 100)\cos 120° = 176(\text{kPa})$$

$$\tau = \frac{1}{2} \times (403.8 - 100)\sin 120° = 131.5(\text{kPa})$$

【例 5 - 2】　设砂土地基中某点的最大主应力 $\sigma_1 = 400\text{kPa}$，最小主应力 $\sigma_3 = 200\text{kPa}$，砂土的内摩擦角 $\varphi = 25°$，试判断该点是否破坏？

解　（1）如图 5 - 6（a）所示，用最大主应力比较法，假定土体处于极限平衡状态，有

$$\sigma_{1f} = \sigma_3 \tan^2\left(45° + \frac{\varphi}{2}\right) + 2c \cdot \tan\left(45° + \frac{\varphi}{2}\right)$$

代入数据，得

$$\sigma_{1f} = 200 \times \tan^2 57.5° + 0 = 492.8(\text{kPa})$$

因 $\sigma_{1f} = 492.8 > \sigma_1 = 400$（kPa），所以判断该点不会破坏。

（2）如图 5 - 6（b）所示，用最小主应力比较法，假定土体处于极限平衡状态，有

$$\sigma_{3f} = \sigma_1 \tan^2\left(45° - \frac{\varphi}{2}\right) - 2c \cdot \tan\left(45° - \frac{\varphi}{2}\right)$$

代入数据，得

$$\sigma_{3f} = 400 \times \tan^2 32.5° - 0 = 162.3(\text{kPa})$$

因 $\sigma_{3f} = 162.3 < \sigma_3 = 200$（kPa），所以判断该点不会破坏。

第三节　土的抗剪强度指标的测定方法

土的抗剪强度指标包括内摩擦角和黏聚力（c、φ），可由室内试验和现场试验测定，测定土的抗剪强度常用的仪器有直剪仪、三轴压缩仪和十字板剪切仪等。根据各类基础工程的用途、土质等具体情况，选择相应的仪器和方法进行试验。下面主要介绍直剪试验和三轴压缩试验确定土的抗剪强度指标方法。

一、直剪试验

根据土体的排水条件，直剪试验可分为快剪试验、固结快剪试验和慢剪试验三种。直剪仪可分为应变控制式和应力控制式两种，前者是控制试样产生一定位移，如量力环中量表指针不再前进，表示试样已剪切破坏，测定其相应的水平剪切力；后者则是控制对试样分级施加一定的水平剪应力，如相应的位移不断增加，认为试样已剪切破坏。目前，我国普遍采用的是应变控制式直剪仪。

（一）试验设备与方法

1. 试验设备

（1）应变控制式直剪仪：由剪切盒、垂直加压设备、剪切传动装置、测力计和位移量测系统等组成，如图 5 - 7 所示。

（2）环刀：内径为 61.8mm，高度

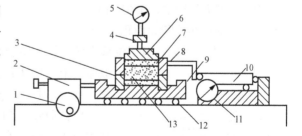

图 5 - 7　直剪仪示意图

1—传动机构；2—推动器；3—下盒；4—垂直加压框架；5—竖直位移计；6—传压板；7—渗水板；8—上盒；9—水缸；10—测力计；11—水平位移计；12—滚珠；13—试样

为 20mm。

（3）位移量测设备：量程为 10mm，分度值为 0.01mm 的百分表，或精度为全量程 2%的传感器。

2. 直剪试验步骤

（1）制备好试样，每组不少于 4 个。

（2）对准剪切容器上下盒，插入固定销，在下盒内放透水板和滤纸，将带有试样的环刀刃口向上，对准剪切盒口，在试样上放滤纸和透水板，将试样小心地推入剪切盒内。

（3）移动传动装置：使上盒前端钢珠刚好与测力计接触，依次放上传压板、加压框架，安装竖直位移和水平位移量测装置，并调至零位或测记初读数。

（4）根据工程实际和土的软硬程度施加各级垂直压力，对松软试样垂直压力应分级施加，以防土样挤出。施加压力后，向盒内注水，当试样为非饱和试样时，应在传压板周围包以湿棉纱（慢剪试验及固结快剪试验适用该条）。

（5）施加垂直压力后，每 1h 测读垂直变形一次，直至试样固结变形稳定。变形稳定标准为每小时不大于 0.005mm（慢剪试验及固结快剪试验适用该条）。

（6）拔去固定销，根据不同试验方法，采用相应的剪切速率进行剪切，试样每产生剪切位移 0.2～0.4mm 记录测力计和位移读数，直至测力计读数出现峰值，应继续剪切至剪切位移为 4mm 时停机，记录下破坏值，当剪切过程中测力计读数无峰值时，应剪切至剪切位移为 6mm 时停机。

（7）当需要估算试样的剪切破坏时，可按式（5-18）计算

$$t_f = 50t_{50} \tag{5-18}$$

式中　t_f——试样达到破坏所经历的时间，min；

　　　t_{50}——试样固结度达到 50% 所需要的时间，min。

（8）试验结束，吸取盒内积水，退去剪切力和垂直压力，移动加压框架，取出土样测定试样的含水率。

（9）数据处理。

剪应力的计算

$$\tau = (CR/A_0) \times 10 \tag{5-19}$$

式中　τ——试样的剪应力，kPa；

　　　C——测力计率定系数，N/0.01mm；

　　　R——测力计读数，0.01mm；

　　　A_0——试样初始断面面积，cm^2。

以剪应力为纵坐标，剪切位移为横坐标，绘制剪应力与剪切位移关系曲线（见图5-8），取曲线上剪应力的峰值为抗剪强度。无峰值时，取剪切位移 4mm 所对应的剪应力为抗剪强度。

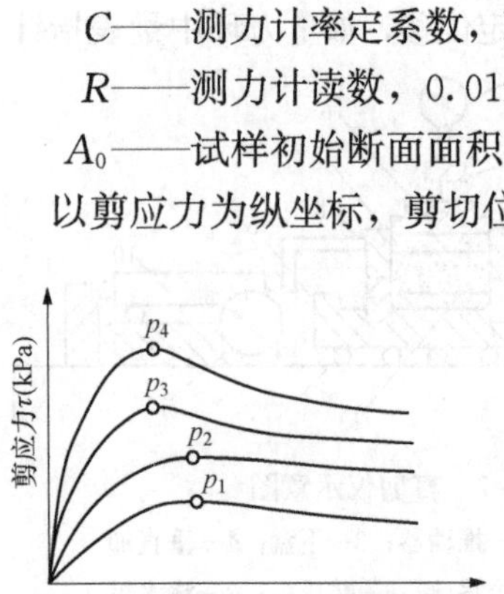

以抗剪强度为纵坐标，垂直压力为横坐标，绘制抗剪强度与垂直压力关系曲线（见图5-9），直线的倾角为内摩擦角 φ，直线在纵坐标上的截距为黏聚力 c。

（二）直剪试验的优缺点

直剪试验具有构造简单，土样制备及试验操作方便等许多优点，因此仍为国内一般工程所广泛采用。但也存在

图 5-8　剪应力与位移的关系

不少缺点，主要有：

（1）剪切面上剪应力分布不均匀，土样剪切破坏时先从边缘开始，在边缘发生应力集中现象。

（2）剪切面限制在上下盒之间的水平面上，而不是沿土样最薄弱的面剪切破坏。

（3）在剪切过程中，土样剪切面逐渐缩小，而在计算抗剪强度时仍按土样的原截面面积计算，使计算结果偏小。

（4）试验时不能严格控制排水条件，不能量测孔隙水压力，在进行不排水剪切时，试样仍有可能排水，因此快剪试验和固结快剪试验仅适用于渗透系数小于 10^{-6} cm/s 的细粒土。

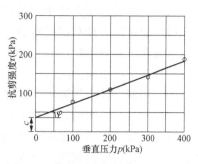

图 5-9　抗剪强度与垂直压力的关系

二、三轴压缩试验

相对于直剪试验存在诸多缺点，三轴压缩试验测定土的抗剪强度是一种较为完善的方法。三轴压缩试验是目前测定土的抗剪强度指标较为可靠的试验方法，它能较为严格地控制试样的排水、剪切前后和剪切过程中土样的孔隙水压力。因此，对于一级建筑物和重大工程的科学研究必须采用三轴压缩试验方法确定土的抗剪强度指标。

（一）试验装置

应变控制式三轴压缩仪由压力室、轴向加载系统、周围压力加载系统，孔隙水压力加载系统、反压力系统和其他附属设备（包括切土器、切土盘、分样器、饱和器、击实器、承膜筒和对开圆模等），如图 5-10 所示。

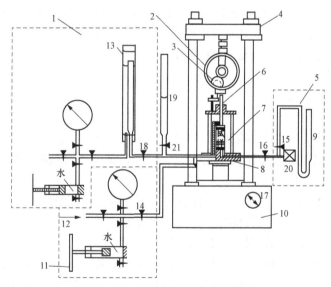

图 5-10　三轴压缩试验机装置图

1—反压控制系统；2—轴向测力计；3—轴向位移计；4—试验机横梁；5—孔压量测装置；
6—活塞；7—压力室；8—升降台；9—量水管；10—试验机；11—围岩控制系统；12—压力源；
13—体变管；14—周围压力阀；15—量管阀；16—孔隙压力阀；17—手轮；
18—体变管阀；19排水管；20—孔隙压力传感器；21—排水管阀

（二）常规试验的主要步骤

（1）将土切成圆柱体套在橡胶膜内，放在密封的压力室内，使试样在各个方向上受到周

围压力 σ_3，并使围压在整个试验过程中保持不变。

（2）通过传力杆对试样施加竖向压力，这样竖向主应力大于水平主应力，当竖向主应力逐渐增大至试样破坏时，设此时最大、最小主应力分别为 $\sigma_1 = \sigma_3 + \Delta\sigma_1$ 和 σ_3，然后以 $\sigma_1 - \sigma_3$ 为直径作极限莫尔应力圆。

（3）用同一种土的若干个试样（≥3 个）按照上述方法分别进行试验，每个试样施加不同的周围压力 σ_3，可分别得出剪切破坏时不同的 σ_1，将这些结果绘成一组极限莫尔应力圆。由于这些试样均剪切至破坏，根据莫尔-库仑强度理论，作一组极限莫尔应力圆的公共切线，为土的抗剪强度包络线（通常近似为一条直线），从而获得土的抗剪强度指标 c、φ。

（三）试验方法

对应于直剪试验的快剪、固结快剪和慢剪试验，三轴压缩试验按剪切前受到围压 σ_3 的固结状态与剪切时的排水条件，可分为不固结不排水剪、固结不排水剪和固结排水剪三种试验方法。

（1）不固结不排水剪（UU）。在施加围压和增加轴压直至试样破坏过程中均不允许试样排水。通过不固结不排水剪切试验可以获得总的抗剪强度指标 c、φ。它适用于土层厚度大、渗透系数较小、施工快速的工程，以及快速破坏的天然土坡稳定性的验算。

（2）固结不排水剪（CU）。先在施加围压下排水固结，然后在保持不排水的条件下增加轴压直至试样破坏。通过该试验方法可以测定总的抗剪强度指标 c_{cu}、φ_{cu} 以及有效抗剪强度指标 c'、φ'。固结不排水剪可以模拟地基在自重或正常荷载下已达到充分固结，而后遇有施加突然荷载的情况。

（3）固结排水剪（CD）。先在施加围压下排水固结，然后在允许试样充分排水的情况下增加轴压直至试样破坏。通过该试验方法可以测定有效抗剪强度指标 c_d、φ_d。其强度指标适用于土层厚度小、渗透系数大及施工速度慢的工程。

（四）试验过程

1. 不固结不排水剪试验过程

（1）试样制备。

1）数量：同一种土一组试验需要 3～4 个试样，分别在不同周围压力下进行试验。

2）尺寸：试样高度与直径比值一般取 2.0～2.5；试样中有裂隙、软弱面或构造面，直径宜采用 101mm。

3）形状：试样形状要求规整，圆柱体直径上下一致，两端平整并垂直于轴线。

4）原状土试样制备：先用分样器将圆筒形土样竖向分成 3 个扇形土样，再用切土盘将每个土样仔细切成标准圆柱形试样，取余土测定试样的含水量。

5）重塑土试样制备：预先测定土样的含水率和干密度，称取风干过筛的土样，平铺于搪瓷盘内，将计算所需加水量用小喷壶均匀喷洒于土样上，充分拌匀，装入容器盖紧，防止水分蒸发。

（2）试样安装，按下列步骤进行：

1）在压力室的底座上，依次放上不透水板、试样及不透水试样帽，将橡皮膜用承膜筒套在试样外，并用橡皮圈将橡皮膜两端与底座及试样帽分别扎紧。

2）将压力室罩顶部活塞提高，放下压力室罩，将活塞对准试样中心，并均匀地拧紧底座连接螺母。向压力室内注满纯水，待压力室顶部排气孔有水溢出时，拧紧排气孔，并将活塞对准测力计和试样顶部。

3）将测力计和变形指示计调至零位。

4）关排水阀，开周围压力阀，施加周围压力。

（3）试样剪切，按下列步骤进行：

1）剪切应变速率宜为 0.5%～1.0%/min。

2）启动电动机，开始剪切试样。试样每产生 0.3%～0.4% 的轴向应变（或 0.2mm 变形值）测计一次测力计读数和轴向变形值。当轴向应变大于 3% 时，试样每产生 0.7%～0.8% 的轴向应变（或 0.5mm 变形值），测记一次。

3）当测力计读数出现峰值时，再继续剪 3%～5% 轴向应变；轴向力读数无明显减少时，则剪切至轴向应变达 15%～20%。

4）试验结束，关电动机，关周围压力阀，脱开离合器，将离合器调至粗位，转动粗调手轮，将压力室降下，打开排气孔，排除压力室内的水，拆卸压力室罩，拆除试样，描述试样破坏形状，称试样质量，并测定含水率。

（4）试验结果描述。以主应力差 $\sigma_1 - \sigma_3$ 为纵坐标，轴向应变为横坐标，绘制主应力差与轴向应变关系曲线（见图 5-11）。取主应力差的峰值作为破坏点，无峰值时，取 15% 轴向应变时的主应力差值作为破坏点。

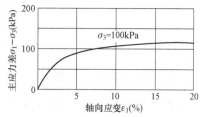

以剪应力为纵坐标，法向应力为横坐标，在横坐标轴以破坏时的 $\dfrac{\sigma_{1f} + \sigma_{3f}}{2}$ 为圆心，以 $\dfrac{\sigma_{1f} - \sigma_{3f}}{2}$ 为半径，在 图 5-11　主应力差与轴向应变关系曲线

σ-τ 应力平面上，绘制莫尔应力圆，并绘制不同周围压力下莫尔应力圆的包络线，求出不固结不排水剪的强度指标，如图 5-12 所示。

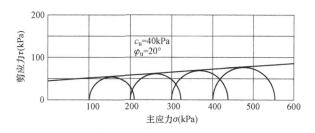

图 5-12　不固结不排水剪强度包络线

2. 固结不排水剪试验过程

（1）试样剪切，按下列步骤进行：

1）剪切应变速率：黏土宜为 0.05%～0.1%/min；粉土为 0.1%～0.5%/min。

2）将测力计、轴向变形指示计及孔隙水压力读数均调整至零。

3）启动电动机，开始剪切试样。

4）试验结束，关电动机，关各阀门，脱开离合器，将离合器调至粗位，转动粗调手轮，将压力室降下，打开排气孔，排除压力室内的水，拆卸压力室罩，拆除试样，描述试样破坏形状，称试样质量，并测定试样含水率。

（2）试验结果描述。由于在试验过程中，可以测定孔隙水压力的变化，因此结果表述可以采用总应力和有效应力两种方法，分别获得总应力强度和有效应力强度指标。

以剪应力为纵坐标，法向应力为横坐标，在横坐标轴以破坏时的$\frac{\sigma'_{1f}+\sigma'_{3f}}{2}$为圆心，以$\frac{\sigma'_{1f}-\sigma'_{3f}}{2}$为半径，在$\sigma$-$\tau$应力平面上，绘制莫尔应力圆，并绘制不同周围压力下莫尔应力圆的包络线，求出固结不排水剪的强度指标，如图 5-13 所示。

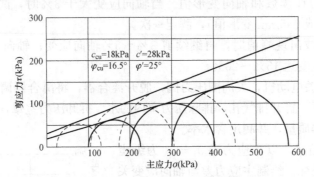

图 5-13　固结不排水剪强度包络线

3. 固结排水剪试验过程

以剪应力为纵坐标，法向应力为横坐标，在横坐标轴以破坏时的$\frac{\sigma_{1f}+\sigma_{3f}}{2}$为圆心，以$\frac{\sigma_{1f}-\sigma_{3f}}{2}$为半径，在$\sigma$-$\tau$应力平面上，绘制莫尔应力圆，并绘制不同周围压力下莫尔应力圆的包络线，求出固结排水剪的强度指标，如图 5-14 所示。

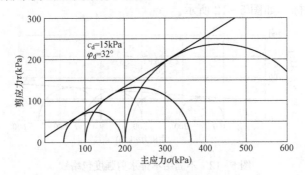

图 5-14　固结排水剪强度包络线

三、无侧限抗压强度试验

无侧限抗压强度试验与在三轴压缩仪中进行 $\sigma_3=0$ 的不排水试验一样，试验时将圆柱体形试样放在无侧限抗压试验仪中，在不加任何侧向压力的情况下施加垂直压力，直到使试样剪切破坏为止。该试验适用于饱和黏性土，试样直径宜为 35～50mm，高度与直径之比宜采用 2.0～2.5。

（一）试验设备

试验设备包括：应变控制无侧限压缩仪、轴向位移计和天平等设备。

（1）应变控制无侧限压缩仪。包括测力计、加压框架、升降设备，如图5-15所示。

（2）轴向位移计：量程为10mm，分度值为0.01mm的百分表或准确度为全量程0.2%的位移传感器。

（3）天平：称量500g，最小分度值为0.1g。

（二）试验过程

（1）将试样两端抹一薄层凡士林，在气候干燥时，试样周围也需抹一薄层凡士林，防止水分蒸发。

（2）将试样放在底座上，转动手轮，使底座缓慢上升，试样与加压板刚好接触，将测力计读数调整为零。根据试样的软硬程度选用不同量程的测力计。

（3）轴向应变速率宜为1%～3%/min。转动手柄，使升降设备上升进行试验，轴向应变小于3%时，每隔0.5%应变（或0.4mm）读数一次，轴向应变大于或等于3%时，每隔1%应变（或0.8mm）读数一次，试验宜在8～10min内完成。

（4）当测力计读数出现峰值时，继续进行3%～5%的应变后停止试验。当读数无峰值时，试验应进行到应变达20%为止。

（5）测定试样的灵敏度。立即将破坏后的试样除去凡士林的表面，立即加少许余土，包于塑料布内用手搓捻，破坏其结构，加工成重塑土样，使其含水量和密度与原来的土样相同。

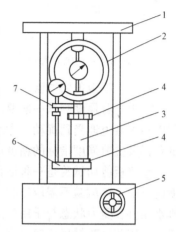

图5-15　应变控制无侧限压缩仪

1—轴向加荷架；2—轴向测力计；
3—试样；4—传压板；5—手轮；
6—升降板；7—轴向位移计

（三）试验结果

（1）轴向应变，按式（5-20）计算

$$\varepsilon_1 = \frac{\Delta h}{h_0} \tag{5-20}$$

式中　Δh——试样的轴向变形，mm；

　　　h_0——试样的初始高度，mm。

（2）轴向应力，按式（5-21）计算

$$\sigma = (CR/A_a) \times 10 \tag{5-21}$$

$$A_a = \frac{A_0}{1-\varepsilon_1} \tag{5-22}$$

式中　σ——试样的轴向应力，kPa；

　　　C——测力计率定系数，N/0.01mm；

　　　R——测力计读数，0.01mm；

　　　A_a——试样断面的校正面积，cm²；

　　　A_0——试样初始断面面积，cm²。

（3）轴向应力与轴向应变的关系曲线。以轴向应变为横坐标，轴向应力为纵坐标，按比例绘制ε_1-σ曲线，如图5-16所示。选取曲线上的峰值点或稳定值作为无侧限抗压强度，如无明显峰值，取轴向应变等于

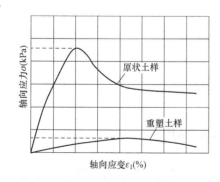

图5-16　ε_1-σ曲线

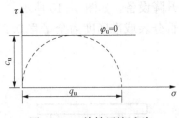

图 5-17 单轴压缩试验
破坏时的莫尔应力圆

15%对应的轴向应力作为无侧限抗压强度。

（4）土的黏聚力。饱和土的不排水剪切，内摩擦角为0，在无侧限抗压强度试验中土样不用橡胶膜包裹，并且剪切速度快，此时水来不及排出，所以属于不排水剪。由图 5-17 可知，不固结不排水剪的抗剪强度 c_u，是无侧限抗压强度 q_u 的一半，即

$$c_u = \frac{q_u}{2} \tag{5-23}$$

四、十字板剪切试验

室内抗剪强度测试一般要求取得原状土样，但由于试样在采取、运送、保存和制备等过程中不可避免地受到扰动，含水率也很难保持不变，特别是对于高灵敏度的软黏土，室内测试获得其抗剪强度指标的精度就受到影响。

十字板剪切试验是一种原位测试土抗剪强度的方法。该试验不需取原状土样，试验时的排水条件、受力状态与土所处的天然状态比较接近，因此试验结果比较可靠。十字板剪切仪构造，如图 5-18 所示。

十字板剪切试验测试抗剪强度原理：试验时先将套管打到预定的深度，并将套管内的土清除。将十字板装在钻杆的下端，通过套管压入土中（压入深度约为 750mm）。然后由地面上的扭力设备对钻杆施加扭矩，埋在土中的十字板扭转，直至土体剪切破坏，破坏面为十字板旋转所形成的圆柱面。

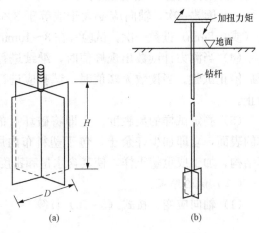

图 5-18 十字板剪切仪
（a）剪切板示意图；（b）十字板剪切仪构造

计算土中抗剪强度与外荷载的关系，实际作用在圆柱面上的扭矩由上、下面抗剪强度所产生的抵抗力矩和圆柱侧面抗剪强度所产生的抵抗力矩两部分组成，即

$$M = M_1 + M_2 \tag{5-24}$$

$$M_1 = 2 \times \left(\frac{\pi D^2}{4} \times l \times \tau_{fh} \right) \tag{5-25}$$

$$M_2 = \pi DH \times \frac{D}{2} \times \tau_{fv} \tag{5-26}$$

式中 M——剪切破坏时所产生的抵抗力矩，kN·m；

M_1——上下面抗剪强度所产生的抵抗力矩，kN·m；

M_2——圆柱体侧面抗剪强度所产生的抵抗力矩，kN·m；

l——上下面剪应力对圆心的平均力臂，取 $l=D/3$；

τ_{fh}、τ_{fv}——剪切破坏时圆柱体上下面和侧面土的抗剪强度，kPa；

H、D——十字板的高度和直径，m。

天然状态的土体是各向异性的，但实用上为了简化计算，假定土体为各向同性，即 $\tau_{fh} = \tau_{fv}$，并记作 τ_f，则式（5-24）～式（5-26）可整理得

$$\tau_f = \frac{M_{max}}{\frac{\pi D^2}{2}\left(\frac{D}{3}+H\right)} \qquad (5-27)$$

式中　M_{max}——土体剪切破坏时的峰值力矩；

　　　τ_f——此时土体发挥的抗剪强度。

十字板剪切试验适用于饱和软黏土（$\varphi=0$）。它的优点是构造简单，操作方便，原位测试时对土的结构扰动也较小，故在实际中得到广泛应用。但在软土层中夹砂薄层时，测试结果可能失真或偏高。

【例 5-3】　在进行某饱和黏土的固结不排水剪三轴压缩试验中，两个试样破坏时的应力状态见表 5-1。试求：（1）总应力强度指标 c_{cu}、φ_{cu} 和有效应力强度指标 c'、φ'；（2）试样 1 破裂面上的有效法向应力 σ' 和剪应力 τ。

表 5-1　　　　　　　　　　　　固结不排水剪试验结果

试样	σ_3（kPa）	σ_1（kPa）	u（kPa）
1	120	330	40
2	220	530	80

解　（1）土体达到剪切破坏的一瞬间处于极限平衡状态，根据莫尔-库仑强度准则，有

$$\sigma_1 = \sigma_3 \tan^2\left(45°+\frac{\varphi}{2}\right) + 2c\tan\left(45°+\frac{\varphi}{2}\right)$$

令 $K=\tan\left(45°+\frac{\varphi}{2}\right)$，代入上式，得

$$\sigma_1 = \sigma_3 K^2 + 2cK$$

将试验结果代入，有

$$\begin{cases} 330 = 120K^2 + 2c_{cu}K \\ 530 = 220K^2 + 2c_{cu}K \end{cases}$$

两式相减得 $K=1.41$，则

$$\varphi_{cu} = 19.3°,\ c_{cu} = 31.9\text{kPa}$$

对于有效应力，根据有效应力原理 $\sigma'=\sigma-u$，对于试样 1 有

$$\sigma'_1 = 330-40 = 290(\text{kPa})$$
$$\sigma'_3 = 120-40 = 80(\text{kPa})$$

对于试样 2 有

$$\sigma'_1 = 530-80 = 450(\text{kPa})$$
$$\sigma'_3 = 220-80 = 140(\text{kPa})$$

令 $K'=\tan\left(45°+\frac{\varphi'}{2}\right)$，同理可得

$$\begin{cases} 290 = 80K'^2 + 2c'K' \\ 450 = 140K'^2 + 2c'K' \end{cases}$$

两式相减得 $K'=1.63$，则

$$\varphi' = 27.0°, c' = 23.9\text{kPa}$$

（2）试样 1 的破裂面与最大主应力面的夹角为

$$\theta_f = 45° + \frac{\varphi'}{2} = 45° + \frac{27°}{2} = 58.5°$$

则破裂面上的有效法向应力 σ' 和剪应力 τ 为

$$\sigma' = \frac{1}{2}(\sigma'_1 + \sigma'_3) + \frac{1}{2}(\sigma'_1 - \sigma'_3)\cos 2\theta_f$$

$$\tau = \frac{1}{2}(\sigma'_1 - \sigma'_3)\sin 2\theta_f$$

代入数据得

$$\sigma' = 137.3\text{kPa}, \tau = 93.6\text{kPa}$$

第四节　土的抗剪强度影响因素及指标选择

一、土的抗剪强度影响因素

土的抗剪强度一般为非定值，受很多因素影响。不同地区、不同成因、不同类型土的抗剪强度往往有很大差别。即使是同一种土，在不同的密度、含水量、剪切速率和仪器等条件下，其抗剪强度数值也大不相同。

1. 土的物理性质

（1）土粒矿物成分。砂土中石英矿物含量多，内摩擦角大，云母矿物含量多，则内摩擦角小。黏性土的矿物成分不同，土颗粒表面结合水和电分子力不同，其黏聚力也不同。土中含有各种胶结物质，可使黏聚力增大。

（2）土的密度。土的密度越大，土颗粒之间接触点多且紧密，则土颗粒之间的摩擦力和粗粒土之间的咬合力就越大，即内摩擦角 φ 越大。同时，土的密度大，土的孔隙就小，接触紧密，黏聚力也必然大。

（3）土的颗粒级配。土的颗粒级配影响土体内摩擦角。土颗粒越粗，内摩擦角越大；土的颗粒级配良好，内摩擦角大；土颗粒均匀则内摩擦角小。

（4）土的结构。黏性土具有结构强度，如黏性土的结构扰动，则其黏聚力降低。

（5）土的含水率。当土的含水率增加时，水会在土颗粒表面形成润滑作用，使内摩擦角减小。对黏土来说，含水率增加，薄膜水变厚，则土颗粒之间的电分子力减弱，使黏聚力降低。联系滑坡工程实际，雨水入渗使山坡中的含水率增加，降低了土的抗剪强度，从而导致山坡失稳滑动。

2. 试验方法

对于某种特定的土，其有效内摩擦角和黏聚力应该是常数，这是客观存在的。无论是用 UU、CU 或 CD 的试验结果，都可获得相同的有效内摩擦角和黏聚力值，它们不随试验方法而变。但实践上一般按 CU 试验，并同时测孔隙水压力方法来求有效内摩擦角和黏聚力。究其原因，是因为做 UU 三轴剪切试验时，无论总应力增加多少，有效应力均保持不变，也就是说无论做多少个不同周围压力的试验，所得出的有效极限莫尔应力圆只有一个，因而确定不了有效应力强度包络线，也就得不出有效内摩擦角和黏聚力值。而做 CD 三轴试验时，因试样中不产生孔隙水压力，应力即为有效应力。但 CD 试验费时较长，故通常不用它来测定土的有效内摩擦角和黏聚力。但应指出，CU 试验在剪切过程中试样因不能排水而使体积保持不变，但 CD 试验在排水剪切过程中试样的体积要发生变化，两者得出的抗剪强度指标会有一些差别。

二、土的抗剪强度指标选择

土体稳定分析成果的可靠性，在很大程度上取决于抗剪强度试验方法和抗剪强度指标的正确选择。而对于某个具体工程问题，如何确定土的抗剪强度指标并不是一件容易的事情。

首先要根据工程问题的性质确定三种不同排水试验条件，进而决定采用总应力或有效应力的强度指标，然后选择室内或现场的试验方法。一般认为，由三轴固结不排水试验确定的有效应力强度指标 c' 和 φ' 宜用于分析地基的长期稳定性；而对于饱和软黏土的短期稳定性问题，则宜采用不固结不排水剪的强度指标，以总应力进行分析。一般工程问题多采用总应力法分析，其指标和测试方法的选择大致如下：

（1）若建筑物施工速度较快，而地基土的透水性和排水条件不良，可采用三轴压缩试验的不固结不排水剪试验或直剪试验的快剪试验结果。

（2）若地基荷载增长速率较慢，地基土的透水性不太小（如低塑性黏土）及排水条件又较佳（如黏性土中夹砂层），则可以采用固结排水剪或慢剪试验结果。

（3）若介于上述两种情况之间，可以用固结不排水剪或固结快剪试验结果。

由于实际加载情况和土的性质是复杂的，而且在建筑物的施工和使用过程中都要经历不同的固结状态，因此，在确定强度指标时还应结合工程经验。

第五节 三轴试验中的孔隙水压力系数

有效应力在分析实际工程中的土体变形和稳定问题时非常重要。根据太沙基有效应力原理，在给出土中的总应力后，求取有效应力的问题在于确定孔隙水压力。为此，英国帝国理工学院的 A. W. 斯开普敦（Skempton，1954）提出以孔隙水压力系数表示在附加应力作用下土体内部孔隙水压力产生、发展和变化。根据三轴试验结果，提出了孔隙水压力系数 A 和 B 的概念，建立了轴对称应力状态下土中孔隙水压力与最大、最小主应力之间的关系。孔隙水压力系数定义为土体在不排水不排气的条件下，由附加应力引起的孔隙水压力增量与总应力增量的比值。

设试样在原位受到最大、最小主应力增量分别为 $\Delta\sigma_1$ 和 $\Delta\sigma_3$，在三轴压缩试验中分为两个阶段实现。首先施加周围压力 $\Delta\sigma_3$，然后保持周围压力不变施加偏差应力（$\Delta\sigma_1-\Delta\sigma_3$）。如果试验是在不排水不排气的条件下进行，则对试样施加周围压力 $\Delta\sigma_3$ 和偏差应力（$\Delta\sigma_1-\Delta\sigma_3$）并将引起孔隙水压力增量 Δu_1 和 Δu_2，如图 5-19 所示。

总的孔隙水压力增量可以表示为

$$\Delta u = \Delta u_1 + \Delta u_2 \tag{5-28}$$

一、孔隙水压力系数 B

对试样施加周围压力 $\Delta\sigma_3$ 后在三个主应力方向的总应力增量均为 $\Delta\sigma_3$，此时引起的孔隙水压力增量为 Δu_1，则三个方向的有效应力增量为

$$\Delta\sigma_3' = \Delta\sigma_3 - \Delta u_1 \tag{5-29}$$

其中有效应力增量 $\Delta\sigma_3'$ 作用于土骨架上，Δu_1 作用在孔隙流体上。这里的孔隙流体包括

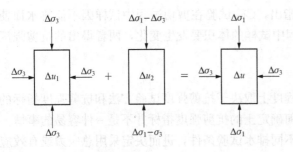

图 5-19 三轴压缩试验中的孔隙水压力（不排水）

孔隙中的水和气体，对于完全饱和土而言，Δu_1 即为孔隙水压力增量。

有效应力增量 $\Delta \sigma_3'$ 引起的试样土骨架的体积变化为

$$\Delta V_s = C_s(\Delta \sigma_3 - \Delta u_1)V_0 \qquad (5-30)$$

式中　V_0——试样的初始体积；

　　　C_s——土骨架的体积压缩系数。

孔隙水压力增量 Δu_1 作用下，孔隙流体的体积变化为

$$\Delta V_v = C_f \Delta u_1 V_v = n V_0 C_f \Delta u_1 \qquad (5-31)$$

式中　n——土的孔隙率；

　　　V_v——试样孔隙的总体积；

　　　C_f——孔隙流体的体积压缩系数。

如果试样是完全饱和的，则孔隙流体的体积压缩系数即为水的体积压缩系数。由于土颗粒本身不能被压缩，土骨架的压缩必将发生孔隙体积的减小。由于在不排水条件下孔隙流体不能流出，所以只能是孔隙流体本身被压缩，即 $\Delta V_s = \Delta V_v$，有

$$C_s(\Delta \sigma_3 - \Delta u_1)V_0 = n V_0 C_f \Delta u_1 \qquad (5-32)$$

整理得

$$\Delta u_1 = \frac{1}{1 + n \dfrac{C_f}{C_s}} \Delta \sigma_3 = B \Delta \sigma_3 \qquad (5-33)$$

$$B = \frac{1}{1 + n \dfrac{C_f}{C_s}} \qquad (5-34)$$

式中　B——三向等压的孔隙水压力系数，表示为单位等向应力增量引起的孔隙水压力增量。

对于各种土，土骨架的体积压缩系数都是很大的。对于完全饱和土，孔隙被水充满，此前假定土颗粒和水不能压缩，此时水的压缩系数与土骨架的压缩系数之比约为 0，即 $C_f/C_s \approx 0$，则 $B \approx 1$。对于干土，孔隙中的流体为孔隙气，可以被无限制地压缩，因此 $B \approx 0$；对于非饱和土，孔隙水压力系数 $B = 0 \sim 1$。

二、孔隙水压力系数 A

在偏差应力 $(\Delta \sigma_1 - \Delta \sigma_3)$ 作用下引起土体孔隙水压力增量为 Δu_2，因 $\Delta \sigma_2 = \Delta \sigma_3 = 0$，则三个方向的有效应力增量为

$$\Delta \sigma_1' = \Delta \sigma_1 - \Delta \sigma_3 - \Delta u_2 \qquad (5-35)$$

$$\Delta \sigma_2' = \Delta \sigma_3' = 0 - \Delta u_2 = -\Delta u_2 \qquad (5-36)$$

如果土骨架是弹性体，则根据广义胡克定律，求得试样的体积变化

$$\Delta V_s = V_0 \frac{(\Delta \sigma_1' + \Delta \sigma_2' + \Delta \sigma_3')}{3K} \qquad (5-37)$$

式中　K——土骨架的体积压缩模量，$K = 1/C_s$。

将式（5-35）和式（5-36）代入式（5-37），整理得

$$\Delta V_s = C_s V_0 [(\Delta \sigma_1 - \Delta \sigma_3)/3 - \Delta u_2] \qquad (5-38)$$

孔隙流体的体积变化为

$$\Delta V_v = C_f \Delta u_2 V_v = n V_0 C_f \Delta u_2 \tag{5-39}$$

在不排水条件下，土骨架的体积变化即等于孔隙流体的体积变化，故由式（5-38）和式（5-39），联立求解得

$$\Delta u_2 = \frac{1}{1 + \dfrac{nC_f}{C_s}} \frac{1}{3}(\Delta\sigma_1 - \Delta\sigma_3) = B \frac{1}{3}(\Delta\sigma_1 - \Delta\sigma_3) \tag{5-40}$$

由于土体并不是弹性体，A. W. 斯开普顿引入孔隙水压力系数 A 代替式（5-40）中的 1/3，因此式（5-40）简化为

$$\Delta u_2 = BA(\Delta\sigma_1 - \Delta\sigma_3) \tag{5-41}$$

孔隙水压力系数 A 在弹性情况下等于 1/3，当土在剪应力作用下发生体积膨胀（即剪胀性）时，如密砂和坚硬的黏性土，$A < 1/3$；当土在剪应力作用下发生体积缩小（即剪缩性）时，如松砂和软黏土，$A > 1/3$。

根据总孔隙水压力增量的表达式（5-28），在轴对称应力状态下，外荷载引起的土中孔隙水压力增量的表达式为

$$\Delta u = B[\Delta\sigma_3 + A(\Delta\sigma_1 - \Delta\sigma_3)] \tag{5-42}$$

【例 5-4】 有一不完全饱和试样，在不排水条件下先施加周围压力 $\sigma_3 = 100\text{kPa}$，测得孔隙水压力系数 $B = 0.7$，然后在上述试样上施加 $\Delta\sigma_3 = 50\text{kPa}$，$\Delta\sigma_1 = 150\text{kPa}$，并测得孔隙水压力系数 $A = 0.5$，试求此时土样中的孔隙水压力 u（假设 B 不变）。

解　（1）在不排水条件下，施加周围压力 σ_3 引起的孔隙水压力增量为

$$\Delta u_1 = B\sigma_3 = 0.7 \times 100 = 70(\text{kPa})$$

（2）在不排水条件下，施加 $\Delta\sigma_3$ 和 $\Delta\sigma_1$ 引起的孔隙水压力增量为

$$\Delta u_2 = B[\Delta\sigma_3 + A(\Delta\sigma_1 - \Delta\sigma_3)] = 0.7 \times [50 + 0.5 \times (150 - 50)] = 70(\text{kPa})$$

（3）土样中的孔隙水压力为

$$u = \Delta u_1 + \Delta u_2 = 70 + 70 = 140(\text{kPa})$$

第六节　常规三轴压缩试验中的应力路径

一、应力路径与破坏主应力线

当土体中一点的应力状态因外荷载变化而发生连续变化时，表示应力状态的点在应力空间（或平面）中会发生相对的移动，该移动轨迹称为应力路径（Stress path）。如前所述，对于轴对称或平面应力状态，可以通过一个莫尔应力圆来表示，相应地，应力路径也可用一组莫尔应力圆完整地表示。如图 5-20（a）所示，常规三轴压缩试验中，首先对试样施加周围压力 σ_3，此时 $\sigma_1 = \sigma_3$，莫尔应力圆表示为横坐标轴上的一个点 A。然后，在剪切过程中，施加轴向偏差应力 $(\sigma_1 - \sigma_3)$，使得最大主应力 σ_1 逐步增大，莫尔应力圆的直径也随之增大。当试样破坏时，莫尔应力圆与强度包络线相切。这种用一系列莫尔应力圆来表示应力变化过程的方法显然烦琐且很不方便。

由莫尔应力圆的特点可知，其上任一点代表一个平面上的应力状态，因此可以用某特定平面上的应力状态变化表示应力路径。通常的做法是，选取莫尔应力圆的顶点坐标(p, q)的移

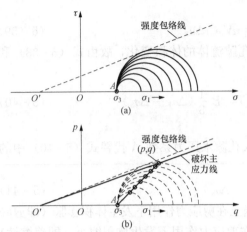

图 5-20 常规三轴压缩试验的应力路径

(a) 莫尔应力圆法；(b) p-q 应力平面法

动轨迹表示应力的变化过程，如图 5-20（b）所示。顶点坐标为：$p = (\sigma_1 + \sigma_3)/2$，$q = (\sigma_1 - \sigma_3)/2$。在剪切过程中，增加偏差应力 $(\sigma_1 - \sigma_3)$ 使得最大主应力 σ_1 逐步增大，莫尔应力圆顶点的轨迹是倾角为 45°的直线。但是当试样破坏时，莫尔应力圆的顶点 B 并不位于强度包络线上，而是得到位于强度包络线下方的另外一条直线，该直线称为破坏主应力线，也称 K_f 线。

强度包络线 τ_f 和破坏主应力线 K_f 都对应土体的破坏状态，两者之间的几何关系如图 5-21 所示。当莫尔应力圆的半径无限缩小趋于零时，会变成聚焦于 O' 的点圆，而通过点圆顶点 K_f 线也必定与 τ_f 线相较于 O' 点。另外，若 τ_f 线为直线，则 K_f 线也必为直线。

根据图 5-21，K_f 线与 q 轴的截距为 a，倾角为 α；τ_f 线与 τ 轴的截距为 c，倾角为 φ。根据三角几何关系有

$$\sin\varphi = \tan\alpha \tag{5-43}$$

$$\frac{a}{\tan\alpha} = \frac{c}{\tan\varphi} \tag{5-44}$$

将式（5-43）代入式（5-44）得

$$a = c \cdot \cos\varphi \tag{5-45}$$

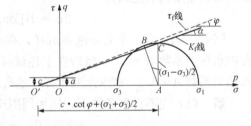

图 5-21 强度包络线与破坏主应力线几何关系

因此，一旦根据试验结果求得 K_f 线，就可以根据式（5-43）～式（5-45）反算出土的抗剪强度指标。

二、总应力路径与有效应力路径

土体中的应力可以用总应力表示，也可以用有效应力表示，因此在同一应力坐标系中存在总应力路径（Total stress path，TSP）和有效应力路径（Effective stress path，ESP）两种。前者指外荷载变化下土中某点总应力的变化轨迹，它与加载条件有关，而与土质和土的排水条件无关；后者是指有效应力的变化轨迹，它不仅与加载条件有关，而且与土的排水条件及土的初始状态、应力历史及土类等土质条件有关。

根据有效应力原理，莫尔应力圆的顶点坐标 (p, q) 分别按总应力和有效应力表示时，存在如下关系

$$p' = \frac{1}{2}(\sigma_1' + \sigma_3') = \frac{1}{2}(\sigma_1 - u + \sigma_3 - u) = \frac{1}{2}(\sigma_1 + \sigma_3) - u = p - u \tag{5-46}$$

$$q' = \frac{1}{2}(\sigma_1' - \sigma_3') = \frac{1}{2}(\sigma_1 - u - \sigma_3 + u) = \frac{1}{2}(\sigma_1 - \sigma_3) = q \tag{5-47}$$

式（5-46）和式（5-47）表明，用总应力和有效应力表示的莫尔应力圆，两者位置相差一个孔隙水压力 u，但半径相同。

1. 常规三轴压缩试验的总应力路径（TSP）

室内常规三轴试验主要分为两个步骤，即先施加周围压力 σ_3，然后施加偏差应力

$(\sigma_1-\sigma_3)$进行剪切，直至试样破坏。其用总应力表示的应力路径如图 5-22 所示。

（1）施加周围压力 σ_3 阶段。试样在施加周围压力 σ_3 后可以排水固结，也可以不固结，此时 $\sigma_1=\sigma_3$。试样的总应力由零应力（$p=0$，$q=0$）变化为（$p=\sigma_3$，$q=0$），如图 5-22 所示的 OA 直线。

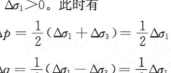

图 5-22　常规三轴压缩
试验的总应力路径

（2）施加偏差应力（$\sigma_1-\sigma_3$）剪切阶段

保持周围压力 σ_3 不变，即围压增量 $\Delta\sigma_3=0$，但随着偏差应力的增加，σ_1 不断增大，即 $\Delta\sigma_1>0$。此时有

$$\Delta p=\frac{1}{2}(\Delta\sigma_1+\Delta\sigma_3)=\frac{1}{2}\Delta\sigma_1$$

$$\Delta q=\frac{1}{2}(\Delta\sigma_1-\Delta\sigma_3)=\frac{1}{2}\Delta\sigma_1$$

因此

$$\frac{\Delta q}{\Delta p}=1 \qquad\qquad (5-48)$$

由式（5-48）可知，剪切阶段的总应力路径是一条倾角为 45°的斜线，向上最终达到破坏主应力线，如图 5-22 所示的 AB 直线。

2. 常规三轴压缩试验的有效应力路径（ESP）

在固结排水三轴压缩试验中，试样内的孔隙水压力始终为零，因此总应力等于有效应力，所以有效应力路径与总应力路径是重合的，有效应力破坏主应力线 K'_f 与总应力破坏主应力线 K_f 也是重合的。

在固结不排水三轴压缩试验中，若土是完全饱和的，那么孔隙水压力系数 $B=1.0$，此时在固结阶段因排水导致孔隙水压力始终为零，因此有效应力路径应与总应力路径相同，如图 5-23 中的 OA 直线。施加偏差应力的剪切阶段，产生的孔隙水压力为

$$u=A(\sigma_1-\sigma_3) \qquad\qquad (5-49)$$

其中孔隙水压力系数 A 与土的性质、应力历史、应力水平等因素有关，且土为非弹性体，故在剪切过程中一般不为常数。

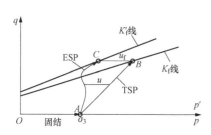

图 5-23　固结不排水三轴压缩试验
的总应力和有效应力路径

由于 $p'=p-u$，$q'=q$，有效应力与总应力始终相差 u。根据式（5-49），因 u 在整个剪切过程中不是常数，故有效应力路径不会是直线，而是图 5-23 所示的曲线 AC。C 点位于有效应力破坏主应力线 K'_f 上，B 点和 C 点的横坐标相差 u_f。其中 u_f 为破坏时的孔隙水压力。

思　考　题

5-1　何谓土的抗剪强度？土体破坏的本质是什么？

5-2　如何理解莫尔-库仑强度理论？

5 - 3 何谓土的极限平衡条件？理解黏性土的极限平衡条件表达式。

5 - 4 土的抗剪强度指标包括哪些？测定方法有哪些？

5 - 5 直剪试验有哪些类型，其优、缺点各是什么？

5 - 6 根据试样的固结和排水条件，常规三轴压缩试验包括哪些试验方法？其适用范围是什么？

5 - 7 何谓孔隙水压力系数？各有什么特点？

5 - 8 试述应力路径的概念及常规三轴压缩试验中的应力路径。

习 题

5 - 1 某砂土试样进行三轴压缩试验，在周围压力 $\sigma_3 = 50\text{kPa}$ 下增加轴向压力至 $\sigma_1 = 100\text{kPa}$ 时，试样剪坏，试求该试样的抗剪强度指标。

5 - 2 设砂土地基中某点的最大主应力 $\sigma_1 = 250\text{kPa}$，最小主应力 $\sigma_3 = 100\text{kPa}$，砂土的内摩擦角 $\varphi = 30°$，试判断该点是否破坏。

5 - 3 某黏性土地基强度指标为 $\varphi = 30°$，地基内某点最小主应力 $\sigma_3 = 100\text{kPa}$，最大主应力 $\sigma_1 = 300\text{kPa}$，当土体处于极限平衡状态时，试求该点的正应力和剪应力。

5 - 4 从某地基中取黏土样进行三轴压缩试验，获得强度指标：黏聚力 $c' = 35\text{kPa}$，内摩擦角 $\varphi' = 28°$，地基内某点最大有效主应力为 $\sigma' = 250\text{kPa}$，试求该点的抗剪强度值。

第六章 土 压 力 计 算

第一节 概　述

在水利水电、港口码头、公路、铁路、房屋建筑等土木工程中，为防止天然或人工斜坡坍塌，需要修建一种构筑物以保持土体的稳定性，这种构筑物称为挡土结构，亦即挡土墙。同时，挡土墙需要承受来自后方填土与外荷载的作用压力，亦即挡土墙上的土压力，它是挡土墙断面尺寸设计与配筋设计的主要外荷载。因此，设计挡土墙时首先要确定土压力的性质、大小、方向、作用点和分布情况。土压力的计算是个比较复杂的问题，其与挡土墙的结构类型、土的性质、墙体的位移方向等因素相关。挡土墙的结构形式一般分为重力式、悬臂式和扶壁式，通常由块石、砖、素混凝土、钢筋混凝土或金属型材等建成，工程中常见的挡土墙应用实例如图 6-1 所示，包括支撑建筑周围填土的挡土墙、地下室侧墙、桥台和堆料储存的挡墙等。

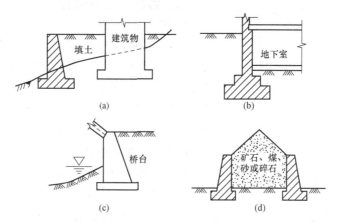

图 6-1　挡土墙在土木工程中的应用举例
(a) 支撑建筑物周围土体的挡土墙；(b) 地下室侧墙；
(c) 桥台；(d) 堆料储存的挡墙

第二节　挡土墙上的土压力

一、土压力的类型

根据墙的位移方向和墙后土体所处的应力状态，可将土压力分为以下三种。

(1) 静止土压力，用 E_0 表示。当挡土墙足够稳定，在墙后土体的土压力作用下，墙体不发生任何移动或转动，墙后土体处于弹性平衡状态，此时作用在墙背上的土压力称为静止土压力，如图 6-2 (a) 所示。

(2) 主动土压力，用 E_a 表示。当挡土墙在土压力作用下产生偏离填土方向的移动或绕

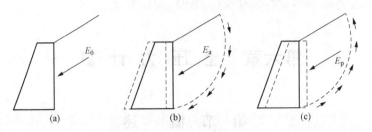

图 6 - 2　挡土墙上的三种土压力

墙根的转动时，墙后土体因侧面所受限制放松而具有下滑趋势。为阻止其下滑，土体抗剪力逐渐增加，从而使作用在墙背上的土压力减小。当墙的移动或转动达到一定值时，滑动面上的剪应力等于土的抗剪强度，墙后土体处于极限平衡状态，此时作用在墙上的土压力达到最小值，称为主动土压力，如图 6 - 2（b）所示。

（3）被动土压力，用 E_p 表示。当挡土墙在外力作用下产生偏向填土方向的移动时，墙后土体受推力作用具有上滑趋势。为阻止其上滑，土体抗剪力仍会逐渐增加，使得墙背上土压力增加。当墙的位移量达到一定值时，墙后土体处于极限平衡状态时，此时作用在墙上的土压力达到最大值，称为被动土压力，如图 6 - 2（c）所示。

二、影响土压力的因素

1. 挡土墙的位移

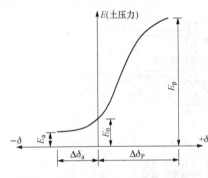

图 6 - 3　土压力与墙身位移关系

挡土墙的位移是决定土压力的类型和影响土压力大小的最主要因素，随着位移量的变化，土压力值也会发生变化。墙的位移与土压力关系如图 6 - 3 所示，图中 $\Delta\delta$ 代表墙的位移量，$+\delta$ 表示偏向填土方向的位移，$-\delta$ 表示偏离填土方向的位移，纵坐标 E 表示土压力的大小。能使填土产生主动土压力所需的墙体位移较小，一般只需 $\Delta\delta_a$ 为墙高的 0.1％～0.5％ 即可，这在一般挡土墙中是容易发生的。而要产生被动土压力则需要较大的位移量，$\Delta\delta_p$ 约为墙高的 1％～5％，这样大的位移一般会导致挡土结构直接率先破坏，在工程中一般是不允许的。据图 6 - 3 可知，相同条件下，被动土压力 E_p＞静止土压力 E_0＞主动土压力 E_a。

2. 挡土墙的自身因素

挡土墙的自身特征也会对土压力产生影响，例如墙背为竖直或是倾斜，挡土墙的砌筑材料是混凝土或是砌块，不同情况下土压力的计算公式不同，计算结果也不一样。

3. 墙后填土的性质

挡土墙后填土的物理力学性质，包括填土的密实情况、重度、干湿程度等，填土的形状（水平、上斜或是下斜）等，都会对挡土墙上土压力造成影响。因此，在实际应用中，可通过改变墙后填土来调整土压力的大小。

三、静止土压力的计算

如图 6 - 4 所示，在挡土墙后水平填土表面以下，任意深度 z 处取微小单元体。作用在此微小单元体上的竖向力为土的自重压力 γz，而水平方向作用力即为静止土压力，按

式 (6-1) 计算。

$$p_0 = K_0 \gamma z \tag{6-1}$$

式中 K_0——土的侧压力系数（或称为静止土压力系数），可近似按 $K_0 = 1 - \sin\varphi'$ 计算（φ' 为土的有效内摩擦角，可按表 6-1 取经验值）；

    γ——墙后填土重度。

表 6-1   静止土压力系数 K_0

土类	坚硬土	硬-可塑黏性土、粉质黏土、砂土	软-可塑黏性土	软塑黏性土	流塑黏性土
K_0	0.2～0.4	0.4～0.5	0.5～0.6	0.6～0.75	0.75～0.8

由式（6-1）可知，静止土压力的分布沿墙高呈三角形分布，如图 6-4 所示，由于挡土墙计算属于平面应变问题，故常取一延米墙长计算土压力，单位为 kN/m，土压力强度单位为 kPa。因此，作用在该墙上的静止土压力为

$$E_0 = \frac{1}{2} \gamma H^2 K_0 \tag{6-2}$$

式中 H——挡土墙高度。

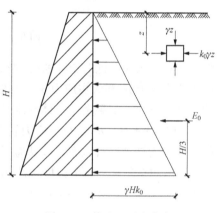

图 6-4   静止土压力分布

E_0 的作用点在土压力三角形的重心，在距墙底 $H/3$ 处。建筑物地下室的外墙、地下水池、涵洞及不产生任何位移的挡土构筑物，其侧壁所受到的土压力均可按静止土压力计算。

第三节   朗肯土压力理论

朗肯土压力理论是英国科学家朗肯（Rankine）1857 年提出来的，它是根据半无限空间土体处于极限平衡状态下的应力条件推导出的土压力计算公式。朗肯土压力理论概念清晰，计算简便，在实际工程中得到了非常广泛的应用。

一、基本原理与假定

如图 6-5（a）所示一表面水平的半无限空间土体，即土体向下方和水平方向都可以无限伸展，在离地表深度为 z 处取一单元体 M。当整个土体都处于静止状态时，土体中各点都处于弹性平衡状态。显然作用于单元体 M 顶面上的法向应力等于该处土的自重应力，即 $\sigma_z = \gamma z$，而单元体受水平方向的应力为 $\sigma_x = K_0 \gamma z$。

由于土体处于侧限应力状态，每一竖直面都是对称面，因此该单元体水平截面和竖直截面上的剪应力都等于零，则单元体水平截面和竖直截面上的法向应力 σ_z 和 σ_x 都是主应力，此时的应力状态可用莫尔圆表示为图 6-5（b）所示的圆 I，由于该点处于弹性平衡状态，故莫尔圆在抗剪强度包络线以下。

设想由于某种应力的作用，使整个土体在水平方向均匀地伸展，如图 6-5（c），则单元体 M 在水平截面上的法向应力 σ_z 不变，但竖直截面上的法向应力 σ_x 却逐渐减少，直至满足

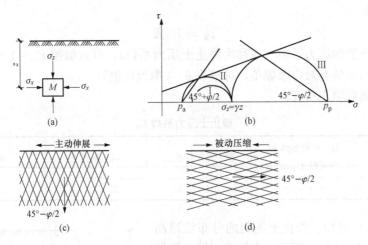

图 6-5　半空间的极限平衡状态

极限平衡条件为止，此时土体所处的状态称为主动朗肯状态，该状态下 σ_x 达到最低限值 p_a，由小主应力 $\sigma_3 = p_a$ 和大主应力 $\sigma_1 = \sigma_z$ 绘出的莫尔圆与抗剪强度包线相切，如图 6-5（b）所示的圆 II 。反之，如果整个土体在水平方向均匀地压缩，如图 6-5（d）所示，则 σ_x 不断增加而 σ_z 却保持不变，σ_x 由小主应力转变为大主应力，直到满足极限平衡条件，此时土体所处的状态称为被动朗肯状态，该状态下 σ_x 达到最大限值 p_p，由大主应力 $\sigma_1 = p_p$ 和小主应力 $\sigma_3 = \sigma_z$ 绘出的莫尔圆与抗剪强度包线相切，如图 6-5（b）所示的圆 III 。

　　由于土体处于主动极限平衡状态时大主应力所作用的面是水平面，故剪切破坏面与竖直面的夹角为 $\left(45° - \dfrac{\varphi}{2}\right)$，当土体处于被动朗肯状态时，大主应力所作用的面是竖直面，故剪切破坏面与水平面的夹角为 $\left(45° - \dfrac{\varphi}{2}\right)$。

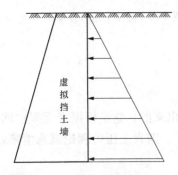

图 6-6　朗肯土压力理论的假设

　　若将竖直、光滑的墙背代替上述单元体左侧的土体，则不会影响右侧土体中的应力状态，作用于此挡土墙上的土压力，应该与原土体作用于该处单元体的水平方向应力相同，如图 6-6 所示。根据朗肯土压力理论的基本原理可以看出，朗肯土压力理论有以下的适用条件：①挡土墙的墙背竖直：保证土体中剪应力为零；②挡土墙的墙背光滑：保证墙背与填土之间没有摩擦力；③挡土墙后填土表面水平。

二、主动土压力计算

1. 无黏性土的主动土压力计算

　　由上述分析可知，当墙后填土达到主动极限平衡状态时，作用于土单元体上的竖向应力 $\sigma_z = \gamma z$ 为最大主应力 σ_1，如图 6-7（a）所示，因此，可利用极限平衡条件求出主动土压力强度。

　　对于无黏性土，其黏聚力 $c=0$。根据极限平衡条件 $\sigma_3 = \sigma_1 \tan^2\left(45° - \dfrac{\varphi}{2}\right)$，将 $\sigma_3 = p_a$ 和 $\sigma_1 = \sigma_z = \gamma z$ 代入，可得无黏性土的主动土压力强度

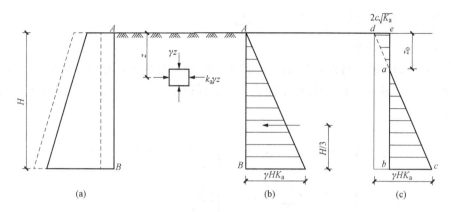

图 6-7 主动土压力分布图

$$p_a = \gamma z K_a \tag{6-3}$$

式中 p_a——主动土压力；

K_a——朗肯主动土压力系数，$K_a = \tan^2\left(45° - \dfrac{\varphi}{2}\right)$；

γ——墙后填土的重度，kW/m^3；

z——计算点离填土表面的深度，m。

主动土压力的作用方向垂直于墙背，其大小和深度成正比，沿墙高呈三角形分布。当 $z = 0$ 时，$\sigma_a = 0$；当 $z = H$ 时，$p_a = K_a \gamma H$，如图 6-7（b）所示。

总主动土压力的作用点，位于土压力三角形的重心，距墙底 $H/3$ 处。墙后土体达到极限平衡状态时，破坏面与大主应力作用面（水平面）成 $\left(45° + \dfrac{\varphi}{2}\right)$。

$$E_a = \frac{1}{2}\gamma H^2 K_a \tag{6-4}$$

2. 黏性土的主动土压力计算

墙后填土为黏性土的情况与无黏性土的情况相类似，但黏聚力 $c \ne 0$。根据极限平衡条件 $\sigma_3 = \sigma_1 \tan^2\left(45° - \dfrac{\varphi}{2}\right) - 2c\tan\left(45° - \dfrac{\varphi}{2}\right)$，得黏性土的主动土压力的计算式为

$$p_a = \gamma z K_a - 2c\sqrt{K_a} \tag{6-5}$$

式（6-5）可知，黏性土的主动土压力由两部分组成：第一部分是由土的自重产生的土压力 $\gamma z K_a$，为正值，随深度呈三角形分布；第二部分是由土的黏聚力产生的抗力，为负值，与深度无关的常数。这两部分土压力的叠加为正的三角形分布和负的矩形分布的叠加，其结果如图 6-7（c）所示，墙顶部土压力三角形 $\triangle ade$ 为负值，即土压力为拉力，而实际上墙与土并非是一个整体，不存在抗拉强度，故拉应力使得两者脱开，出现一定深度的裂缝，认为其土压力分布为零，该一定深度称为临界深度 z_0。由土压力强度 $p_a = 0$ 可得

$$z_0 = \frac{2c}{\gamma\sqrt{K_a}} \tag{6-6}$$

总主动土压力应为 $\triangle abc$ 的面积，即

$$E_a = \frac{1}{2}(\gamma H K_a - 2c\sqrt{K_a})(H - z_0) \tag{6-7}$$

E_a 作用点位于墙底以上 $\frac{1}{3}(H-z_0)$ 处。

三、被动土压力计算

当墙受到外力推动土体时，使填土达到被动极限平衡状态，此时水平应力即土压力 p_p 大于竖向应力 σ_z，故 $\sigma_z=\gamma z$ 为最小主应力 σ_3，且保持不变，p_p 为最大主应力 σ_1，如图 6-8 (a) 所示。

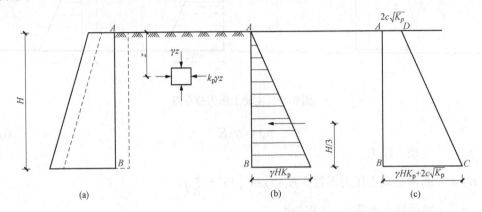

图 6-8 被动土压力分布图

1. 无黏性土的被动土压力计算

根据极限平衡条件 $\sigma_1=\sigma_3\tan^2\left(45°+\dfrac{\varphi}{2}\right)$，将 p_p 和 $\sigma_3=\sigma_z=\gamma z$ 代入，可得

$$\sigma_p = \gamma z K_p \qquad (6-8)$$

式中 p_p——被动土压力强度，kPa；

$\quad K_p$——朗肯被动土压力系数，$K_p=\tan^2\left(45°+\dfrac{\varphi}{2}\right)$。

被动土压力的作用方向同样垂直于墙背，其大小和深度成正比，沿墙高呈三角形分布。当 $z=0$ 时，$p_p=0$；当 $z=H$ 时，$p_p=K_p\gamma H$，如图 6-8 (b) 所示。

取单位墙长计算，总被动土压力为

$$E_p = \frac{1}{2}\gamma H^2 K_p \qquad (6-9)$$

总被动土压力作用点位于土压力三角形的重心，距墙底 $H/3$ 处。墙后土体达到极限平衡状态时，破坏面与大主应力作用面（竖直面）成 $45°+\dfrac{\varphi}{2}$。

2. 黏性土的被动土压力计算

根据极限平衡条件 $\sigma_1=\sigma_3\tan^2\left(45°+\dfrac{\varphi}{2}\right)+2c\tan\left(45°+\dfrac{\varphi}{2}\right)$，可得黏性土的被动土压力表达式为

$$p_p = \gamma z K_p + 2c\sqrt{K_p} \qquad (6-10)$$

黏性土的被动土压力由两部分组成：第一部分是由土的自重压力产生的土压力 $\gamma z K_p$，为正值，随深度呈三角形分布；第二部分由黏聚力产生，与深度无关，是一正值常数，故此两部分叠加后呈梯形分布，如图 6-8 (c) 所示。

总被动土压力应为梯形的面积，即

$$E_p = \frac{1}{2}\gamma H^2 K_p + 2cH\sqrt{K_p} \qquad (6-11)$$

总被动土压力作用点，位于梯形的形心，可根据力矩相等计算。

【例6-1】 挡土墙高 5m，墙背竖直、光滑，墙后填无黏性土，填土面水平，填土的重度为 18kN/m³，内摩擦角为 40°。试分别求出作用在挡土墙上总的主动与被动土压力值。

解 用朗肯土压力理论进行计算

（1）主动土压力

$$K_a = \tan^2\left(45° - \frac{\varphi}{2}\right) = \tan^2\left(45° - \frac{40°}{2}\right) = 0.217$$

$$E_a = \frac{1}{2}K_a\gamma H^2 = 0.5 \times 0.217 \times 18 \times 5^2 = 48.9(\text{kN/m})$$

（2）被动土压力

$$K_p = \tan^2\left(45° + \frac{\varphi}{2}\right) = \tan^2\left(45° + \frac{40°}{2}\right) = 4.60$$

$$E_p = \frac{1}{2}K_p\gamma H^2 = 0.5 \times 4.60 \times 18 \times 5^2 = 1034.8(\text{kN/m})$$

第四节　库仑土压力理论

朗肯土压力理论虽然概念清晰，计算简便，但是由于朗肯土压力理论的假设条件，使得实际工程中很多情况下不能使用（如墙背倾斜、墙背粗糙、墙后填土表面不水平等情况）。1776年，法国学者库仑根据墙后土楔体处于极限平衡状态时的力系平衡条件，提出了库仑土压力理论，可适用于各种填土面和不同的墙背条件。

一、基本原理和假定

与朗肯土压力理论相比，库仑土压力理论中考虑了墙背倾斜（与竖直面的倾角为 α）、墙背粗糙（与土体间存在摩擦角 δ）及墙后填土表面倾斜（与水平面的坡角 β）等条件。库仑土压力理论是从墙后滑动土楔体达到极限平衡状态出发，通过土楔体的静力平衡条件直接求出作用在墙背上的总土压力。

库仑土压力理论最初是由无黏性土条件推出，其主要假设有：

（1）挡土墙为刚体，墙后填土为无黏性土（黏聚力 $c=0$），且破坏土楔体为刚体。

（2）平滑面假设：当墙远离填土或向着填土方向移动，土体达到极限平衡条件时，填土将同时沿两个平面滑动。一个为墙背 AB 面，另一个为土体内某一滑动面 BC（设与水平面成 θ 角）。虽然这种假设与实际情况有一些差别，但由于能够简化计算，并能一定程度满足工程的精度要求，因此得到广泛应用。

（3）土楔体滑动面上处于极限平衡状态，即滑动面上的剪应力已达到抗剪强度，且滑动面通过墙踵。

二、无黏性土的主动土压力计算

如图6-9所示。当墙远离填土移动或转动使得土楔体 ABC 向下滑动而处于主动极限平

衡状态时，滑动面为墙背 AB 和土体中 BC 面。此时，作用于土楔体 ABC 上的力有

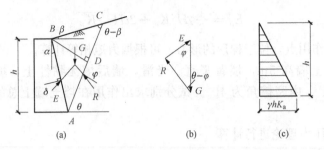

图 6-9 主动土压力计算图

（1）土楔体的重力 G：由土楔体 ABC 引起，根据几何关系得

$$G = \Delta ABC \cdot \gamma = \frac{1}{2} AC \cdot BD \cdot \gamma$$

在三角形 ABC 中，由正弦定理有 $AC = AB \cdot \dfrac{\sin(90° - \alpha + \beta)}{\sin(\theta - \beta)}$

而，$AB = \dfrac{h}{\cos\alpha}$，另外，$BD = AB \cdot \cos(\theta - \alpha) = h \dfrac{\cos(\alpha - \beta)}{\cos\alpha}$

所以有

$$G = \frac{1}{2} AC \cdot BD \cdot \gamma = \frac{\gamma h^2}{2} \cdot \frac{\cos(\alpha - \beta)\cos(\theta - \alpha)}{\cos^2\alpha \cdot \sin(\theta - \beta)} \qquad (6-12)$$

（2）滑动面 AC 上的反力 R：为破裂面 AC 上土楔体的法向支撑力和破裂面与土体间摩擦力的合力，作用于 AC 面上，与 AC 面法线的夹角等于土的内摩擦角 φ。

（3）墙背的反力 E：墙背的反力 E 与墙背 AB 法线的夹角等于土与墙体材料间的摩擦角 δ，该力与作用在墙背上的土压力大小相等，方向相反。

显然，土楔体 ABC 在上述三个力作用下处于平衡状态，因此可以构成一闭合的力的三角形，由几何关系可知，G 与 E 之间的夹角 $\psi = 90° - \delta - \alpha$，而 G 与 R 之间的夹角为 $\theta - \varphi$，由正弦定理可得，

$$E = G \cdot \frac{\sin(\theta - \varphi)}{\sin[180° - (\theta - \varphi + \psi)]} = \frac{\gamma h^2}{2} \cdot \frac{\cos(\alpha - \beta)\cos(\theta - \alpha)\sin(\theta - \varphi)}{\cos^2\alpha \sin(\theta - \beta)\sin(\theta - \varphi + \psi)} \qquad (6-13)$$

上式中，α，β，γ，φ 及 δ 都是已知的，只有滑动面 AC 与水平面的夹角 θ 是任意假定的。因此，对于不同的 θ 角，可得到一系列相应的土压力 E 的值，即 $E = f(\theta)$。当 E 达到最大值 $E_{\max}$ 时，其对应的滑动面即是土楔体最危险的滑动面，因此 $E_{\max}$ 就是要求的主动土压力，故可用微分学中求极值的方法求最大值，令 $\dfrac{\mathrm{d}E}{\mathrm{d}\theta} = 0$，即可解得使 E 为最大值时的破坏角。

$$\theta_{\mathrm{cr}} = \arctan\left[\frac{\sin\beta \cdot \sqrt{\dfrac{\cos(\alpha + \delta)\sin(\varphi + \delta)}{\cos(\alpha - \beta)\sin(\varphi - \beta)}} + \cos(\alpha + \varphi + \delta)}{\cos\beta \cdot \sqrt{\dfrac{\cos(\alpha + \delta)\sin(\varphi + \delta)}{\cos(\alpha - \beta)\sin(\varphi - \beta)}} - \sin(\alpha + \varphi + \delta)}\right] \qquad (6-14)$$

这就是真正滑动面的倾角。将 θ_{cr} 代入式（6-13）中的 θ，整理后可得库仑主动土压力的一般表达式为

$$E_a = \frac{1}{2}\gamma h^2 K_a \qquad (6-15)$$

$$K_a = \frac{\cos^2(\varphi-\alpha)}{\cos^2\alpha \cdot \cos(\alpha+\delta)\left[1+\sqrt{\dfrac{\sin(\varphi+\delta)\cdot\sin(\varphi-\beta)}{\cos(\alpha+\delta)\cdot\cos(\alpha-\beta)}}^{\,2}\right]} \qquad (6-16)$$

式中　K_a——库仑主动土压力系数，可按式（6-16）计算；

h——挡土墙高度，m；

γ——墙后填土的重度，kN/m³；

φ——墙后填土的内摩擦角，(°)；

α——墙背与竖直线的夹角，俯斜时取"+"，仰斜为"-"，(°)；

β——墙后填土面的倾角，(°)；

δ——土与挡土墙背的摩擦角，(°)。

当墙背竖直（$\alpha=0$）、光滑（$\delta=0$），填土面水平（$\beta=0$）时，式（6-16）可写为

$$K_a = \tan^2\left(45° - \frac{\varphi}{2}\right) \qquad (6-17)$$

可见，在上述条件下，库仑公式和朗肯公式相同。

由式（6-15）可知，主动土压力与墙高的平方成正比，为求得离墙顶为任意深度 z 处的主动土压力强度 p_a，可将 E_a 对 z 取导数，即

$$p_a = \frac{\mathrm{d}E_a}{\mathrm{d}z} = \frac{\mathrm{d}}{\mathrm{d}z}\left(\frac{1}{2}\gamma z^2 K_a\right) = \gamma z K_a \qquad (6-18)$$

可见，库仑主动土压力强度沿墙高呈三角形分布，总的主动土压力的作用点在离墙底 $H/3$ 处，方向与墙背法线的夹角为 δ，且在法线上方。因此，在图 6-9 所示的土压力强度分布图只表示其大小，而不代表其作用方向。

三、无黏性土的被动土压力计算

如图 6-10 所示，当外力使墙向填土方向移动或转动使得土楔体 ABC 向上滑动而处于被动极限平衡状态时，滑动面为墙背 AB 和土体 BC 面。此时，R 和 E 的方向分别在 BC 和 AB 面法线的上部，利用求主动土压力的原理可求得被动土压力为

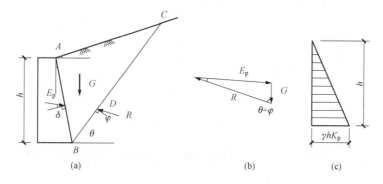

图 6-10　被动土压力计算图

$$E_p = \frac{1}{2}\gamma h^2 K_p \qquad (6-19)$$

$$K_p = \frac{\cos^2(\varphi+\alpha)}{\cos^2\alpha \cdot \cos(\alpha-\delta)\left[1-\sqrt{\frac{\sin(\delta+\varphi)\cdot\sin(\varphi+\beta)}{\cos(\alpha-\delta)\cdot\cos(\alpha-\beta)}}\right]^2} \qquad (6-20)$$

式中 K_p——库仑被动土压力系数,可按式(6-17)计算,或查表计算。

被动土压力强度可采用下式计算, $p_p = \dfrac{\mathrm{d}E_p}{\mathrm{d}z} = \gamma z K_p$

被动土压力强度沿墙高呈三角形分布,方向与墙背法线的夹角为 δ,且在法线下方。

【例6-2】 某挡土墙的墙背竖直,墙高6m,墙后填土为砂土,砂土的重度为18kN/m³。相关土性指标为: $\varphi=30°$,设 β 和 δ 均为15°,试按库仑理论计算墙后主动土压力的合力 E_a 的大小。

解 按库仑理论,有

$$\begin{aligned}K_a &= \frac{\cos^2(\varphi-\alpha)}{\cos^2\alpha \cdot \cos(\alpha+\delta)\left[1+\sqrt{\frac{\sin(\varphi+\delta)\cdot\sin(\varphi-\beta)}{\cos(\alpha+\delta)\cdot\cos(\alpha-\beta)}}\right]^2}\\[2mm] &= \frac{\cos^2 30°}{1\times\cos15°\left[1+\sqrt{\frac{\sin(30°+15°)\cdot\sin(30°-15°)}{\cos15°\cdot\cos(-15°)}}\right]^2} = 0.373\end{aligned}$$

所以, $E_a = \dfrac{1}{2}\gamma H^2 K_a = 0.5\times18\times6^2\times0.373 = 120.84$ (kN/m)

【例6-3】 已知某混凝土挡土墙,墙高 $H=6.0$m,墙背竖直、光滑,墙后填土表面水平。填土的重度 $\gamma=18.5$kN/m³,内摩擦角 $\varphi=20°$,黏聚力 $c=19$kPa。试计算作用在此挡土墙上的静止土压力、主动土压力和被动土压力,并绘出土压力分布图(静止土压力系数 $K_0=0.59$)。

解 (1)静止土压力

$$E_0 = \frac{1}{2}\gamma H^2 K_0 = \frac{1}{2}\times18.5\times6^2\times0.59 = 196.5(\text{kN/m})$$

E_0 作用点位于土压力分布三角形的下 $H/3$ 处,如图6-11(a)所示。

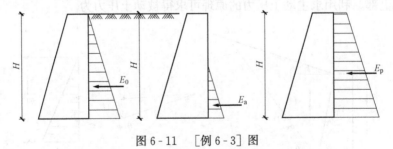

图6-11 [例6-3]图

(2)主动土压力,由题知,该挡土墙符合朗肯土压力理论的条件,所以有

$$K_a = \tan^2\left(45°-\frac{\varphi}{2}\right) = \tan^2(45°-10°) = 0.49$$

临界深度

$$z_0 = \frac{2c}{\gamma\sqrt{K_a}} = \frac{2\times19}{18.5\times0.7} = 2.93(\text{m})$$

$$E_a = \frac{1}{2}\gamma H^2 K_a - 2cH\sqrt{K_a} + \frac{2c^2}{\gamma}$$

$$= \frac{1}{2} \times 18.5 \times 6^2 \times 0.49 - 2 \times 19 \times 6 \times 0.7 + \frac{2 \times 19^2}{18.5}$$

$$= 42.6 (\text{kN/m})$$

E_a 的作用点位于下三角形的下 $H/3$ 处，如图 6-11（b）所示。

（3）被动土压力，由题知，该挡土墙符合朗肯土压力理论的条件，所以有

$$K_p = \tan^2\left(45° + \frac{\varphi}{2}\right) = \tan^2(45° + 10°) = 2.04$$

$$E_p = \frac{1}{2}\gamma H^2 K_p + 2cH\sqrt{K_p}$$

$$= \frac{1}{2} \times 18.5 \times 6^2 \times 2.04 + 2 \times 19 \times 6 \times 1.43$$

$$= 1005 (\text{kN/m})$$

E_p 的作用点位于土压力分布梯形的形心，如图 6-11（c）所示。

第五节 常见情况下土压力的计算

一、墙后有成层填土

如图 6-12 所示，当墙后填土有几种不同种类的水平土层时，第一层土压力按均质土计算。计算第二层土压力时，将上层土按重度换算成与第二层重度相同的当量土层计算，当量土层厚度 $h_1' = h_1\gamma_1/\gamma_2$，以下各层亦同样计算。由于土的性质不同，各层土的土压力系数也不同。现以无黏性土主动土压力计算为例：

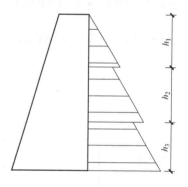

图 6-12 墙后成层填土

第一层填土的土压力强度

$$p_{a0} = 0$$
$$p_{a1} = \gamma_1 h_1 K_{a1}$$

第二层填土的土压力强度

$$p'_{a1} = \gamma_2 \frac{\gamma_1 h_1}{\gamma_2} K_{a2} = \gamma_1 h_1 K_{a2}$$

$$p_{a2} = \gamma_2\left(\frac{\gamma_1 h_1}{\gamma_2} + h_2\right)K_{a2} = (\gamma_1 h_1 + \gamma_2 h_2)K_{a2}$$

第三层填土的土压力强度

$$p'_{a2} = \gamma_3 \frac{(\gamma_1 h_1 + \gamma_2 h_2)}{\gamma_3} K_{a3} = (\gamma_1 h_1 + \gamma_2 h_2)K_{a3}$$

$$p_{a3} = \gamma_3\left(\frac{\gamma_1 h_1 + \gamma_2 h_2}{\gamma_3} + h_3\right)K_{a3} = (\gamma_1 h_1 + \gamma_2 h_2 + \gamma_3 h_3)K_{a3}$$

需要注意的是，在两土层交界处因各土层土质指标不同，其土压力大小亦不同，故此时土压力强度曲线将出现突变。

二、墙后土体表面有均布荷载

1. 土体表面受连续均布荷载

如图 6-13 所示，当挡土墙后填土表面有连续均布荷载 q 作用时，一般可以将均布荷载换算成当量的土重，即用假想的土重来代替均布荷载。当填土面水平时，当量的土层厚度为 $h' = q/\gamma$。然后，以 $A'B$ 为新的挡土墙墙背，按填土面无荷载的情况计算土压力。

以无黏性填土为例：

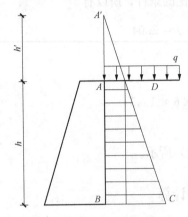

填土面的主动土压力强度为

$$p_{aA} = \gamma h' K_a = q K_a$$

墙底的土压力强度为

$$p_{aB} = \gamma(h' + h)K_a = (q + \gamma h)K_a$$

土压力分布如图 6-13 所示，实际的土压力分布图为梯形部分，土压力的作用点在梯形的重心。

2. 墙后土体表面有局部均布荷载

当填土表面承受局部均匀荷载时，荷载对墙背的土压力强度附加值仍为 qK_a，但其分布范围难以从理论上严格规定。通常可采用近似方法处理，即从局部均布荷载的两端点 m 和 n 各作一条直线，其与水平表面成（$45° + \varphi/2$）角，与墙背相交于 B、D 两点，则墙背 BC 段范围内受到

图 6-13　墙后土体表面有均布荷载

qK_a 的作用，故作用于墙背的土压力分布如图 6-14 所示。

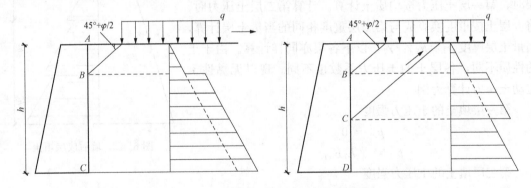

图 6-14　墙后填土表面有局部均布荷载

三、墙后土体中有地下水

墙后填土常会有部分或全部处于地下水位以下，由于渗水或排水不畅会导致墙后填土中含水。工程上一般可忽略水对砂土抗剪强度的影响，但对黏性土，随着含水率的增加，抗剪强度指标明显降低，导致墙背土压力增大。因此，挡土墙应具有良好的排水措施，如果遇到挡土墙后填土中有地下水的情况，要根据实际情况选择计算方法。黏性土中的水主要是结晶水和结合水，采用土水合算法，计算时地下水位以下采用饱和重度。砂土中由于颗粒之间的孔隙充满自由水，能传递静水压力，所以采用水土分算法，地下水位以下采用浮重度，并计入地下水对挡土墙产生的静水压力的影响。因此作用在墙背上总的侧压力为土压力和水压力之和。

（1）土压力计算：在地下水部分用浮重度 γ' 计算，墙背上的土压力 $p_a = \gamma' h K_a$，总土压

力 $E_a = \dfrac{1}{2} K_a \gamma' h^2$。

（2）水压力计算：$E_w = \dfrac{1}{2} \gamma_w h^2$，$h$ 为地下水位到墙底面的高度。

（3）总压力计算 $E = \dfrac{1}{2} K_a \gamma' h^2 + \dfrac{1}{2} \gamma_w h^2$。 （6 - 21）

【例 6 - 4】 某挡土墙，墙高 4m，墙背直立、光滑，墙后填土表面水平。其余参数如图 6 - 15 所示，试求 A、B、C 三点处的主动土压力强度和水压力之和。

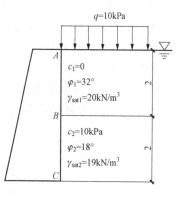

图 6 - 15　〔例 6 - 4〕图

解　$K_{a1} = \tan^2\left(45° - \dfrac{\varphi_1}{2}\right) = \tan^2\left(45° - \dfrac{32°}{2}\right) = 0.307$

$K_{a2} = \tan^2\left(45° - \dfrac{\varphi_2}{2}\right) = \tan^2\left(45° - \dfrac{18°}{2}\right) = 0.528$

$\gamma'_1 = \gamma_{sat1} - \gamma_w = 20 - 10 = 10 \ (\text{kN/m}^3)$

$\gamma'_2 = \gamma_{sat2} - \gamma_w = 19 - 10 = 9 \ (\text{kN/m}^3)$

在 A 点处 $p_A = q K_{a1} = 10 \times 0.307 = 3.07 \ (\text{kPa})$

在 B 点处（上层土的底层）

$$
\begin{aligned}
p_{B1} &= p_{aB1} + p_{wB1} \\
&= (q + \gamma'_1 h_1) K_{a1} + \gamma_w h_1 \\
&= (10 + 10 \times 2) \times 0.307 + 10 \times 2 \\
&= 29.2 (\text{kPa})
\end{aligned}
$$

在 B 点处（下层土的顶层）

$$
\begin{aligned}
p_{B2} &= p_{aB2} + p_{wB2} \\
&= (q + \gamma'_1 h_1) K_{a2} - 2c_2 \sqrt{K_{a2}} + \gamma_w h_1 \\
&= (10 + 10 \times 2) \times 0.528 - 2 \times 10 \times 0.727 + 10 \times 2 \\
&= 21.3 (\text{kPa})
\end{aligned}
$$

在 C 点处

$$
\begin{aligned}
p_C &= p_{aC} + p_{wC} \\
&= (q + \gamma'_1 h_1 + \gamma'_2 h_2) K_{a2} - 2c_2 \sqrt{K_{a2}} + \gamma_w (h_1 + h_2) \\
&= (10 + 10 \times 2 + 9 \times 2) \times 0.528 - 2 \times 10 \times 0.727 + 10 \times 4 \\
&= 50.8 (\text{kPa})
\end{aligned}
$$

四、朗肯土压力理论与库仑土压力理论的比较

（一）两种土压力理论的异同

（1）朗肯土压力理论和库仑土压力理论是分别根据不同的假设，以不同的分析方法来计算土压力的，在最简单的情况下（$\alpha = 0$，$\beta = 0$，$\delta = 0$），用这两种理论的计算结果是相同的，否则结果不同。

（2）朗肯土压力理论应用半无限空间土体中的应力状态和极限平衡理论，概念明确，公式简单，便于记忆，对于黏性土和无黏性土都可以用该公式直接计算，故在工程中得到广泛应用。但由于理论基础的限制，必须要求墙背是竖直，光滑的、墙后填土表面是水平的，因而使应用范围受到限制，并且由于该理论忽略了墙背与填土之间摩擦的影响，使计算出来的主动土压力偏大，而计算出来的被动土压力偏小。

（3）库仑土压力理论根据墙后滑动土楔体的静力平衡条件，推导而得到土压力计算公式，考虑了墙背与土之间的摩擦力，并可用于墙背倾斜，填土表面倾斜的情况，但由于该理论假设填土是理想的散粒体，即无黏性土，因此不能用库仑理论的原公式直接计算黏性土的土压力。库仑理论假设墙后填土破坏时，破裂面是一个平面，而实际上却很难保证，实验证明，只有当墙背的斜度不大，墙背与填土间的摩擦角较小时，破裂面才接近于一个平面，因此，用库仑理论的计算结果与实际情况有出入。在通常情况下，这种偏差在计算主动土压力时约为 2％～10％，可以认为已满足实际工程所要求的精度，但在计算被动土压力时，由于破裂面接近于对数螺线，因此计算结果误差较大，有时可达 2～3 倍，甚至更大。

（二）两种土压力理论的计算误差

由于假设条件和实际情况有出入，朗肯土压力理论和库仑土压力理论都存一定误差。

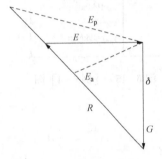

图 6-16　朗肯土压力
大小分析图

1. 朗肯土压力理论的计算误差

朗肯土压力理论假设挡土墙墙背竖直、光滑，且墙后填土表面水平。实际情况中，墙背光滑是不可能的，由于墙背与填土之间存在的摩擦力，将使朗肯主动土压力偏大而被动土压力偏小。

如图 6-16 所示，利用力的三角形来分析墙后滑动土楔体的受力情况。图中 G 为滑动土楔体的自重应力，R 为滑动面上的反力，当墙背光滑时（$\delta=0$），土压力的反作用力 E 方向水平向右。而实际情况中墙背是粗糙的，即 $\delta>0$。

当墙后填土处于主动朗肯状态时，土楔体向下滑动，墙背对土楔体的摩擦力方向向上，故主动土压力 E_a 的反作用力方向向上，与水平方向成 δ 角，如图中的虚线所示，显然，实际的主动土压力比计算值减小了。

当墙后填土处于被动朗肯状态时，土楔体向上滑动，墙背对土楔体的摩擦力方向向下，故被动土压力 E_p 的反作用力方向向下，与水平方向成 δ 角，如图中的虚线所示，显然能看出，实际的被动土压力比计算值大得多。

2. 库仑土压力理论的计算误差

库仑土压力理论的假设前提是墙后填土为理想的散粒体，因此滑动破坏面是一个平面，而实际情况下，由于土颗粒间的复杂的相互作用，实际的滑动破坏面不是一个绝对的平面。因此，在主动土压力情况下，求导得到的值不一定是最大值，这样会造成库仑土压力理论计算出来的主动土压力偏小。同理，在被动土压力情况下，求导得到的值不一定是最小值，由此造成库仑土压力理论计算出来的被动土压力偏大。

（三）两种土压力理论的计算结果和实际值的比较

表 6-2 列举了当 $\alpha=\beta=0$ 时，在几种 φ 和 δ 下，两种土压力理论和极限平衡理论解（索科洛夫斯基，1960）得到的主动土压力系数和被动土压力系数的比较。可见，两种土压力理论在计算主动土压力时，结果与极限平衡解差别不大，对于被动土压力，当 φ 和 δ 值都较小时，其误差尚在允许的范围之内；但当 φ 和 δ 值都较大时，两种土压力理论的计算结果与极限平衡解就会有很大差别，不宜无条件采用。

表 6-2 两种土压力理论与极限平衡理论解的比较

	主动土压力系数 K_a ($\alpha=\beta=0$)					
计算方法	$\delta=0$		$\delta=\varphi/2$		$\delta=\varphi$	
	20°	40°	20°	40°	20°	40°
精确	0.49	0.22	0.45	0.20	0.44	0.22
朗肯	0.49	0.218	0.49	0.218	0.49	0.218
库仑	0.49	0.22	0.447	0.199	0.43	0.210

	被动土压力系数 K_p ($\alpha=\beta=0$)					
计算方法	$\delta=0$		$\delta=\varphi/2$		$\delta=\varphi$	
	20°	40°	20°	40°	20°	40°
精确	2.04	4.60	2.55	9.69	3.04	18.2
朗肯	2.04	4.60	2.04	4.60	2.04	4.60
库仑	2.04	4.60	2.63	11.7	3.43	92.3

思 考 题

6-1 何谓主动土压力、被动土压力和静止土压力？三者的关系是什么？

6-2 朗肯土压力理论有何假设条件，适用于什么范围，主动土压力系数 K_a 与被动土压力系数 K_p 如何计算？

6-3 库仑土压力理论有何假设条件，适用于什么范围，主动土压力系数 K_a 与被动土压力系数 K_p 如何计算？

6-4 在什么条件下朗肯土压力理论和库仑土压力理论所得的计算公式完全相同，为什么说按朗肯土压力理论计算的主动土压力偏大而被动土压力值又偏小？

习 题

6-1 某挡土墙高 6.0m，墙背竖直光滑，墙后填土为中砂，填土表面水平，填土 $\gamma=16\text{kN/m}^3$，$\gamma_{sat}=20\text{ kN/m}^3$，$\varphi=30°$。试计算作用于该挡土墙上的总主动土压力。当地下水位升至离墙顶 3.0m 时，计算所受的总主动土压力与水压力。

6-2 某挡土墙高 7.0m，墙背竖直光滑，墙后有两层填土，第一层填土 $\gamma_1=19\text{kN/m}^3$，$c_1=10\text{kPa}$，$\varphi_1=30°$，第二层填土 $\gamma_2=18\text{ kN/m}^3$，$c_2=0\text{kPa}$，$\gamma_{sat2}=20\text{ kN/m}^3$，$\varphi_2=30°$，地下水位在填土表面下 3.5m 处，与第二层填土面平齐。填土表面作用有 $q=20\text{kPa}$ 的连续均布荷载。试求作用在墙上的主动土压力及其分布。

6-3 某挡土墙高 4.0m，墙背倾斜角 $\alpha=25°$，填土面的倾角 $\beta=12°$，填土重度 $\gamma=19.8\text{kN/m}^3$，$c=0\text{kPa}$，$\varphi=30°$，填土与墙背的摩擦角 $\delta=15°$。试用库仑土压力理论计算土压力沿墙高的分布以及主动土压力合力的大小，作用点位置和作用方向。

6-4 某挡土墙高 10.0m，墙背竖直光滑，墙后填土表面水平。填土上作用均布荷载 $q=20\text{kPa}$。墙后填土分为两层，上层为中砂，$\gamma_1=18.5\text{ kN/m}^3$，$\varphi_1=30°$，层厚 3m；下层为粗砂，$\gamma_2=19\text{ kN/m}^3$，$\varphi_2=35°$。地下水位在离墙顶 6m 处，水下粗砂的饱和重度为 $\gamma_{sat}=20\text{kN/m}^3$。试计算作用在此挡土墙上的总主动土压力和水压力。

第七章 地基承载力

第一节 概　述

地基承载力是指地基土承受荷载的能力。建筑物通过基础将荷载传递给地基，使地基内部应力发生变化，并引起地基土的变形。当应力较小时，土体处于弹性平衡状态。随着荷载的增加，地基中某一区域内各点剪应力达到了土的抗剪强度，该区域就处于极限平衡状态，称之为塑性区。小范围的塑性区虽然会导致地基变形稍大，但此时仍具有安全的承载能力。如荷载继续增大，则塑性区范围会随之不断扩大，当地基中出现较大区域的塑性区，或局部的塑性区持续扩展并贯通到地面时，将造成地基承载力不足而发生失稳的现象，此时建筑物产生严重下沉，甚至导致上部结构开裂、倾斜而失去使用价值。如图 7-1 所示为 1940 年在软黏土地基上的某水泥仓的倾覆，主要为水泥仓荷载过大，而地基承载力不足所致。可见，建筑物的安全与地基承载力的大小息息相关。地基破坏是由于地基土中的剪应力达到抗剪强度而致，因此，地基承载力与土体抗剪强度具有极密切的关系，抗剪强度越高的土体，其地基承载力越大。但地基承载力并非只与土体性质有关，它还受基础的埋深、宽度和形状等因素影响。

图 7-1　某水泥仓的地基整体破坏

在设计建筑物基础时，必须满足以下两个条件：①基础沉降或其他特征变形不超过建筑物所容许的范围，保证建筑物不因沉降过大而受损或影响正常使用；②通过基础而作用在地基上的荷载不能超过地基的承载能力，且具有足够的安全储备。现行的《建筑地基基础设计规范》（GB 50007—2011）规定，基底荷载效应不得超过修正后的地基承载力特征值，以此来确定基础底面尺寸。地基承载力特征值是指地基稳定有保证可靠度的承载能力，它作为随机变量是以概率理论为基础的，用分项系数表达的极限状态设计法确定的地基承载力，同时也要验算地基变形不超过容许变形值。而地基极限承载力是指地基承受荷载而不发生破坏的极限能力。

目前，地基承载力的确定方法有：理论计算法、原位试验法、规范法和工程类比法等。理论计算法是通过假设地基破坏模式，建立静力平衡条件，推导出地基承载力的计算公式。原位试验法是通过静载荷试验等原位试验确定承载力的方法。规范法根据室内试验、现场测试等指标，通过查找规范表格或公式计算获得承载力的方法。而工程类比法则是一种基于地区的使用经验，进行类比判断确定承载力的方法，一般作为辅助方法使用。

本章主要内容有：浅基础的地基破坏模式；地基的界限荷载；地基极限承载力计算；影响地基承载力的因素。

第二节 浅基础的地基破坏模式

一、破坏模式

土体破坏通常是由于土的抗剪强度不足引起的剪切破坏。不同土层在荷载作用下破坏模式是不同的，确定其地基承载力的方法也有所不同。浅基础的地基剪切破坏模式总体分为整体剪切破坏、冲剪破坏和局部剪切破坏三种，如图 7-2 所示。

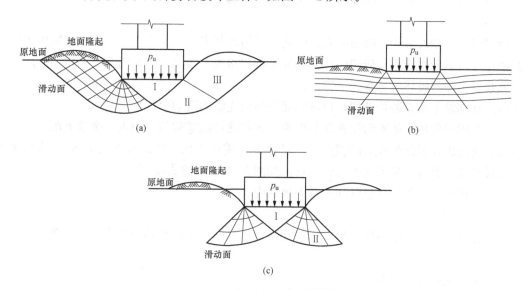

图 7-2 地基破坏的三种模式

(a) 整体剪切破坏；(b) 冲剪破坏；(c) 局部剪切破坏

地基从开始受力到破坏的发展过程，可通过现场载荷试验确定，在载荷试验中对一定尺寸的载荷板施加垂直荷载，能够得到基底压力 p 与地基沉降量 s 之间的关系曲线，如图 7-3 所示，其中 A，B，C 这 3 条 p-s 曲线分别对应图 7-2 所示的 3 种破坏模式。

1. 整体剪切破坏

如图 7-2 (a) 所示，整体剪切破坏按基底压力与变形发展过程一般分为三个阶段。

(1) 压密阶段：当基础上荷载较小时，地基中各点的剪应力均小于土的抗剪强度，地基主要产生压密变形，此时基底压力与沉降的关系曲线即 p-s 曲线近于直线变化，如图 7-3 所示曲线 A 中的 oa 段；

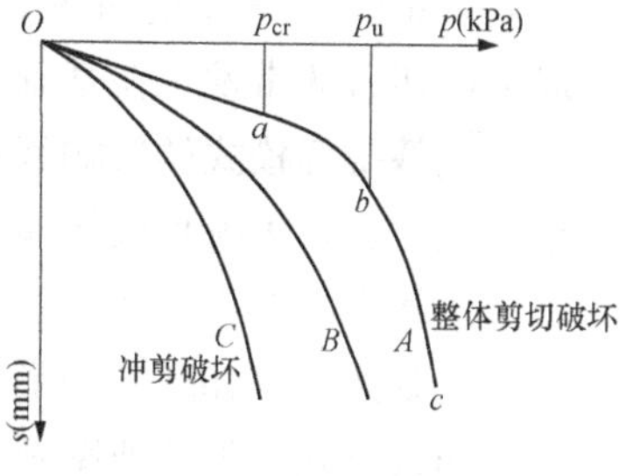

(2) 局部塑性阶段：随着荷载的增大并达到一定数值时，首先在基础的边缘处局部土体剪应力达到抗剪强度，发生了剪切破坏（即塑性破坏），随荷载的继续增加，破坏区域（塑性区）也逐渐扩大，基底压力与沉降的关系呈曲线变化，如图 7-3 所示的 ab 段；

图 7-3 地基土破坏

的 p-s 曲线

(3) 塑性破坏阶段：若基础上荷载继续增加，当剪切破坏区域扩展到一定程度并形成连续的滑动面时，基础会急剧下沉并向一侧倾斜，基础两侧的土体向上隆起，此时，地基发生整体剪切破坏，地基发生失稳，p-s曲线出现明显的陡降段，如图 7-3 所示的 bc 段。

在三个阶段中存在两个界限荷载，一是地基土刚开始出现剪切破坏时（即压密阶段过渡到局部塑性阶段），对应的界限荷载称为临塑荷载，以 p_{cr} 表示。二是地基剪切破坏区扩展成片以至于即将失稳时（局部塑性阶段过渡到塑性破坏阶段），对应的界限荷载称为极限荷载，其值与地基极限承载力相等，以 p_u 表示。

整体剪切破坏一般发生在浅基础下的密砂和硬黏土地基中。

2. 冲剪破坏

冲剪破坏一般发生在基础刚度大，极其软弱的地基中。在荷载作用下，基础发生破坏的形态往往是沿基础边缘垂直剪切破坏，好像基础"切入"地基中，如图 7-2（b）所示。

地基发生冲剪破坏时具有如下特征：

（1）基础发生垂直剪切破坏，地基内部不形成连续的滑动面；

（2）基础两侧的土体不但没有隆起现象，还往往伴随基础的"切入"微微下沉；

（3）地基破坏时伴随较大的沉降。与整体剪切破坏相比，该破坏形式下 p-s 曲线无明显的直线拐点，也没有显著的曲线转折点，如图 7-3 所示的曲线 C。

冲剪破坏模式常发生在松砂和软黏土地基中。

3. 局部剪切破坏

局部剪切破坏是介于整体剪切破坏与冲剪破坏之间的一种地基破坏模式，如图 7-2（c）所示。

局部剪切破坏的特征有：

（1）在荷载作用下，地基在基础边缘开始发生剪切破坏后，随荷载的增加，地基变形也在加大，塑性区不断扩大，但仅限制在地基内部的某一区域，不会形成延伸到地面的连续破裂面；

（2）基础两侧土体略微隆起，基础产生过大的沉降，说明地基已发生破坏；

（3）p-s 曲线一开始就呈现非线性变化，且达到破坏前，并未出现明显的直线拐点和曲线转折点，见图 7-3 中的曲线 B。

局部剪切破坏常发生在基础有一定埋深，且地基为中等密实砂土或一般黏性土的情况。

二、地基破坏模式的影响因素

地基土究竟发生哪种破坏模式，主要与下列因素有关：

（1）地基土的条件（如土的类别、密度、含水率、压缩性和抗剪强度等）；

（2）基础条件（如基础的形式、埋深和尺寸等）；

（3）加载方式、加载速率及应力水平。

土的压缩性是影响破坏模式的主要因素。如果土的压缩性低，土体比较密实，一般容易发生整体剪切破坏；如果土体比较疏松，压缩性高，则常出现冲剪破坏。

随着基础埋深的增加，局部剪切破坏和冲剪破坏变得更为常见。在砂土中埋深很大的基础，即便砂土较密实也不会出现整体剪切破坏。如果密砂层的下卧层为可压缩的软弱土层，也可能发生冲剪破坏。当基础浅埋，加载速率慢时，往往出现整体剪切破坏；当基础埋深较大，且加载速度又较快时，可能发生局部剪切破坏或冲剪破坏。

第三节　地基的临塑荷载和临界荷载

地基土首先从基础边缘开始发生剪切破坏。当荷载较小时，地基土处于弹性平衡状态，基础的沉降主要是土的压密变形引起的，此时 $p\text{-}s$ 曲线为直线；随荷载的增加，基础两侧边缘的土体率先达到极限平衡状态，土中应力发生重分布，此时 $p\text{-}s$ 曲线上的直线段达到终点，对应的荷载称为临塑荷载 p_{cr}。因此，临塑荷载就是地基土即将出现塑性破坏区时所对应的基底压力。下面以浅埋条形基础为例，介绍在竖向均布荷载作用下临塑荷载的近似计算方法。

一、地基塑性变形区边界方程

（一）地基中任意一点主应力

计算模型取一受竖向均布荷载作用的条形基础，如图 7-4 所示，基础宽度为 b，埋置深度为 d，由建筑物荷载引起的基底压力为 p。假设基础底面以下土的重度为 γ_1，基础埋深范围内的填土重度为 γ_0，则基底附加压力为 $p_0 = p - \gamma_0 d$，其中 $\gamma_0 d$ 为基础两侧由埋深 d 范围内土体引起的超载。

根据 1902 年由米歇尔（Michell）给出的弹性力学解答，可以得到条形基础在均布荷载作用下地基中任一点 M 由附加应力引起的主应力 σ_1 和 σ_3

$$\begin{matrix}\sigma_1 \\ \sigma_3\end{matrix} = \frac{p_0}{\pi}(\beta_0 \pm \sin\beta_0) \tag{7-1}$$

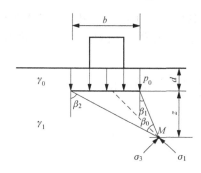

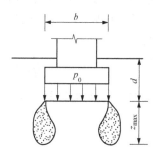

图 7-4　基础中任一 M 点的应力　　　　图 7-5　塑性区边界线形状

其中，β_0 为 M 点与基础底面两边缘点连线间的夹角（$\beta_0 = \beta_2 - \beta_1$），大主应力 σ_1 的方向沿着 β_0 的角平分线方向。此时，M 点的总应力为附加应力与自重应力之和，但很明显，附加大、小主应力的方向与自重引起的大、小主应力的方向不同。为计算简化，假设土的自重应力场为静水压力场（即静止侧压力系数等于 1.0），则 M 点处的自重应力在各方向相等，均为 $\gamma_1 z + \gamma_0 d$。则 M 点的最大和最小主应力可表示为

$$\begin{matrix}\sigma_1 \\ \sigma_3\end{matrix} = \frac{p_0}{\pi}(\beta_0 \pm \sin\beta_0) + \gamma_1 z + \gamma_0 d \tag{7-2}$$

式中　σ_1、σ_3——基础中任意 M 点的大、小主应力，kPa；

　　　p_0——基底附加压力，kPa；

　　　β_0——M 点至基础边缘两连线的夹角，（°）；

$\quad\quad z$——M 点距基底的竖直距离，m；

$\quad\quad d$——基础埋深，m。

（二）塑性变形区边界方程

根据土中一点的极限平衡理论，当 M 点的应力状态达到极限平衡状态时，其大、小主应力应满足

$$\sigma_1 - \sigma_3 = (\sigma_1 + \sigma_3)\sin\varphi + 2c\cos\varphi \qquad (7\text{-}3)$$

将式（7-2）代入式（7-3）得到

$$\frac{p_0}{\pi}\sin\beta_0 = \left(\frac{p_0\beta_0}{\pi} + \gamma_1 z + \gamma_0 d\right)\sin\varphi + c\cos\varphi \qquad (7\text{-}4)$$

整理后得：

$$z = \frac{p - \gamma_0 d}{\pi\gamma_1}\left(\frac{\sin\beta_0}{\sin\varphi} - \beta_0\right) - \frac{c\cot\varphi}{\gamma_1} - \frac{\gamma_0 d}{\gamma_1} \qquad (7\text{-}5)$$

式中　φ——地基土的内摩擦角，(°)；

$\quad\quad c$——地基土的黏聚力，kPa；

其余符号意义同上。

式（7-5）为地基中的塑性区边界方程，它表示塑性区边界上任意一点的深度 z 与 β_0 间的关系。若荷载 p、基础埋深 d 及地基土的指标 γ_1、γ_0、φ、c 已知，则塑性区具有确定的边界线形状，如图 7-5 所示。

二、临塑荷载和临界荷载

（一）临塑荷载

根据临塑荷载的定义，即在外荷载作用下地基中刚开始产生塑性区时基础底面单位面积上所承受的荷载，可以用塑性区的最大深度 $z_{max}=0$ 来表达，因此，问题转化为求式（7-5）的极值，即使

$$\frac{\mathrm{d}z}{\mathrm{d}\beta_0} = \frac{p - \gamma_0 d}{\pi\gamma_1}\left(\frac{\cos\beta_0}{\sin\varphi} - 1\right) = 0 \qquad (7\text{-}6)$$

上式可根据三角函数关系求得

$$\cos\beta_0 = \sin\varphi \qquad (7\text{-}7)$$

则有

$$\beta_0 = \frac{\pi}{2} - \varphi \qquad (7\text{-}8)$$

将式（7-8）代入式（7-5），得

$$z_{max} = \frac{p - \gamma_0 d}{\pi\gamma_1}\left(\cot\varphi - \frac{\pi}{2} + \varphi\right) - \frac{c\cot\varphi}{\gamma_1} - \frac{\gamma_0 d}{\gamma_1} \qquad (7\text{-}9)$$

当 $z_{max}=0$ 时，即得到临塑荷载 p_{cr} 的表达式

$$p_{cr} = \frac{\pi(\gamma_0 d + c\cot\varphi)}{\cot\varphi + \varphi - \dfrac{\pi}{2}} + \gamma_0 d = cN_c + \gamma_0 d N_q \qquad (7\text{-}10)$$

式中　N_c、N_q——地基承载力系数，它们是地基土内摩擦角 φ 的函数，即

$$N_c = \frac{\pi\cot\varphi}{\cot\varphi + \varphi - \dfrac{\pi}{2}}, \quad N_q = \frac{\cot\varphi + \varphi + \dfrac{\pi}{2}}{\cot\varphi + \varphi - \dfrac{\pi}{2}} = 1 + N_c\tan\varphi \qquad (7\text{-}11)$$

（二）临界荷载

临界荷载是指允许地基产生一定范围塑性变形区所对应的荷载。实践表明，若采用不允许地基产生塑性区的临塑荷载作为地基设计承载力，则取值偏于保守，往往不能充分发挥地基的承载能力。对于中等强度以上的地基土，若将控制地基中塑性区在一定范围内的临界荷载作为地基设计承载力，则即使地基有足够的安全度，又能充分发挥地基的承载能力，从而达到优化设计的目的。

根据工程实践经验，在中心荷载作用下，可控制塑性区最大发展深度 $z_{\max}=b/4$；在偏心荷载作用下，控制塑性区最大发展深度 $z_{\max}=b/3$，对一般建筑物是允许的，与此相对应的基底压力称为临界荷载，分别用 $p_{1/4}$ 和 $p_{1/3}$ 表示。此时，地基变形会有所增加，必须验算地基变形不超过建筑物允许沉降值。

1. 临界荷载 $p_{1/4}$

在式（7-9）中令 $z_{\max}=b/4$，整理可得地基在中心荷载作用下的临界荷载计算公式

$$p_{1/4}=\frac{\pi\left(\gamma_0 d+c\cot\varphi+\frac{1}{4}\gamma_1 b\right)}{\cot\varphi+\varphi-\frac{\pi}{2}}+\gamma_0 d=cN_c+\gamma_0 dN_q+\frac{1}{2}\gamma_1 bN_{\gamma(1/4)} \qquad (7-12)$$

式中　b——基础宽度，m；若基础形式为矩形，则 b 为短边长；若基础为方形，则 b 为方形的边长；若基础形式为圆形，则取 $b=\sqrt{A}$，A 为圆形基础的底面积。

2. 临界荷载 $p_{1/3}$

在式（7-9）中令 $z_{\max}=b/3$，整理可得地基在偏心荷载作用下的临界荷载计算公式

$$p_{1/3}=\frac{\pi\left(\gamma_0 d+c\cot\varphi+\frac{1}{3}\gamma_1 b\right)}{\cot\varphi+\varphi-\frac{\pi}{2}}+\gamma_0 d=cN_c+\gamma_0 dN_q+\frac{1}{2}\gamma_1 bN_{\gamma(1/3)} \qquad (7-13)$$

$$N_{\gamma(1/4)}=\frac{\pi}{2\left(\cot\varphi+\varphi-\frac{\pi}{2}\right)},\ N_{\gamma(1/3)}=\frac{2\pi}{3\left(\cot\varphi+\varphi-\frac{\pi}{2}\right)} \qquad (7-14)$$

通过对式（7-10）、式（7-12）和式（7-13）的分析，可以将地基的临塑和临界荷载写成统一数学表达式如下

$$p=\frac{1}{2}\gamma_1 bN_\gamma+\gamma_0 dN_q+cN_c \qquad (7-15)$$

式中　N_c、N_q、N_γ——地基承载力系数。

N_c、N_q 意义和式（7-11）相同，相应于 p_{cr} 的 N_γ 为 0，而相应于 $p_{1/4}$ 和 $p_{1/3}$ 的 N_γ 按式（7-14）取值，是地基土内摩擦角 φ 的函数。

地基的临界荷载是地基中土体的塑性区开展深度限制在某一范围内所对应的荷载，因此，一方面虽然地基中出现部分塑性区，但并未发展成整体失稳，地基尚有足够的安全储备，在工程中采用临界荷载作为地基设计承载力是合理的；另一方面，由于塑性区的开展深度有限，仍然可以将地基看作弹性半空间体，近似采用弹性理论计算地基中的应力。

地基临塑和临界荷载公式是建立在条形荷载情况下推导的，若近似用于矩形或圆形基础，其结果偏于安全。对于临界荷载 $p_{1/4}$ 和 $p_{1/3}$ 的推导，近似采用弹性力学解答所引起的误差，将随塑性变形区的扩大而增加。

【例 7-1】 某学校学生食堂采用墙下条形基础，基础宽度 $b=3m$，埋置深度 $d=2.5m$，地基土的物理性质：天然重度 $\gamma=19kN/m^3$，土的黏聚力 $c=12kPa$，内摩擦角 $\varphi=16°$。试求：该学生食堂地基的临塑荷载 p_{cr} 和临界荷载 $p_{1/4}$ 和 $p_{1/3}$。

解 由 $\varphi=16°$，得地基承载力系数

$$N_c = 4.99, N_q = 2.43, N_{\gamma(1/4)} = 0.71, N_{\gamma(1/3)} = 0.95$$

把地基承载力系数代入临塑荷载计算公式得

$$p_{cr} = cN_c + \gamma_0 dN_q = 12 \times 4.99 + 19 \times 2.5 \times 2.43 = 175.31(kPa)$$

把地基承载力系数代入临界荷载计算公式得

$$p_{1/4} = cN_c + \gamma_0 dN_q + \frac{1}{2}\gamma_1 bN_{\gamma(1/4)}$$

$$= 12 \times 4.99 + 19 \times 2.5 \times 2.43 + 0.5 \times 19 \times 3 \times 0.71 = 195.54(kPa)$$

$$p_{1/3} = cN_c + \gamma_0 dN_q + \frac{1}{2}\gamma_1 bN_{\gamma(1/3)}$$

$$= 12 \times 4.99 + 19 \times 2.5 \times 2.43 + 0.5 \times 19 \times 2.5 \times 0.95 = 197.87(kPa)$$

可见，随着塑性区允许开展深度的增加，地基承载力也逐渐增大。

第四节 地基极限承载力

地基极限承载力 f_u 是指地基土中的塑性区充分发展并形成连续贯通的滑动面时，地基所能承受的最大荷载，此时地基即将失稳，因此其值也称为极限荷载 p_u。求极限荷载的方法一般有两种：一是根据弹塑性理论求解，二是假定滑动面法。

(1) 弹塑性理论求解基本思路：根据弹塑性理论建立微分方程，并由边界条件求地基整体达到极限平衡时的地基承载力精确解，如普朗特尔极限承载力。

(2) 假定滑动面法求解基本思路：事先假设滑动面形状（圆弧形、直线与对数螺旋线组合等），取滑动土体为隔离体，根据静力平衡求地基承载力，如太沙基极限承载力。

计算得到的地基极限承载力并不具备安全储备，应除以相应的安全系数后，才能作为地基设计承载力。

一、普朗特尔-赖斯纳极限承载力

普朗特尔（L. Prandtl，1920）的地基承载力课题：根据塑性理论，研究刚性体在外力作用下压入无限刚塑介质中，当介质达到极限平衡时，推导获得滑动面的形状和外荷载的计算公式。普朗特尔没有考虑基础的埋置深度，1924 年赖斯纳（Reissner）在普朗特尔的研究基础上，考虑了基础埋深的影响，对地基承载力公式做了进一步的推广。

1. 基本假设

在推导极限承载力计算公式时做如下三个基本假定：

(1) 介质是无重量的，即认为基底下土的重度等于零；

(2) 基础底面是完全光滑的，即基底与土之间无摩擦。因此，水平面为大主应力面，竖直面为小主应力面；

(3) 外荷载为无限长的条形荷载，当基础埋深较浅时，可将基底面看作地基表面，基底面以上的两侧土体作为当量的均布超载。

2. 滑动面形状

普朗特尔根据极限平衡理论及上述 3 个基本假定，得出滑动面的形状：两端为直线，中间为对数螺旋线，左右对称分布的曲线，如图 7-6 所示，它可以分成 3 个区。

(1) Ⅰ区——位于荷载板底面下，由于假定荷载板底面是光滑的，因此Ⅰ区中竖向应力即为大主应力，成为朗肯主动区，滑动面与水平面的夹角为 $45°+\varphi/2$；

(2) Ⅱ区——滑动面为曲面，呈对数螺旋线分布，对数螺旋方程为 $r=r_0 e^{\theta\tan\varphi}$（$r_0$ 为起始矢径，即图中Ⅰ区斜边 ab' 或 $a'b'$ 的长度；θ 为对数螺旋线上一点与边缘 a 或 a' 的连线与矢径间所成夹角），并且与Ⅰ区和Ⅲ区的滑动面相切，又称过渡区；

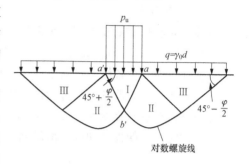

图 7-6 普朗特尔滑动面形状

(3) Ⅲ区——由于Ⅰ区的土体向下位移，附近的土体向两侧挤压，从而使得Ⅲ区成为朗肯被动区，滑动面与水平面的夹角为 $45°-\varphi/2$。

3. 普朗特尔 - 赖斯纳极限承载力公式

$$p_u = cN_c + \gamma_0 dN_q = cN_c + qN_q \tag{7-16}$$

$$N_q = e^{\pi\tan\varphi}\tan^2\left(45°+\frac{\varphi}{2}\right) \tag{7-17}$$

$$N_c = (N_q - 1)\cot\varphi \tag{7-18}$$

式中　N_c，N_q——地基承载力系数，与土的内摩擦角 φ 有关；

　　　　c——地基土的黏聚力，kPa；

　　　　q——基础底面两侧超载，$q=\gamma_0 d$（γ_0 为基底以上土层的加权平均重度，d 为基础埋深）。

普朗特尔 - 赖斯纳地基承载力公式认为地基极限承载力由滑动面上的黏聚力 c 和基础两侧超载 q 产生的抗力组成，由于假定滑动土体为无重介质，因此基底土的重量不产生抗力。当基础位于无黏性土地基的表面时（此时 $c=d=0$），极限承载力 $p_u=0$，显然这是不合理的。但若考虑土的重度，普朗特尔Ⅱ区就不呈对数螺旋线分布，其滑动面形状复杂，目前无法按照极限平衡理论求得解析解。为了弥补这一不足，太沙基（*Karl Terzaghi*，1943）根据普朗特尔的基本原理提出了考虑地基土重量的极限承载力计算公式；汉森（*J. B. Hansen*，1961）提出了中心倾斜荷载并考虑到其他一些影响因素的极限承载力公式。

二、太沙基极限承载力

1943 年，太沙基（Karl Terzaghi）假定基础底面是粗糙的，提出条形基础受均布荷载作用的极限承载力计算公式。

1. 基本假设

(1) 基础底面粗糙，即它与土体之间有摩擦力存在。当地基出现贯穿地表的连续滑动面时，其基底下有一土楔体受摩阻力作用随基础一起移动，如图 7-7 所示 $aa'b'$，该部分处于弹性压密状态。土楔体边界 ab' 或 $a'b'$ 与水平面的夹角为 ψ，ψ 角与基底的粗糙程度有关。当基底为完全粗糙时，$\psi=\varphi$；当基底为完全光滑时，则 $\psi=45°+\varphi/2$；一般情况下，ψ 介于 φ

和 $45°+\varphi/2$ 之间，本节太沙基极限承载力公式推导过程中假设基底完全粗糙，即 $\psi=\varphi$。

（2）基底以下土体有重量，$\gamma\neq0$；

（3）不考虑基底以上填土的抗剪强度，把它仅看成作用在基底两侧的超载 q。

2. 滑动面形状

地基土发生滑动破坏时，滑动面的形状为如图 7-7（a）所示形状，地基土分为三个区域：

（1）Ⅰ区——位于基础底面下的土楔体 $aa'b'$，称为弹性压密区或弹性核，在荷载作用下，与基础作为一个整体竖直向下移动，滑动面 ab'（$a'b'$）与基础底面的夹角为 ψ。

（2）Ⅱ区——对数螺旋线过渡区，由两组滑移线组成，一组是通过 a（或 a'）点的辐射线，另一组为对数螺旋线 $b'c$（或 $b'c'$），连接Ⅰ区和Ⅲ区；

（3）Ⅲ区——朗肯被动区，滑动面 ce 与水平面的夹角为 $45°-\varphi/2$。

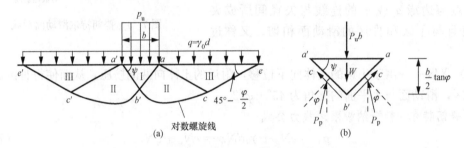

图 7-7 太沙基极限承载力计算模型

（a）太沙基滑动分区；（b）弹性核受力状态

3. 太沙基极限承载力公式

根据上述假定，弹性核 $aa'b'$（Ⅰ区）随基础一同向下位移并推动两侧土体（$ab'ce$ 和 $a'b'c'e'$）发生地基失稳，此时作用在 ab'（$a'b'$）面上有被动土压力 P_p，P_p 与作用面的法线方向成 φ 角。以弹性核 $aa'b'$ 为脱离体，分析其静力平衡条件。作用在弹性核上的力包括：

（1）弹性核的自重，方向竖直向下，其值为

$$W = \frac{1}{4}\gamma b^2\tan\psi$$

（2）基底 aa' 面上的极限作用力，方向竖直向下，考虑到取单位基础长度，因此这里应等于极限承载力与基础宽度的乘积 $p_u b$。

（3）弹性核两斜面 ab'（$a'b'$）上作用的总黏聚力，方向为平行于斜面向上，则两个斜面总黏聚力在竖向的分力为 $2c\cdot\dfrac{b}{2\cos\psi}\cdot\sin\psi=cb\tan\psi$。

（4）作用在弹性核两斜面上的被动土压力 P_p。

根据竖向力平衡方程，得到

$$p_u b = 2P_p\cos(\psi-\varphi)+cb\tan\psi-\frac{1}{4}\gamma b^2\tan\psi \tag{7-19}$$

若基底为完全粗糙，式（7-19）可写为

$$p_u b = 2P_p+cb\tan\varphi-\frac{1}{4}\gamma b^2\tan\varphi \tag{7-20}$$

若被动土压力 P_p 已知，则可按上式求得极限承载力。反力 P_p 是由土的黏聚力 c、基础两侧超载 q 和土的重度 γ 所引起的。对于完全粗糙的基底，将弹性核斜面边界视为挡土墙，

分三步求被动土压力 P_p：①假定 γ 与 q 均为零，求得仅由黏聚力 c 引起的反力 $P_{pc}=1/2 cbK_c\tan\varphi$；②假定 γ 与 c 均为零，求出仅由超载 q 引起的反力 $P_{pq}=1/2qbK_q\tan\varphi$；③假定 q 与 c 均为零，求出仅由土的重度 γ 引起的反力 $P_{p\gamma}=1/8\gamma b^2 K_\gamma\tan\varphi$。

K_c、K_q、K_γ 分别为黏聚力 c、超载 q 和土的重度 γ 引起的土压力系数。

利用叠加原理得到反力 $P_p=P_{pc}+P_{pq}+P_{p\gamma}$，代入式（7-20），整理后得到地基极限承载力为

$$p_u = cN_c + qN_q + \frac{1}{2}\gamma b N_\gamma \qquad (7-21)$$

式中　　　c——基底以下土的黏聚力，kPa；

　　　　　γ——基底以下土的重度，kN/m^3；

　　　　　b——基础底面宽度，m；

N_c、N_q、N_γ——太沙基地基承载力系数，都是土的内摩擦角 φ 的函数。可由图7-8或表7-1查取。

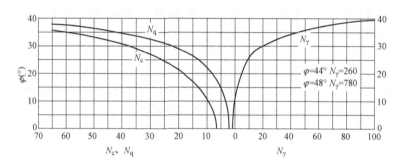

图7-8　太沙基地基承载力系数

表7-1　　　　　　　　　太沙基地基承载力系数 N_γ、N_c、N_q 的数值

φ	0°	5°	10°	15°	20°	25°	30°	35°	40°	45°
N_γ	0	0.51	1.20	1.80	4.0	11.0	21.8	45.4	125	326
N_q	1.0	1.64	2.69	4.45	7.42	12.7	22.5	41.4	81.3	173.3
N_c	5.71	7.32	9.58	12.9	17.6	25.1	37.2	57.7	95.7	172.2

式（7-21）是在假定条形基础的条件下地基发生整体剪切破坏时得到的，对于工程中常用的方形和圆形基础，或地基发生局部剪切破坏的情况，太沙基给出了相应的经验公式。

对地基发生局部剪切破坏的情况，太沙基建议对土的抗剪强度指标进行折减，即取

$$c^* = \frac{2}{3}c$$

$$\tan\varphi^* = \frac{2}{3}\tan\varphi \text{ 或 } \varphi^* = \arctan\left(\frac{2}{3}\tan\varphi\right)$$

根据修正后的 c^*、φ^*，由图7-8查得 N_c、N_q、N_γ，按（7-21）计算局部剪切破坏模式下的地基极限承载力。

对于圆形或方形基础，太沙基建议按下列半经验公式计算地基极限承载力。

圆形基础　　　　　　　　$$p_u = 1.2cN_c + qN_q + 0.6\gamma R N_\gamma \qquad (7-22)$$

方形基础 $\qquad p_u = 1.2cN_c + qN_q + 0.4\gamma bN_\gamma \qquad$ (7-23)

式中　R——圆形基础的半径，m；

　　　b——方形基础的宽度，m。

对于宽度为 b、长度为 l 的矩形基础，可按 b/l 值在条形基础（$b/l=0$）和方形基础（$b/l=1$）的计算极限承载力之间利用插值法得到。

【例7-2】 南京某高楼地基采用条形基础，基础宽度 $b=1.5\mathrm{m}$，埋置深度 $d=1.2\mathrm{m}$，土的重度 $17.6\mathrm{kN/m^3}$，试验测得土的抗剪强度指标：黏聚力 $c=18\mathrm{kPa}$，内摩擦角 $\varphi=20°$。

试求：（1）利用太沙基公式求地基的极限承载力；

（2）当基础宽度为 4m，其他条件不变时，试求地基极限承载力；

（3）当基础宽度为 4m，深度为 3.0m，其他条件不变时，试求地基极限承载力。

解 （1）太沙基极限承载力公式为

$$p_u = cN_c + qN_q + \frac{1}{2}\gamma bN_\gamma$$

根据内摩擦角 $\varphi=20°$，查表 7-1 得太沙基承载力系数 $N_\gamma=4.0$、$N_c=17.6$、$N_q=7.42$，代入公式得

$$p_u = cN_c + qN_q + \frac{1}{2}\gamma bN_\gamma$$

$$= 18 \times 17.6 + 17.6 \times 1.2 \times 7.42 + 0.5 \times 17.6 \times 1.5 \times 4.0 = 526.3(\mathrm{kPa})$$

（2）当基础宽度为 4m 时，用太沙基公式求极限承载力为

$$p_u = cN_c + qN_q + \frac{1}{2}\gamma bN_\gamma$$

$$= 18 \times 17.6 + 17.6 \times 1.2 \times 7.42 + 0.5 \times 17.6 \times 4 \times 4.0 = 614.3(\mathrm{kPa})$$

（3）当基础宽度为 4m，深度为 3.0m 时，用太沙基公式求极限承载力为

$$p_u = cN_c + qN_q + \frac{1}{2}\gamma bN_\gamma$$

$$= 18 \times 17.6 + 17.6 \times 3 \times 7.42 + 0.5 \times 17.6 \times 4 \times 4.0 = 849.4(\mathrm{kPa})$$

由以上结果可知，增加基础的宽度和埋置深度，均能有效地提高地基承载力。

三、汉森极限承载力公式

汉森（$Hansen$，$J.B$）在极限承载力上的主要贡献就是对承载力进行数项修正，包括非条形荷载的基础形状修正、埋深范围内考虑土的抗剪强度的深度修正、基底有水平荷载时的荷载倾斜修正、地面有倾角 β 时的地面修正以及基底有倾角 η 时的基底修正，每种修正均需在承载力系数 N_c、N_q、N_γ 上乘以相应的修正系数，如图 7-9、图 7-10 所示。修正后的汉森极限承载力公式为

$$p_u = \frac{1}{2}\gamma bN_\gamma S_\gamma d_\gamma i_\gamma g_\gamma b_\gamma + qN_q S_q d_q i_q g_q b_q + cN_c S_c d_c i_c g_c b_c \qquad (7-24)$$

式中　N_γ、N_q、N_c——地基承载力系数；在汉森公式中取 $N_q = e^{\pi\tan\varphi}\tan^2(45°+\varphi/2)$，

　　　　　　　　　　$N_\gamma = 1.8(N_q-1)\tan\varphi$，$N_c = (N_q-1)\cot\varphi$；

　　　S_γ、S_q、S_c——相应于基础形状的修正系数；

　　　d_γ、d_q、d_c——相应于考虑埋深范围内土强度深度修正系数；

　　　i_γ、i_q、i_c——相应于荷载倾斜的修正系数；

g_γ、g_q、g_c——相应于地面倾斜的修正系数；

b_γ、b_q、b_c——相应于基础底面倾斜的修正系数。

图 7 - 9　地面倾斜的情况　　　　　图 7 - 10　基础底面倾斜的情况

汉森提出上述各系数的计算公式见表 7 - 2。

表 7 - 2　　　　　　　　　　汉森承载力公式中的修正系数

形状修正系数	深度修正系数	荷载倾斜修正系数	地面倾斜修正系数	基底倾斜修正系数
$S_c = 1 + 0.2 \dfrac{b}{l} i_c$	$d_c = 1 + 0.4 \dfrac{d}{b}$	$i_c = i_q - \dfrac{1 - i_q}{N_q - 1}$	$g_c = 1 - \beta/147°$	$b_c = 1 - \bar{\eta}/147°$
$S_q = 1 + \dfrac{b}{l} i_q \sin\varphi$	$d_q = 1 + 2\tan\varphi\,(1 - \sin\varphi)^2 \dfrac{d}{b}$	$i_q = \left(1 - \dfrac{0.5 P_h}{P_v + A_f \cdot c \cdot \cot\varphi}\right)^5$	$g_q = (1 - 0.5\tan\beta)^5$	$b_q = \exp\,(-2\bar{\eta}\tan\varphi)$
$S_\gamma = 1 - 0.4 \dfrac{b}{l} i_\gamma$	$d_\gamma = 1.0$	$i_\gamma = \left(1 - \dfrac{0.7 P_h}{P_v + A_f \cdot c \cdot \cot\varphi}\right)^5$	$g_\gamma = (1 - 0.5\tan\beta)^5$	$b_\gamma = \exp\,(-2.7\bar{\eta}\tan\varphi)$

表中符号　A_f——基础的有效接触面积 $A_f = b'l'$，m^2；

　　　　　b'——基础的有效宽度 $b' = b - 2e_b$，m；

　　　　　l'——基础的有效长度 $l' = l - 2e_l$，m；

　　　　　d——基础的埋置深度，m；

　　　e_b、e_l——相对于基础中心的荷载偏心距，m；

　　　　b、l——基础的宽度和长度，m；

　　　　c、φ——地基土的黏聚力和内摩擦角，kPa；

　　　　　P_h——作用在基底的水平分力，kN；

　　　　　P_v——作用在基底的垂直分力，kN；

　　　　　β——地面倾角，°；

　　　　　$\bar{\eta}$——基底倾角，°。

第五节　地基承载力的确定

所有建筑物地基基础设计时，均应满足地基承载力和变形要求，即满足：①建筑物基础的基底压力不能超过地基的承载能力；②建筑物基础在荷载作用下可能产生的变形不能超过地基的容许变形值。对经常受水平荷载作用的高层建筑、高耸结构、高路堤、挡土墙以及建造在斜坡上或边坡附近的建筑物，尚应验算地基稳定性。通常地基计算时，首先应限制基底压力小于或等于地基承载力特征值（设计值），以便确定基础的埋置深度和底面尺寸，然后验算地基变形，必要时要验算地基稳定性。现介绍常用的地基承载力的确定方法。

一、由极限承载力的理论公式确定

可根据地基极限承载力理论公式计算得到极限荷载 p_u，并除以相应的安全系数 K 后，

作为基础设计的地基承载力，即

$$f_a = p_u/K \qquad (7-25)$$

式中　p_u——地基极限荷载；

K——安全系数，其取值与地基基础设计等级、荷载性质、地基土抗剪强度指标的可靠程度及地基条件等因素有关，考虑长期承载力时一般取 $K=2\sim3$。假定通过计算或试验得到 $p_u=870\text{kPa}$，取安全系数为 $K=3.0$，则地基承载力为 $f_a=p_u/K=870/3=290\text{kPa}$。

确定地基极限承载力的理论公式有普朗特尔-赖斯纳公式、太沙基公式及汉森公式等。但应注意，按理论公式确定地基承载力没有考虑建筑物对地基变形的要求，因此还要进行地基变形验算。

二、按规范推荐公式确定

不同行业一般会根据本行业的特点制定相关的规范，同时各地区的土质情况不同，因此每种规范都存在一定的差异，但它们依据的基本思想和理论方面是一致的。本节只介绍《建筑地基基础设计规范》（GB 50007—2011）（以下简称《规范》）中确定地基承载力的方法。

《规范》规定，当荷载偏心距 $e \leqslant 0.033b$（b 为偏心方向基础边长）时，可根据土的抗剪强度指标确定地基承载力特征值，并应满足变形要求，即

$$f_a = M_b\gamma b + M_d\gamma_m d + M_c c_k \qquad (7-26)$$

式中　　　　f_a——由土的抗剪强度指标确定的地基承载力特征值，kPa；

M_b、M_d、M_c——承载力系数，根据 φ_k 按表7-3查取；

φ_k、c_k——基底下一倍短边宽度的深度范围内土的内摩擦角标准值、黏聚力标准值；

b——基础底面宽度，m，大于6m时按6m取值，对于砂土，小于3m时按3m取值；

γ——基础底面以下土的重度，地下水位以下取浮重度，kN/m³；

γ_m——基础埋深范围内各层土的加权平均重度，地下水位以下取浮重度，kN/m³；

d——基础埋置深度，m；当 $d<0.5\text{m}$ 时按0.5m取值，自室外地面标高算起。

在填方整平地区，可自填土地面标高算起，但填土在上部结构施工后完成时，应从天然地面标高算起。对于地下室，如采用箱形基础或筏板时，基础埋置深度自室外地面标高算起；当采用独立基础或条形基础，应从室内地面标高算起。

表 7-3 承载力系数 M_b、M_d、M_c

土的内摩擦角标准值 φ_k	M_b	M_d	M_c
0	0	1.00	3.14
2	0.03	1.12	3.32
4	0.06	1.25	3.51
6	0.10	1.39	3.71
8	0.14	1.55	3.93
10	0.18	1.73	4.17
12	0.23	1.94	4.42
14	0.29	2.17	4.69
16	0.36	2.43	5.00

土的内摩擦角标准值 φ_k	M_b	M_d	M_c
18	0.43	2.72	5.31
20	0.51	3.06	5.66
22	0.61	3.44	6.04
24	0.80	3.87	6.45
26	1.10	4.37	6.90
28	1.40	4.93	7.40
30	1.90	5.59	7.95
32	2.60	6.35	8.55
34	3.40	7.21	9.22
36	4.20	8.25	9.97
38	5.00	9.44	10.80
40	5.80	10.84	11.73

几点说明：

（1）式（7-26）仅适用于 $e \leqslant 0.033b$，因为该公式理论模式是基底压力均匀分布，当受到较大水平荷载或偏心荷载使合力偏心距过大时，地基反力就会很不均匀，为了符合其理论模式，故增加以上限制；

（2）承载力系数 M_b、M_d、M_c 是以地基临界荷载 $p_{1/4}$ 公式中相应系数为基础确定的。考虑到内摩擦角大时理论值 M_b 偏小，对一部分系数按试验结果做了调整；

（3）按式（7-26）确定承载力时，只保证地基强度有足够的安全度，未能保证满足变形要求，故还应进行地基变形验算；

（4）抗剪强度指标应取质量较好的原状土样以三轴压缩试验测定，每层土的试验数量不少于6组。

地基承载力不仅与土的性质有关，还与基础的形状、大小、埋深及荷载条件等有关，同时这些因素对承载力的影响随着土质的不同而变化。如对于厚度较大的饱和软土（$\varphi_u = 0$，$M_b = 0$），增大基础宽度不能提高地基承载力，但当地基经过一定时间的固结使 $\varphi_k > 0$ 时，增大基底宽度将使地基承载力增加。

三、由现场载荷试验等原位试验方法确定

地基承载力特征值可由载荷试验或其他原位测试方法确定。地基承载力特征值是指由载荷试验确定的地基土压力变形曲线线性变形段内规定的变形所对应的压力值，其最大值为比例界限值。原位试验优点是能够避免钻探取样时对地基土的扰动而导致的性质变化，因此得到的地基承载力较为可靠。对于重要的或一级建筑物，均应通过载荷试验来确定地基承载力。现场载荷试验分为浅层平板载荷试验、深层平板载荷试验和螺旋板载荷试验。前者适用于浅层地基，后两者适用于深层地基。

载荷试验是一种基础受荷的模拟试验，方法是在地基土上放置一块刚性载荷板（深度位于基底的设计标高），然后在载荷板上逐级施加荷载，同时测定在各级荷载下载荷板的沉降量，并观察周围土位移情况，直到地基土破坏失稳为止。下面介绍《规范》中浅层平板载荷试验方法和步骤。

地基浅层平板载荷试验（如图 7-11、图 7-12 所示）可适用于浅部地基土层承压板下应力主要影响范围的承载力，承压板面积一般不小于 $0.25m^2$，对于软土不应小于 $0.5m^2$。

试验基坑不应小于承压板宽度或直径的 3 倍。应保持试验土层的原状结构和天然湿度。宜在拟试压表面用粗砂或中砂层找平，其厚度不超过 20mm。

加载一般不小于 8 级，最大加载量不应小于设计要求的 2 倍。每级加载后，按间隔 10，10，10，15，15min，以后每隔 30min 测读一次沉降量，当连续 2 小时内，每小时的沉降量小于 0.1mm，认为稳定，可以加下一级荷载。

图 7-11 地锚式静载荷试验

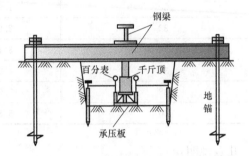

图 7-12 载荷试验示意图

当出现以下情况之一可以终止加载：

（1）承压板周围的土明显的侧向挤出；

（2）沉降 s 急骤增大，p-s 曲线出现陡降段；

（3）在某一荷载下，24h 内沉降速率不能达到稳定标准；

（4）沉降量与承压板宽度或直径的比值 $s/b \geqslant 0.06$。

满足前三种情况之一时，其对应的前一级荷载定为极限荷载 p_u。地基承载力特征值的确定应满足以下规定：

（1）当 p-s 曲线有明确的比例界限时（直线段的终点），取该比例界限所对应的荷载值，如图 7-13（a）所示。

（2）当极限承载力确定后，且该值小于对应比例界限荷载值的 2.0 倍时，取极限承载力 p_u 的一半作为地基承载力特征值；

（3）如不能按上述两点确定时，承压板面积为 $0.25 \sim 0.50m^2$，可取 $s/b = 0.01 \sim 0.015$ 所对应的荷载值，但其值不能超过最大加载量的一半，如图 7-13（b）所示。

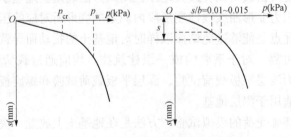

图 7-13 载荷试验确定地基承载力方法

当同一土层参加统计的试验点不少于 3 点，基本值的极差不超过平均值的 30％时，取此平均值作为地基承载力特征值 f_{ak}。

当增加基础的宽度和埋深时，地基承载力也将随之提高，因此，应将地基承载力对不同的基础宽度和埋深进行修正。《规范》规定：当基础宽度大于 3m 或埋置深度大于 0.5m 时，从载荷试验或其他原位测试、经验值等方法确定的地基承载力特征值尚应按下式修正

$$f_a = f_{ak} + \eta_b \gamma (b - 3) + \eta_d \gamma_m (d - 0.5) \tag{7-27}$$

式中　f_a——修正后的地基承载力特征值，kPa；

　　　f_{ak}——地基承载力特征值，kPa。可由载荷试验或其他原位试验等确定；

　　　η_b、η_d——分别为基础宽度和埋深的地基承载力修正系数，按基底下土的类别查表 7-4 取值；

　　　b——基础底面宽度，m。当 $b < 3.0m$ 时，按 $b = 3.0m$ 考虑；当 $b > 6.0m$，按 $b = 6.0m$ 考虑。

表 7-4　　　　　　　　　　　　　　　地基承载力修正系数

土的类别			η_b	η_d
淤泥和淤泥质土			0	1.0
人工填土，e 或 I_l 大于等于 0.85 的黏性土			0	1.0
红黏土	含水比 $a_w > 0.8$		0	1.2
	含水比 $a_w \leq 0.8$		0.15	1.4
大面积压密填土	压密系数大于 0.95、黏粒含量 $\rho_c \geq 10\%$ 的粉土		0	1.5
	最大干密度大于 2100kg/m³ 的级配砂石		0	2.0
粉土	黏粒含量 $\rho_c \geq 10\%$ 的粉土		0.3	1.5
	黏粒含量 $\rho_c < 10\%$ 的粉土		0.5	2.0
e 及 I_l 均小于 0.85 的黏性土			0.3	1.6
粉砂、细砂（不包括很湿与饱和时的稍密状态）			2.0	3.0
中砂、粗砂、砾砂和碎石土			3.0	4.4

注　强风化和全风化的岩石，可参照所风化的相应土类取值，其他状态下的岩石不修正。

【例 7-3】　已知某拟建建筑物场地地质条件，第一层：杂填土，层厚 1.0m，$\gamma = 18kN/m^3$；第二层：粉质黏土，层厚 4.2m，$\gamma = 18.5kN/m^3$，$e = 0.92$，$I_l = 0.94$，地基承载力特征值 $f_{ak} = 136kPa$。试按以下基础条件分别计算修正后的地基承载力特征值：①当基础底面为 4.0m ×2.6m 的矩形独立基础，埋深 $d = 1.0m$；②当基础底面为 9.5m×36m 的箱形基础，埋深 $d = 3.5m$。

解　根据《规范》有：

（1）矩形独立基础下修正后的地基承载力特征值 f_a。

基础宽度 $b = 2.6m$（$< 3m$），按 3m 考虑；埋深 $d = 1.0m$，持力层粉质黏土的孔隙比 $e = 0.92$（> 0.85），查表 7-4 得

$$\eta_b = 0, \eta_d = 1.0$$

$$f_a = f_{ak} + \eta_b \gamma (b - 3) + \eta_d \gamma_m (d - 0.5)$$
$$= 136 + 0 + 1.0 \times 18 \times (1.0 - 0.5) = 145.0(kPa)$$

（2）箱形基础下修正后的地基承载力特征值 f_a。

基础宽度 $b=9.5m$（$>6m$），按 6m 考虑；埋深 $d=3.5m$，持力层仍为粉质黏土，$\eta_b=0$，$\eta_d=1.0$。

$$\gamma_m = (18\times1.0+18.5\times2.5)/3.5 = 18.4(kN/m^3)$$

$$f_a = 136+0+1.0\times18.4\times(3.5-0.5) = 191.2(kPa)$$

【例 7-4】 某建筑物承受中心荷载的柱下独立基础底面尺寸为 $2.5m\times1.5m$，埋深 $d=1.6m$；地基土为粉土，土的物理力学性质指标：$\gamma=17.8kN/m^3$，$c_k=1.2kPa$，$\varphi_k=22°$，试根据规范公式确定持力层的地基承载力特征值。

解 根据 $\varphi_k=22°$ 查表得：$M_b=0.61$，$M_d=3.44$，$M_c=6.04$

$$f_a = M_b\gamma b+M_d\gamma_m d+M_c c_k$$

$$= 0.61\times17.8\times1.5+3.44\times17.8\times1.6+6.04\times1.2 = 121.5(kPa)$$

第六节　影响地基承载力的因素

地基极限承载力与建筑物的安全和经济密切相关，尤其对重大工程或承受倾斜荷载的建筑物更为重要。各类建筑物采用不同的基础形式、尺寸和埋深，置于不同地基土质情况下，极限承载力大小可能相差悬殊，需要进行研究。影响地基极限承载力的因素很多，可归纳为以下 5 个方面：

1. 地基土的强度指标

地基土的物理力学性指标很多，与地基极限承载力有关的主要是土的强度指标 φ、c 和重度 γ。地基土的 φ、c、γ 越大，则极限承载力 f_a 相应也越大。

（1）土的内摩擦角。极限承载力公式中的三个承载力系数 N_c、N_q、N_γ 都直接与土的内摩擦角 φ 值相关，φ 越大，则承载力系数越大，故地基极限承载力越大。

（2）土的黏聚力。如上所述，地基极限承载力主要由三部分组成：①滑裂土体自重产生的抗力；②基础两侧超载 q 产生的抗力；③滑裂面上黏聚力 c 产生的抗力。因此，随着地基土黏聚力 c 增加，则极限承载力增大，且这种抗力与滑裂面的长度有关。

（3）土的重度。地基土的重度 γ 变大，则滑裂土体由自重产生的抗力会有所提高，此时地基承载力增大。如松砂地基采用强夯法处理，土体压密后使 γ 提高（同时 φ 也提高），则地基承载力增大。

2. 地基的破坏形式

（1）整体剪切破坏。当地基土质良好或中等，上部荷载超过地基极限荷载 p_u 时，地基中的塑性变形区扩展连成整体，导致地基发生整体剪切破坏。对其破坏时的滑动面形状，若地基中有较弱的夹层，则必然沿着软弱夹层滑动；若为均匀地基，则滑动面为曲面形状；理论计算中，滑动曲线近似采用折线、圆弧或两端为直线中间为曲线的形式来表示。

（2）局部剪切破坏。当基础埋深大时，因基础旁侧荷载 $q=\gamma_0 d$ 大，阻止地基塑性区向地表扩展，使地基发生局部剪切破坏。

（3）冲剪破坏。若地基为松砂或软土，在外荷作用下使地基产生大量沉降，基础竖向切入土中，发生冲切剪切破坏。

3. 地下水影响

地下水对浅基础地基承载力的影响，一般有两种情况：

（1）浸泡在水下的土，将失去由毛细压力或弱结合水所形成的表观凝聚力，使承载力降低。

（2）由于水的浮力作用，将使土的重量减小而降低了地基的承载力。若地下水位在理论滑裂面以下，则土的重度采用湿重度；若地下水位上升到地面，则采用浮重度计算，此时地基承载力降低。

目前一般都假定水位上下土的强度指标相同，而仅仅考虑由于水的浮力作用对承载力所产生的影响。

4. 荷载作用

（1）荷载作用时间。若荷载作用的时间很短，如地震荷载，则地基承载力有一定程度的提高。如地基为高塑性黏土，呈可塑或软塑状态，在长时期荷载作用下，使土产生蠕变降低土的强度，使极限承载力降低。英国伦敦黏土有此特性，伦敦附近威伯列铁路通过一座 17m 高的山坡时，修筑了 9.5m 高挡土墙以支挡山坡土体，正常通车 13 年后，土坡因伦敦黏土强度降低而滑动，将长达 162m 的挡土墙推移达 6.1m。

（2）荷载作用方向。若荷载为倾斜方向，则极限承载力 f_u 减小，而荷载为竖直作用时极限承载力 f_u 增大，倾斜荷载为不利因素。

5. 基础设计尺寸

地基的极限荷载大小不仅与地基土的性质优劣密切相关，而且与基础尺寸和形状有关，这是初学者容易忽视的。在建筑工程中，遇到地基承载力不够用，相差不多时，可在基础设计中加大基底宽度和基础埋深来解决。

（1）基础宽度。若基础设计宽度 b 加大时，地基承载力 f_a 增大。但当基础宽度达到一定数值后，承载力将不再随基础宽度的增加而增加。因此，不能采用无限制增大基础尺寸的方法来提高地基承载力。如前述地基承载力修正公式中规定，当 $b > 6.0m$，按 $b = 6.0m$ 考虑宽度的修正。

（2）基础埋深。由极限承载力公式可知，增加基础埋置深度能有效提高地基承载力。同时根据第三章中基底附加压力的计算公式，增加埋深能够减小基底附加压力，进而减少地基沉降量。对于高层建筑来说还能增强基础稳定性。但当基础埋深过大时，基坑开挖与支护成本和施工难度也相应增加，应做好优化设计。

思 考 题

7-1 浅基础地基破坏模式有哪几种，各有何特征？一般发生在哪类地基土中？

7-2 何谓地基的临塑荷载、临界荷载、极限承载力？三者的区别在哪？

7-3 太沙基极限承载力的计算公式是什么？式中各符号代表什么含义？

7-4 影响地基极限承载力的因素有哪些？

习 题

7-1 一条形基础，宽度 $b = 10m$，埋深 $d = 2m$，建于均质黏土地基上，黏土天然重度

为 $\gamma=17.0\text{kN/m}^3$，浮重度为 $\gamma'=8.9\text{kN/m}^3$，$\varphi=16°$，$c=15\text{kPa}$，试求 $p_{1/4}$ 的大小；当地下水位上升到基础底面时，此时 $p_{1/4}$ 为多少？

7-2 某宾馆条形基础，基底宽度 $b=2.0\text{m}$，基础埋深 $d=2.0\text{m}$，地下水位接近地面。地基为砂土，饱和重度 $\gamma_{\text{sat}}=19.8\text{kN/m}^3$，内摩擦角 $\varphi=30°$，荷载为中心荷载。求：(1) 地基的临界荷载；(2) 若基础埋深 d 不变，基底宽度 b 加大 1 倍，求地基临界荷载；(3) 若基底宽度 b 不变，基础埋深加大 1 倍，求地基临界荷载；(4) 从上述计算结果可以发现什么规律？

7-3 某条形基础基底宽 $b=2.40\text{m}$，埋深 $d=1.2\text{m}$。地基表层为人工填土，天然重度 $\gamma_1=18.0\text{kN/m}^3$，层厚 1.20m；第二层为黏土，天然重度 $\gamma_2=19.0\text{kN/m}^3$，内摩擦角 $\varphi=18°$，黏聚力 $c=16\text{kPa}$，地下水位埋深 1.20m。按太沙基公式计算基底处地基极限承载力。

7-4 某条形基础宽 $b=1.5\text{m}$，基础埋深 $d=1.4\text{m}$，土的天然重度为 18.0kN/m^3，实验室测得土的内摩擦角 $\varphi=20°$，土的黏聚力 $c=7\text{kPa}$，地下水位深 7.8m。试采用太沙基公式计算地基的极限承载力，当安全系数 $K=2.5$ 时，试确定上部荷载为多少时满足承载力要求。

7-5 有一条形基础，宽度 6m，基础埋深 1.5m，其上作用着中心荷载 500kN/m，地基土质均匀，容重 19kN/m³，土的抗剪强度指标 $c=20\text{kPa}$，$\varphi=20°$，试验算地基的稳定性（假定基底完全粗糙，$K=2.5$）。

第八章 土坡稳定性分析

第一节 概　述

土坡是指具有倾斜坡面的土体，其各部位的名称如图 8-1 所示。一般而言，土坡有两种类型：由自然地质作用所形成的土坡称为天然土坡，如山坡、江河岸坡等；由人工开挖或回填形成的土坡称为人工土坡，如基坑、土石坝、路堤（堑）等边坡。

在许多土木工程建设中都涉及边坡的稳定性问题，如铁路、公路建设中路基的填筑和山体的开挖、高层建筑深基坑的开挖、水库大坝工程等。

边坡失稳，即滑坡，是指边坡在一定范围内一部分土体相对另一部分土体产生滑动。除设计或施工不当可能导致边坡的失稳外，外界的不利影响因素也触发和加剧了边坡的失稳，一般有以下几种原因：

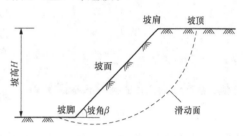

图 8-1　土坡各部位名称

（1）外荷载的作用破坏了岩土体内原有的应力平衡状态，增大了滑动面上的滑动力。例如，在坡顶堆放材料或建造建筑物而使坡顶受荷；或由于打桩振动，车辆行驶、地震、爆破等引起的振动改变了边坡原有的平衡状态。

（2）岩土体的抗剪强度受外界因素的影响而降低。例如，气候等自然条件的变化，在岩土体内引起的干湿或冻融循环，使岩土体强度降低；或因雨水入渗岩土体内使其湿化或岩土体内的软弱夹层泥化而导致强度降低。

如图 8-2 所示，2015 年 12 月 20 日，位于深圳市光明新区的某渣土受纳场发生滑坡事故，造成 73 人死亡，4 人下落不明，17 人受伤（重伤 3 人，轻伤 14 人），33 栋建筑物（厂房 24 栋、宿舍楼 3 栋、私宅 6 栋）被损毁、掩埋，90 家企业生产受影响，涉及员工 4630 人。事故造成直接经济损失为 8.81 亿元。调查指出该滑坡事故的直接原因是：①受纳场没有建设有效的导排水系统导致积水未能导出排泄，致使堆填的渣土含水过饱和，形成底部软弱滑动带；②严重超量超高堆填加载，下滑推力逐渐增大、稳定性降低，导致渣土失稳滑出，体积庞大的高势能滑坡体形成了巨大的冲击力，造成重大人员伤亡和财产损失。

图 8-2　深圳光明区某渣土受纳场滑坡

　　如图 8-3 所示，2003 年 7 月 14 日，位于三峡库区秭归县沙镇溪镇的长江支流清干河左岸发生了特大型顺层岩质滑坡——千将坪滑坡。滑坡从出现变形到高速滑入青干河，仅用时约 1.5 小时，导致 24 人死亡，其中 11 人在岸坡上被滑坡卷走，13 人在船上被滑坡引起的高达 30m 的涌浪所淹没。千将坪滑坡是以后部推移为主、前部牵引为辅的顺层高速滑坡。滑坡原生含炭质页岩夹层，在降雨和水库蓄水的共同作用下发生软化和泥化，并进一步发展为滑带，这是千将坪滑坡发生的内在机制。

图 8-3　三峡库区千将坪滑坡

　　上述案例表明，在土木工程建设中，如果土坡失去稳定造成塌方或滑坡，不仅影响工程进度，有时会危及人的生命安全、造成严重的工程事故和巨大的经济损失。因此，在工程设计中，需要对土坡的稳定性进行分析和评价。目前，土坡稳定性分析的方法主要有极限平衡法、极限分析法和有限元法等，工程实践中多采用极限平衡法。极限平衡分析法的一般步骤是：假定土坡破坏是沿土体内某一滑动面产生滑动，根据滑动土体的静力平衡条件和莫尔-库仑强度理论，计算该面产生滑动的可能性，即求该土坡的稳定性系数，并对多个可能的滑动面进行稳定性验算，其中稳定性系数最低的即为最危险滑动面。

　　然而，除了土体内存在有明显的薄弱环节（如软弱夹层、老滑坡体的滑带），一般情况下土坡滑动面的位置是不确定的。调查研究表明，土坡失稳后的滑动面常见有三种类型：平面、曲面以及复合型滑动面，如图 8-4 所示。由砂、卵石、风化砾石等粗粒材料筑成的无黏性土坡，其滑动面因深度浅常近似为一平面，见图 8-4 (a)。对于均质黏性土坡，其失稳

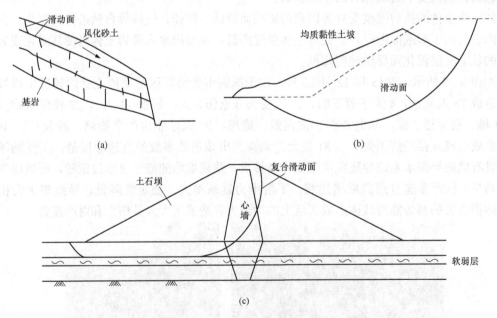

图 8-4　土坡失稳的滑动面形状

(a) 平面滑动面；(b) 圆弧滑动面；(c) 复合型滑动面

时滑动面深入坡体内部，通常是一光滑的曲面，它很接近于圆弧面，故在计算中通常以圆弧面代替，见图 8-4 (b)。对于非均质的黏性土坡，例如土石坝坝身或坝基中存在软弱夹层时，土坡往往沿着软弱夹层发生滑动，此时的滑动面常常是平面和曲面组成的复合型滑动面，见图 8-4 (c)。

对土坡进行稳定性分析的目的在于：

(1) 验算所拟定的边坡是否安全、合理、经济。边坡过陡可能发生坍塌或滑动，过缓则使土方工程量加大，不经济。

(2) 根据给定的边坡高度、土的物理力学性质等已知条件设计出合理的边坡断面。

(3) 对自然边坡进行稳定性分析和安全评价，为国土资源开发提供依据。

第二节　平面滑动的土坡稳定性分析

一、均质无黏性土坡

无黏性土是指有效应力强度指标的黏聚力 $c'=0$ 的土，一般为粗粒土。对于均质无黏性土坡，无论在干坡还是在完全浸水条件下，由于土的有效黏聚力 $c'=0$，因此，只要坡面上的土颗粒在重力作用下能够保持稳定，则整个土坡就是稳定的。

1. 均质干坡和水下坡

均质无黏性土坡（干坡）如图 8-5 所示，土坡坡角为 β，土的内摩擦角为 φ。现从坡面上任取一微单元体来分析其稳定性。设微单元体的重量为 W，假定不考虑该单元体两侧应力对稳定性的影响，则单元体重量 W 沿坡面的滑动力 $T=W\sin\beta$，垂直于坡面的法向反力 $N=W\cos\beta$，由于黏聚力 $c=0$，法向反力产生的摩擦阻力阻止土体下滑，称为抗滑力，用 R 表示，则 $R=N\tan\varphi=W\cos\beta\tan\varphi$。

定义土坡的稳定性系数 F_s 为抗滑力与滑动力之比，即

$$F_s = \frac{R}{T} = \frac{W\cos\beta\tan\varphi}{W\sin\beta} = \frac{\tan\varphi}{\tan\beta}$$

$$(8-1)$$

由式 (8-1) 可知，均质无黏性土坡的稳定性系数 F_s 与土的重度无关，与微单元体在坡面上的位置无

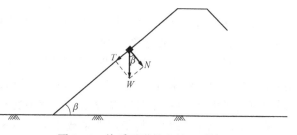

图 8-5　均质无黏性土坡（干坡）

关，因此，均质无黏性土坡的破坏模式常呈平面滑动破坏，式 (8-1) 计算的稳定性系数 F_s 代表了整个土坡的安全度。注意，当 $\beta=\varphi$ 时，$F_s=1$，此时土体处于极限平衡状态，坡角 β 称为天然休止角；当 $\beta<\varphi$ 时，$F_s>1$，土坡是稳定的。对于以石英为主的砂土，在干燥状态和水下的内摩擦角基本相同，因而当土坡浸没在静水中时，稳定性系数可认为是不变的。

2. 有渗流作用的均质土坡

挡水土坝由于上下游的水头差会在其内形成渗流场，若浸润线在下游坝坡面逸出，此时位于浸润线以下的坝坡土体除受重力作用外，还受到一定的渗透力（seepage force）作用，因而会降低下游坝坡的稳定性。

如图 8-6 所示，假定逸出水流的方向与水平面夹角为 θ，此时在渗流逸出处取一微小土

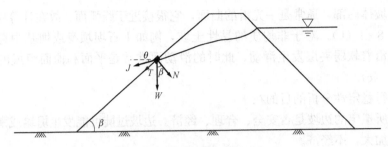

图 8-6　渗透水流逸出的均质土坡

体（体积为 V），作用在微小土体土骨架上的渗透力 $J=jV=\gamma_{\mathrm{w}}iV$，有效重量为 $\gamma'V$。分析土骨架的稳定性，沿坡面的滑动力 T 包括重力和渗透力，为

$$T=\gamma'V\sin\beta+J\cos(\beta-\theta) \tag{8-2}$$

沿坡面的抗滑力 R 为

$$R=N\tan\varphi=[\gamma'V\cos\beta-J\sin(\beta-\theta)]\tan\varphi \tag{8-3}$$

沿坡面滑动的土坡稳定性系数

$$F_{\mathrm{s}}=\frac{R}{T}=\frac{[\gamma'V\cos\beta-J\sin(\beta-\theta)]\tan\varphi}{\gamma'V\sin\beta+J\cos(\beta-\theta)}=\frac{[\gamma'\cos\beta-\gamma_{\mathrm{w}}i\sin(\beta-\theta)]\tan\varphi}{\gamma'\sin\beta+\gamma_{\mathrm{w}}i\cos(\beta-\theta)} \tag{8-4}$$

式中　i——渗流逸出处的水力梯度；

　　　γ'——土体的浮重度，kN/m^3；

　　　γ_{w}——水的重度，kN/m^3；

　　　φ——土的内摩擦角，°。

若水流在逸出段顺坡面流动，即 $\beta=\theta$，此时水力梯度 $i=\sin\beta$，代入式（8-4），得

$$F_{\mathrm{s}}=\frac{\gamma'\cos\beta\tan\varphi}{\gamma'\sin\beta+\gamma_{\mathrm{w}}\sin\beta}=\frac{\gamma'\cos\beta\tan\varphi}{\gamma_{\mathrm{sat}}\sin\beta}=\frac{\gamma'\tan\varphi}{\gamma_{\mathrm{sat}}\tan\beta} \tag{8-5}$$

由此可见，与式（8-1）相比，当逸出段为顺坡渗流时，稳定性系数会降低，通常 $\gamma'/\gamma_{\mathrm{sat}}$ 接近 0.5，即稳定性系数降低约一半。

【例 8-1】　一均质无黏性土坡，其饱和重度 $\gamma_{\mathrm{sat}}=19.5kN/m^3$，内摩擦角 $\varphi=30°$，若要求这个土坡的稳定性系数 $F_{\mathrm{s}}=1.25$，试问在干坡或完全浸水情况下以及坡面有顺坡渗流时其坡角应为多少度？（浸水时内摩擦角 φ 保持不变）

解　干坡或完全浸水，其稳定性系数相同，由式（8-1）可得

$$\tan\beta=\frac{\tan\varphi}{F_{\mathrm{s}}}=\frac{\tan25°}{1.25}=0.462$$

有顺坡渗流时，由式（8-5）可得

$$\tan\beta=\frac{\gamma'\tan\varphi}{\gamma_{\mathrm{sat}}F_{\mathrm{s}}}=\frac{(\gamma_{\mathrm{sat}}-\gamma_{\mathrm{w}})\tan25°}{\gamma_{\mathrm{sat}}\times1.25}=\frac{9.5\times\tan25°}{19.5\times1.25}=0.225$$

由计算结果可以看出，有顺坡渗流时的坡角几乎只有干坡或完全浸水情况下的一半。

二、沿基岩面滑动的边坡

倾斜基岩面上覆的第四纪土层，在降雨和/或地震等作用下沿基岩面滑动，如图 8-7 所示。滑动面长度为 L_{OB}，滑动面（即基岩面）的倾角为 α，坡角为 β，土体重度为 γ（kN/m^3）。

以单宽滑动土体为分析对象，根据滑动土体在倾斜基岩面上的极限平衡原理，求得土坡的稳定性系数为

$$F_s = \frac{R}{T} = \frac{cL_{OB} \times 1 + W\cos\alpha\tan\varphi}{W\sin\alpha}$$

$$= \frac{c\dfrac{H}{\sin\alpha} \times 1 + W\cos\alpha\tan\varphi}{W\sin\alpha}$$

(8 - 6)

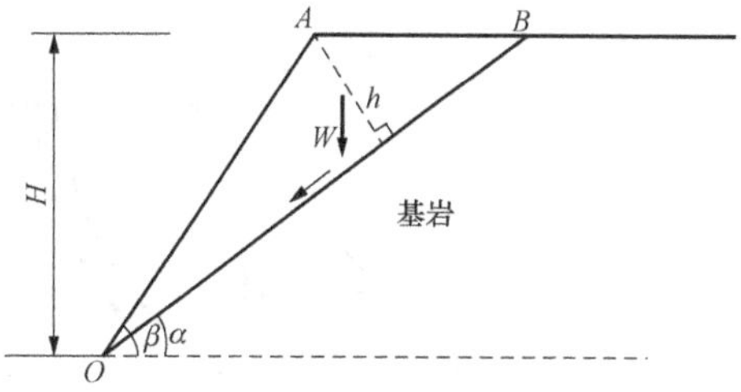

式中　W——滑动土体的重量，kN；其表达式见式（8-7）

图 8 - 7　土坡沿倾斜基岩面滑动

$$W = \frac{1}{2}\gamma L_{AB}H \times 1 = \frac{1}{2}\gamma\left(\frac{\cos\alpha}{\sin\alpha} - \frac{\cos\beta}{\sin\beta}\right)H^2 \times 1 \tag{8 - 7}$$

将式（8-7）代入式（8-6），可得

$$F_s = \frac{\tan\varphi}{\tan\alpha} + \frac{2c\sin\beta}{\gamma H\sin\alpha\sin(\beta - \alpha)} \tag{8 - 8}$$

当 $F_s = 1$ 时，可求得土坡的临界高度 H_{cr}

$$H_{cr} = \frac{2c\sin\beta\cos\varphi}{\gamma\sin(\beta - \alpha)\sin(\alpha - \varphi)} \tag{8 - 9}$$

第三节　圆弧滑动面的土坡稳定性分析

黏性土的抗剪强度包含摩擦强度和黏聚强度，由于黏聚力的存在，黏性土坡不会像无黏性土坡沿坡表面或沿平面滑动面滑动，其最危险滑动面深入土坡内部。如前所述，均质黏性土自然边坡或人工填筑的土坡发生滑动时的滑动面为一曲面，且可以近似为一圆柱面（平面上为一圆弧）。因此，在工程实践中常假定平面应变状态的土坡滑动面为圆弧滑动面。建立在这一假定上的土坡稳定性分析方法称为圆弧滑动面法，是极限平衡分析法中常用的一种。

用圆弧滑动面法进行土坡稳定性分析首先是由彼德森（K. E. Petterson，1915）提出，后由费伦纽斯（W. Fellenius，1922）和泰勒（D. E. Taylor，1937）做出改进。具体的方法有瑞典圆弧滑动面法、条分法、摩擦圆法、泰勒图表法、总应力法、有效应力法以及若干半图解法等。这些方法尽管适用条件有所不同，但都是基于圆弧假定并从极限平衡状态出发来分析土坡稳定性的。归纳起来上述方法可分为两种：

（1）土坡圆弧滑动面的整体稳定性分析法。主要适用于简单的均质土坡。所谓简单土坡是指土坡的坡顶和坡底水平，且土质均匀，无地下水。

（2）条分法。对非均质土坡、土坡外形复杂、土坡部分在水下等情况均适用。

一、土坡圆弧滑动面的整体稳定性分析

（一）整体圆弧滑动面法

如图 8-8 所示一个均质的黏土土坡，假设可能产生的任意圆弧滑动面为 AC，圆心为 O，半径为 R，在土坡长度方向截取单位长度，按平面问题分析。认为土坡失稳就是滑动土体绕圆心转动。把滑动土坡看成一个刚体，滑动土体 ABC 重力为 W，是促使滑动土体绕圆心 O 转动的力，滑动力矩 $M_s = Wa$，a 为过滑动土体重心的竖直线与圆心 O 的水平距离。沿滑动面 AC 上分布的土的抗剪强度 τ_f 是抵抗土坡滑动的力，抗滑力矩为 M_R。

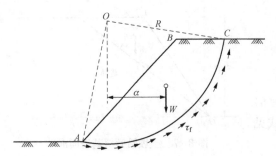

图 8-8 均质黏性土坡的整体圆弧滑动面法

M_R 由两部分组成：一是滑动面 AC 上黏聚力 c 产生的抗滑力矩，其值为 $M_{R1}=c \cdot \hat{l}_{AC} \cdot R$，其中 $\hat{l}_{AC}$ 为滑动面 AC 的弧长；而是滑动面 AC 上法向应力 σ 产生的总抗滑力矩，其表达式为

$$M_{R2} = \int_A^C \sigma \tan\varphi R \, dl \qquad (8-10)$$

因滑动面上各点的法向应力 σ 不同，对于 $\varphi>0$ 的土，需要采用条分法计算。当 $\varphi=0$ 时，各点的法向应力 σ 不产生抗滑力矩（反力方向通过圆心），即 $M_{R2}=0$，因此总抗滑力矩只有 $M_R=M_{R1}=c \cdot \hat{l}_{AC} \cdot R$。此时土坡的稳定性系数为

$$F_s = \frac{M_R}{M_s} = \frac{c \cdot \hat{l}_{AC} \cdot R}{Wa} \qquad (8-11)$$

这就是整体圆弧滑动法计算土坡稳定性系数的表达式。注意，它只是适用于 $\varphi=0$ 的情况，以及饱和软黏土的不排水条件下。在上述计算中，滑动面的位置是假定的，需要试算多个可能的滑动面，找出稳定性系数最小的滑动面，即为最危险滑动面。

（二）摩擦圆法

式（8-11）只适用于 $\varphi=0$ 的情况，对于 $\varphi>0$ 的土，可以采用条分法或摩擦圆法。摩擦圆法是由泰勒（D. W. Taylor，1937）提出，并假定滑动面为圆弧面。如图 8-9 所示，滑动面 AD 上的抵抗力包括土的摩擦力和黏聚力。由摩擦力和黏聚力产生的抗力的合力分别为 F 和 F_c。假定滑动面上的摩擦力首先得到发挥，然后由土的黏聚力补充。取单位长度土坡，按平面问题分析，作用在滑动土体 $ABCDA$ 上有三个力：

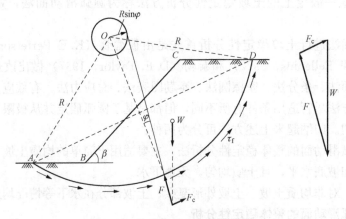

图 8-9 均质黏性土坡的摩擦圆法

（1）滑动土体的重力 W，它等于滑动土体 $ABCDA$ 的面积与土的重度的乘积，其作用点的位置在滑动土体面积的形心。因此，W 的大小和作用线都是已知的。

（2）作用在滑动面 AD 上的黏聚力产生的抗力合力 F_c，其方向假定与 AD 弦平行。若滑动面 AD 上需要发挥的土的黏聚力为 c_1，则黏聚力产生的抗力的合力

$$F_c = c_m \hat{l}_{AD} \qquad (8-12)$$

式（8-12）中 $\hat{l}_{AD}$ 为滑弧 AD 的长度。所以，F_c 的作用线是已知的，但其大小未知，这是因为滑动面 AD 上需要发挥的土的黏聚力 c_m 是未知的。

（3）作用在滑动面 AD 上的法向力和摩擦力的合力，用 F 表示。泰勒假定 F 的作用线与圆弧 AD 的法线成 φ 角，亦即 F 与圆心 O 点处半径为 $R\sin\alpha$ 的圆（称为摩擦圆）相切，同时 F 还一定通过 W 与 F_c 的交点。因此，F 的作用线是已知的，其大小未知。

根据滑动土体 $ABCDA$ 上的三个作用力 W、F、F_c 的静力平衡条件，可以如图 8-9 所示的力矢三角形中求得 F_c，再由式（8-13）求得维持土体平衡时滑动面上所需发挥的黏聚力 c_m 的值，这时土坡稳定性系数可按下式求得

$$F_s = \frac{c}{c_m} \tag{8-13}$$

式中 c——土的实际黏聚力。

式（8-13）表明，土坡的稳定性与滑动面上黏聚力的发挥程度有关。需注意的是，上述计算中，滑动面 AD 是任意假定的，因此，需要试算多个可能的滑动面。相应于最小稳定性系数的滑动面就是最危险的滑动面。由此可以看出，利用摩擦圆法分析土坡稳定性的计算量也是很大的。

（三）最危险滑动面的确定方法

如前所述，土坡稳定性分析需要假定多个可能的滑动面，计算这些滑动面的稳定性系数，相应于最小稳定性系数的滑动面称为最危险滑动面。确定最危险滑动面圆心位置及半径的计算量很大，需要通过多次试算才能确定。费伦纽斯对简单的均质土坡做了大量的分析和计算，提出了确定最危险滑动面圆心的经验方法。

（1）土的内摩擦角 $\varphi=0$。费伦纽斯提出当 $\varphi=0$ 时，土坡的最危险圆弧滑动面通过坡脚，其圆心为 D 点，如图 8-10 所示。D 点是由坡脚 B 与坡顶 C 分别做 BD 和 CD 线的交点，其中 BD 和 CD 线分别与坡面成 β_1 和 β_2 角。β_1 和 β_2 角与土坡坡角 β，可由表 8-1 查得。

表 8-1　　　　　　　　　　β_1 及 β_2 数值表

土坡坡度（高宽比）	坡角 β	β_1	β_2
1：0.58	60°	29°	40°
1：1	45°	28°	37°
1：1.5	33°41′	26°	35°
1：2	26°34′	25°	35°
1：3	18°26′	25°	35°
1：4	14°02′	25°	36°
1：5	11°19′	25°	37°

（2）土的内摩擦角 $\varphi>0$。这时最危险滑动面也通过坡脚，其圆心在 ED 的延长线上，E 点的位置如图 8-10 所示。φ 值越大，滑动面圆心越往外移。计算时从 D 点向外延伸取几个试算圆心 O_1，O_2，…，分别求得其相应的稳定性系数 F_{s1}，F_{s2}，…，绘制 F_s 曲线可得到最小稳定性系数 $(F_s)_{min}$，其相应的滑动面圆心为 O_m。

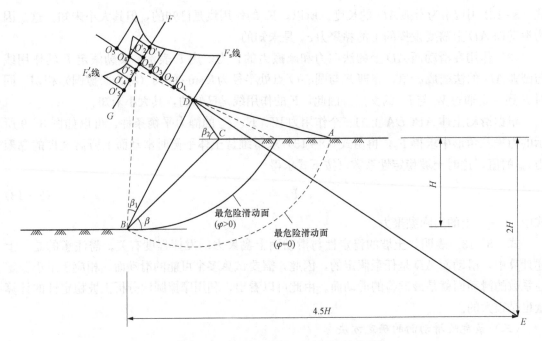

图 8-10 确定最危险滑动面圆心的位置

实际上，土坡的最危险滑动面圆心有时并不一定在 *ED* 的延长线上，而可能在其左右附近，因此圆心 O_m 可能并不是最危险滑动面的圆心，这时可通过 O_m 点作 *DE* 线的垂线 *FG*，在 *FG* 上取几个试算滑动面的圆心 O'_1，O'_2，…，求得其相应的稳定性系数 F'_{s1}，F'_{s2}，…，绘制 F'_s 曲线，相应于 $(F'_s)_{min}$ 的圆心 *O* 才是最危险滑动面的圆心。

（四）泰勒图解法

根据费伦纽斯提出的确定土坡最危险滑动面的经验方法，虽然可以把危险滑动面的圆心位置缩小到一定范围，但其试算工作量仍然很大。泰勒对此作了进一步的研究，提出了确定均质黏性土简单土坡的稳定性系数图解法。泰勒认为土坡的圆弧滑动面有三种形式，即坡脚圆、坡面圆和中点圆，如图 8-11 所示。滑动面的形式与土的内摩擦角 φ、坡角 β 以及坡顶离坚硬土层的距离 [硬层的埋深为 $n_d H$，H 为土坡高度，n_d 为深度因数，见图 8-11（a）] 等因素有关。

针对饱和软黏土（$\varphi=0$），泰勒经过大量的计算分析后提出：

（1）当坡角 $\beta>53°$ 时，滑动面均为坡脚圆 [见图 8-11（a）]，其最危险滑动面的圆心位置，可根据 φ 和 β 值，从图 8-12 中的曲线查得 θ 及 α 值后作图确定。

（2）当坡角 $\beta<53°$ 时，滑动面可能是坡脚圆，也有可能是坡面圆或中点圆 [见图 8-11（b）和图 8-11（c）]，它取决于坡角 β 和硬层的埋深 $n_d H$。如图 8-13（a）所示，若滑动面为中点圆，则圆心位置在坡面中点 *M* 的铅直线上，且滑动面与硬层相切，并与土面交于点 *A*。*A* 点距坡脚 *B* 的距离为 $n_x H$，其中 n_x 值可根据 n_d 及 β 值由图 8-13（b）查得。

泰勒提出在土坡稳定性分析中共有 5 个计算参数，即土的重度 γ、土坡高度 H、坡角 β 以及土的抗剪强度指标 c、φ，若知道其中 4 个参数就可以求出第 5 个参数。为了应用方便，泰勒引入参数 N_s，则土坡的临界高度 H_{cr} 为

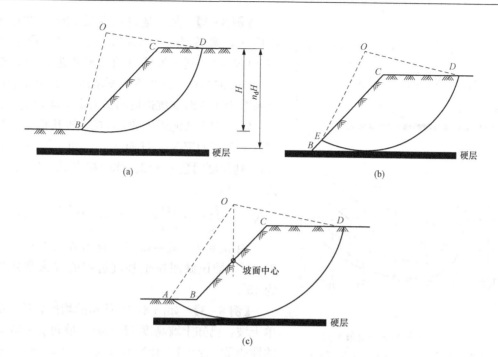

图 8 - 11　均质黏性土坡的三种圆弧滑动面

(a) 坡脚圆；(b) 坡面圆；(c) 中点圆

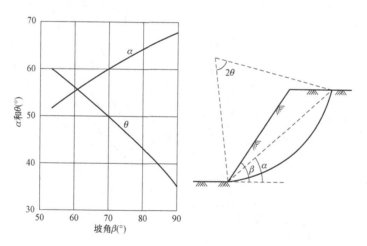

图 8 - 12　按泰勒法确定最危险滑动面圆心位置 ($\varphi=0$，且 $\beta>53°$)

$$H_{cr} = N_s \frac{c_m}{\gamma} \tag{8 - 14}$$

式中　　N_s——稳定因数 (stability factor)，无量纲，与坡角 β 以及硬层的埋深有关；

　　　　c_m——所需发挥的黏聚力值。

通过大量计算可以得到 N_s 与 φ 及 β 之间的关系曲线，如图 8 - 14 所示。泰勒分析均质黏性土简单土坡的稳定性时，假定滑动面上的摩擦力首先得到充分发挥，然后由土的黏聚力补充。因此，在求得满足土坡稳定时滑动面上所需要发挥的黏聚力 c_m 后与土的实际黏聚力 c 进行比较，按式 (8 - 13) 即可求得土坡的稳定性系数 F_s。

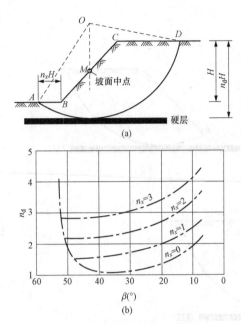

图 8-13 按泰勒法确定最危险
滑动面圆心位置（$\varphi=0$，且 $\beta<53°$）
(a) 中点圆；(b) n_d 与 β 关系曲线

【例 8-2】 某场地自地表至 10m 深度处为淤泥质土，黏聚力 $c=20\text{kPa}$，$\varphi=0°$，重度 $\gamma=17.5\text{kN/m}^3$，其下为较厚的致密砂层。现开挖深度为 5m 的基坑，试用泰勒图解法确定对应于稳定性系数为 1.5 时基坑边坡的最大稳定坡角是多少？

解 因为淤泥质土的 $\varphi=0$，故其稳定性与下部致密砂层的埋深 $n_d H$ 有关，已知土坡高度 $H=5\text{m}$，则深度因数 $n_d=2$。此时根据式（8-13）和式（8-14）有

$$N_s=\frac{\gamma H_{cr}}{c_m}=\frac{\gamma H_{cr}}{c/F_s}=\frac{1.5\times17.5\times5}{20}=6.56$$

由 $n_d=2$、$N_s=6.56$，查图 8-14（a）可得 $\beta=15°$，即该淤泥质土基坑边坡的最大稳定坡角为 15°。

【例 8-3】 如图 8-15 所示的均质黏性土的简单土坡，已知土坡高度 $H=8\text{m}$，坡角 $\beta=40°$，土的性质为：$\gamma=19.4\text{kN/m}^3$，$\varphi=10°$，$c=25\text{kPa}$。适用泰特稳定因数曲线计算土坡的稳定性系数。

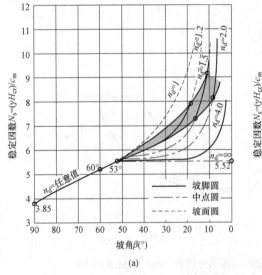

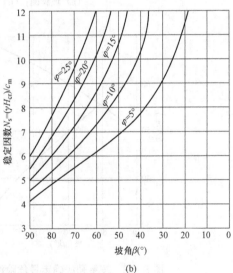

图 8-14 泰勒稳定因数 N_s 与坡角 β 的关系曲线
(a) $\varphi=0$ 时；(b) $\varphi>0$ 时

解 当 $\varphi=10°$，$\beta=40°$ 时，由图 8-14（b）查得 $N_s=10.0$。由式（8-14）可求得此时滑动面上所需要发挥的黏聚力 c_m 为

$$c_m=\frac{\gamma H_{cr}}{N_s}=\frac{19.4\times8}{10.0}=15.52(\text{kPa})$$

由式（8-13）计算土坡的稳定性系数

$$F_s = \frac{c}{c_m} = \frac{25}{15.52} = 1.61$$

泰勒假定滑动面的摩擦力充分发挥，因此对于土的内摩擦角 φ 而言，其稳定性系数是 1.0，而黏聚力 c 的稳定性系数为 1.61，两者不一致。如果要求 c、φ 值具有相同的稳定性系数，则需要采用迭代法确定。稳定性系数可在 1.0～1.61 之间选择。

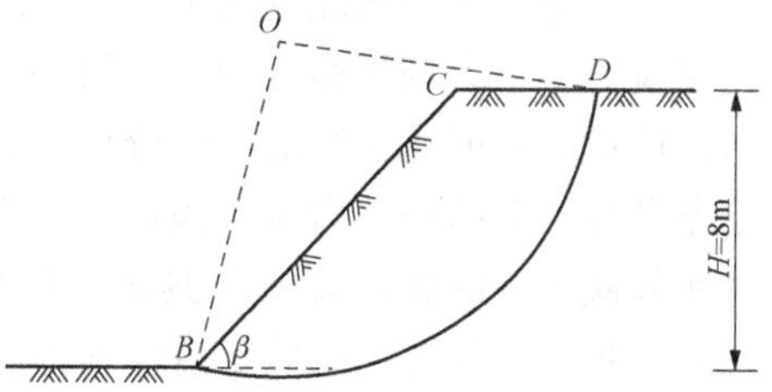

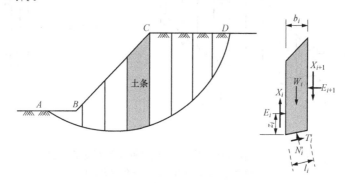

图 8-15 均质黏性土坡

二、瑞典条分法

当黏性土坡的土体内摩擦角 $\varphi > 0$ 时，滑动面各点的抗剪强度与该点的法向应力有关，因此各点的抗剪强度亦不相同，此时整体圆弧滑动法不再适用。常用的方法是将滑动土体分为若干个条块，在假定整个滑动面各点的稳定性系数 F_s 均相同的前提下，分析每一条块上的作用力，然后利用每一条块上的力和力矩的静力平衡条件，求出稳定性系数的表达式。这种方法统称为条分法，可用于圆弧滑动面，也可用于非圆弧滑动面，并可用来考虑各种复杂外形和成层土坡，以及某些特殊力（如渗流力、地震惯性力）作用等复杂情况的求解。

如图 8-16 所示一任意形状的滑动土体，被分为若干土条，每一土条上作用的力有土条的自重 W_i，作用于土条底面的法向反力 N_i' 和切向反力 T_i'，以及作用于土条两侧的作用力 E_i、X_i 和 E_{i+1}、X_{i+1}。

图 8-16 土条及作用在土条上的力

如果土条分的足够多，即土条宽度足够小，可以认为 N_i' 作用于土条底面的中点。根据稳定性系数的定义和莫尔—库仑强度准则，很容易求出 T_i' 和 N_i' 的关系为

$$T_i' = \frac{\tau_{fi} l_i}{F_s} = \frac{c_i l_i + N_i' \tan\varphi_i}{F_s} \tag{8-15}$$

式中　l_i——土条底面长度；

c_i、φ_i——土条底面土层的黏聚力和内摩擦角。

如果划分的土条数为 n，则此时要求的未知量如表 8-2 所示，总未知量数为 $(4n-2)$。

表 8-2　　　　　　　　　　滑 动 土 体 的 未 知 量

未知量	个数	未知量	个数
稳定性系数 F_s	1	切向条间力 X_i	$n-1$
土条底面法向反力 N_i'	n	条间力作用点位置	$n-1$
法向条间力 E_i	$n-1$	合计	$(4n-2)$

　　由于每一土条只能有两个关于力的和一个关于力矩的静力平衡方程（即水平向和竖向静力平衡方程，力矩平衡方程），可建立的方程总数为 $3n$ 个，还有（$n-2$）个未知量无法求解。因此，一般的土坡稳定性分析问题是一个超静定问题，要使它转化为静定问题，必须对土条分界面上的作用力做出假定，消除未知量才有可能。世界各国的学者尝试了很多假设方法来解决这一问题，其中瑞典条分法应用最为广泛，其由瑞典科学家彼得森（Petterson，1916）提出。该方法除假定滑动面为圆柱面以及滑动土体为刚体外，还假定不考虑条块间的作用力，这样就减少了（$3n-3$）个未知量，还剩（$n+1$）个未知量，然后利用土条底面法向力的平衡和整个滑动土体力矩平衡两个条件求出各土条底面法向力 N_i' 和 F_s 的表达式。现以均质黏性土坡为例说明其基本原理和计算步骤。

　　如图 8-17 所示的均质黏性土坡，AD 为假定的圆弧滑动面，滑弧的圆心为 O，半径为 R。将滑动土体 $ABCD$ 划分为若干竖向土条，取其中任一土条（第 i 条块，宽度为 b_i）分析其受力情况。

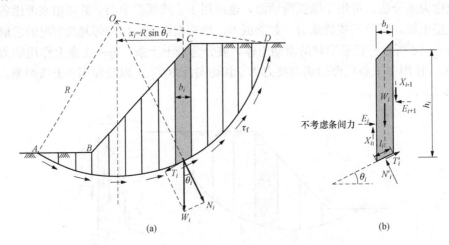

图 8-17　瑞典条分法计算均质黏性土坡稳定性图式

(a) 均质土壤条块划分；(b) 土条受力分析

　　(1) 土条自重为 W_i，其方向竖直向下，其值为

$$W_i = \gamma b_i h_i$$

式中　γ——土的重度；

　　　　b_i——土条 i 的宽度；

　　　　h_i——土条 i 的平均高度（按中心高度取值）。

　　将土条自重为 W_i 引至土条底面滑动面上，分解为通过滑弧圆心 O 的法向分力 N_i 和与滑弧相切的切向分力 T_i。若以 θ_i 表示土条 i 底面中点的法线与竖直线的交角，则有

$$N_i = W_i \cos\theta_i = \gamma b_i h_i \cos\theta_i$$

$$T_i = W_i \sin\theta_i = \gamma b_i h_i \sin\theta_i$$

　　(2) 作用在土条 i 底面的法向反力 N_i' 与 N_i 大小相等，方向相反。

　　(3) 作用在土条 i 底面的切向反力 T_i'（即抗剪力），其最大值等于土条底面上的土的抗剪强度与滑弧长度 l_i 的乘积，方向与滑动方向相反。当假定各土条的稳定性系数等与整个滑动土体的稳定性系数时，其值为

$$T'_i = \frac{\tau_{fi} l_i}{F_s} = \frac{(c_i + \sigma_i \tan\varphi_i) l_i}{F_s} = \frac{c_i l_i + N'_i \tan\varphi_i}{F_s}$$

根据滑动土体的整体力矩平衡，可得

$$\sum T_i R = \sum T'_i R$$

代入 T_i 和 T'_i，整理得

$$F_s = \frac{\sum (c_i l_i + N'_i \tan\varphi_i)}{\sum T_i} = \frac{\sum (c_i l_i + W_i \cos\theta_i \tan\varphi_i)}{\sum W_i \sin\theta_i} \tag{8-16}$$

若取各土条宽度相同，黏聚力和内摩擦角相同，即 $b_i = b$，$c_i = c$，$\varphi_i = \varphi$，则上式可化简为

$$F_s = \frac{c\hat{l}_{AD} + \gamma b \tan\varphi \sum h_i \cos\theta_i}{\gamma b \sum h_i \sin\theta_i} = \frac{c\hat{l}_{AD} + \tan\varphi \sum W_i \cos\theta_i}{\sum W_i \sin\theta_i} \tag{8-17}$$

式中 $\hat{l}_{AD}$——滑弧的长度。

在计算时应注意土条的位置，如图 8-17（a）所示，当土条底面中心在滑弧圆心 O 的垂线右侧时，切向分力 T_i 的方向与滑动方向相同，起下滑作用，应取"＋"号；而当土条底面中心在圆心的垂线左侧时，T_i 的方向与滑动方向相反，起抗滑作用，应取"－"号。T'_i 则无论何处其方向均与滑动方向相反。

必须指出的是，上述是针对某一假定滑动面求得的稳定性系数，因此需要试算多个可能的滑动面，相应于最小稳定性系数的滑动面即为最危险滑动面。确定最危险滑动面的方法，可采用费伦纽斯经验方法。

瑞典条分法也可以用有效应力法进行分析，此时土条底面的抗剪力 T'_i 为

$$T'_i = \frac{\tau_{fi} l_i}{F_s} = \frac{[c'_i + (\sigma_i - u_i)\tan\varphi'_i] l_i}{F_s} = \frac{c'_i l_i + (W_i \cos\theta_i - u_i l_i)\tan\varphi'_i}{F_s}$$

故有

$$F_s = \frac{\sum [c'l_i + (W_i \cos\theta_i - u_i l_i)\tan\varphi']}{\sum W_i \sin\theta_i} \tag{8-18}$$

式中 c'、φ'——土的有效黏聚力和有效内摩擦角；

u_i——第 i 土条底面中点处的孔隙水压力；其余符号意义同前。

【例 8-4】 一均质黏性土坡，高 20m，坡比为 1：2，填土黏聚力 $c=10$kPa，内摩擦角 $\varphi=20°$，重度 $\gamma=18$kN/m³，试用瑞典条分法计算土坡的稳定性系数。

解 （1）选择滑动面圆心，作出相应的滑动圆弧。按一定比例划出土坡剖面，如图 8-18 所示。因为是均质土坡，可由表 8-1 查得 $\beta_1=25°$、$\beta_2=35°$，作 BO 线及 CO 线得交点 O。根据图 8-18 作出 E 点，然后作 EO 的延长线，在 EO 延长线上任取一点 O_1 作为第一次试算的滑动面圆心，通过坡脚作相应的滑动圆弧，量得其半径为 40m。

（2）将滑动土体划分为若干土条，并对土条进行编号。为计算方便，土条宽度 b 取等宽为 $0.2R$，等于 8m。土条编号一般从滑动面圆心的垂线开始作为 0 号条块，逆滑动方向的土条编号依次为 1，2，3，…，顺滑动方向的土条编号依次为 -1，-2，-3，…。

（3）量出各土条中心高度 h_i，并列表计算 $\sin\theta_i$、$\cos\theta_i$ 及 $\sum h_i \sin\theta_i$、$\sum h_i \cos\theta_i$ 等值，见表 8-3。应当注意：当取等宽时，滑动土体两端土条的宽度不一定恰好等于 b，此时需将土

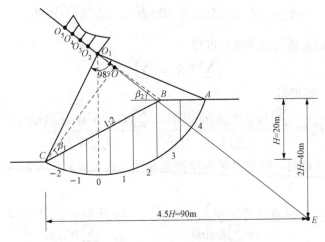

图 8-18　[例 8-4]土坡剖面

条的实际宽度折算成相应于 b 时的高度，对 $\sin\theta_i$ 也应按实际宽度计算，见表 8-3 下注。

（4）量出滑动面滑弧的圆心角 $\theta=98°$，计算滑动面弧长

$$\hat{l}_{AC}=\frac{\pi}{180}\theta R=\frac{\pi}{180}\times 98\times 40=68.4(\text{m})$$

如果考虑裂缝，滑动面弧长只能计算到裂缝为止。

（5）计算稳定性系数，由式（8-17）得

$$F_s=\frac{c\hat{l}_{AC}+\gamma b\tan\varphi\sum h_i\cos\theta_i}{\gamma b\sum h_i\sin\theta_i}=\frac{10\times 68.4+18\times 8\times \tan20°\times 80.51}{18\times 8\times 25.34}=1.34$$

表 8-3　　　　瑞典条分法计算表（圆心编号：O_1；滑弧半径：40m；土条宽：8m）

土条编号	h_i（m）	$\sin\alpha_i$	$\cos\alpha_i$	$h_i\sin\alpha_i$	$h_i\cos\alpha_i$
-2	3.3	-0.383	0.924	-1.26	3.05
-1	9.5	-0.2	0.980	-1.90	9.31
0	14.6	0	1	0	14.60
1	17.5	0.2	0.980	3.5	17.15
2	19.0	0.4	0.916	1.6	17.40
3	17.9	0.6	0.800	10.20	13.60
4	9.0	0.8	0.600	7.20	5.40
Σ				25.34	80.51

注　1. 从图 8-19 上量出"-2"号土条的实际宽度为 6.6m，实际高度为 4.0m，折算后的"-2"土条高度为 $4.0\times 6.6/8=3.3$（m）。

　　2. $\sin\theta_{-2}=-(1.5b+0.5b_{-2})/R=-0.383$。

（6）在 EO 延长线上重新选择滑动面圆心 O_2，O_3，…，重复上面计算过程，从而求出最小的稳定性系数，即为该土坡的稳定性系数。

三、毕肖普条分法

瑞典条分法由于忽略了土条侧面的作用力，并不能满足所有的平衡条件，由此算出的稳定性系数比其他严格的方法可能偏低 $10\%\sim20\%$，这种误差随着滑弧圆心角和孔隙水压力的增大而增大，严重时可使算出的稳定性系数比其他严格的方法小一半。在工程实践中，为了改进条分法的计算精度，许多学者都认为应该考虑土条间的作用力，以求得比较合理的结果。毕肖普（Bishop，1955）条分法则是其中具有里程碑意义的一种方法。如图 8 - 17（a）所示的均质黏性土坡，毕肖普条分法仍然假定滑动面为一圆柱面，但考虑了土条侧面的作用力，并假定土条底部滑动面的抗滑稳定性系数均相同，即等于整个滑动面的稳定性系数。

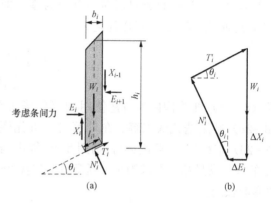

图 8 - 19 毕肖普条分法计算均质
黏性土坡稳定性图式

如图 8 - 19 所示，任取一土条 i，分析其上的作用力：土体自重 W_i、作用于土条底面的切向抗剪力 T'_i，法向反力 N'_i。假定这些力的作用点都在土条底面中点。除此以外，作用在土条两侧的作用力有：法向力 E_i 和 E_{i+1}，切向力 X_i 和 X_{i+1}，且有 $X_{i+1}-X_i=\Delta X_i$。

根据土条 i 在竖向上的静力平衡条件可得

$$W_i + \Delta X_i - T'_i\sin\theta_i - N'_i\cos\theta_i = 0 \tag{8-19}$$

即

$$N'_i\cos\theta_i = W_i + \Delta X_i - T'_i\sin\theta_i \tag{8-20}$$

若土坡的稳定性系数为 F_s，当土坡尚未破坏时，土条滑动面上抗剪强度 τ_{fi} 只发挥了一部分，则土条 i 滑动面上的切向抗剪力 T'_i 为

$$T'_i = \frac{\tau_{fi}l_i}{F_s} = \frac{c_il_i + N'_i\tan\varphi_i}{F_s} \tag{8-21}$$

将式（8-21）代入式（8-20）中，可求得

$$N'_i = \frac{W_i + \Delta X_i - \dfrac{c_il_i\sin\theta_i}{F_s}}{\cos\theta_i + \dfrac{\tan\varphi_i\sin\theta_i}{F_s}} = \frac{1}{m_{\theta i}}\left(W_i + \Delta X_i - \frac{c_il_i\sin\theta_i}{F_s}\right) \tag{8-22}$$

式中

$$m_{\theta i} = \cos\theta_i + \frac{\tan\varphi_i\sin\theta_i}{F_s} \tag{8-23}$$

根据滑动土体的整体力矩平衡条件，各土条的作用力对圆心 O 的力矩之和应为零。土条间的作用力 E_i 和 X_i 成对出现，大小相等，方向相反，其对圆心 O 的力矩相互抵消。各土条底面的 N'_i 的作用线通过圆心，也不产生力矩，故有

$$\sum W_ix_i = \sum T'_iR \tag{8-24}$$

因 $x_i = R\sin\theta_i$ ［见图 8 - 17（a）］，将式（8-22）代入式（8-21），再代入式（8-24），得

$$F_s = \frac{\sum \dfrac{1}{m_{\theta i}}[(W_i + \Delta X_i)\tan\varphi_i + c_i b_i]}{\sum W_i \sin\theta_i} \tag{8-25}$$

式中　b_i——土条 i 的宽度。

　　式（8-25）即为毕肖普求解土坡稳定性系数的普遍表达式，式中 ΔX_i 仍是未知的。毕肖普假定各土条间的竖向切向力合力为零，即 $X_{i+1} - X_i = \Delta X_i = 0$，其所产生的误差仅为 1%，此时式（8-25）可以简化为

$$F_s = \frac{\sum \dfrac{1}{m_{\theta i}}[W_i \tan\varphi_i + c_i b_i]}{\sum W_i \sin\theta_i} \tag{8-26}$$

　　式（8-26）即为国内外普遍使用的简化毕肖普公式。由于式中 $m_{\theta i}$ 也包含了 F_s，因此式（8-26）须用迭代法求解。在计算时，可先假定 $F_s = 1$，按式（8-23）算出 $m_{\theta i}$，再按式（8-26）求得 F_s，若 $F_s \neq 1$，则用此 F_s 算出新的 $m_{\theta i}$ 和 F_s，如此反复迭代，直至前后两次 F_s 的差值满足精度要求为止。通常只要迭代 3~4 次就可满足工程精度要求，而且迭代通常总是收敛的。

　　需要指出是，对于 θ_i 为负值的土条，要注意会不会使 $m_{\theta i}$ 趋近于零。否则，简化毕肖普条分法就不能使用，因为此时的 N_i' 会趋于无限大，这显然是不合理的。根据国外某些学者的建议，当任一土条的 $m_{\theta i}$ 小于或等于 0.2，计算的 F_s 就会产生较大的误差，此时最好采用别的方法。另外，当坡顶土条的 θ_i 很大时，会使该土条的 N_i' 出现负值，此时可取 $N_i' = 0$。简化毕肖普条分法假设所有的 ΔX_i 均等于零，减少了 $(n-1)$ 个未知量，又先后利用每一个土条竖直方向力的平衡及整个滑动土体的力矩平衡条件，避开了计算 E_i 及其作用点的位置，求出稳定性系数 F_s，它同样不能满足所有的平衡条件，也不是一个严格的方法，由此产生的误差约为 2%~7%。

　　毕肖普条分法同样可以用于有效应力分析，即在式（8-25）或式（8-26）中考虑作用于土条底面的孔隙水压力 $u_i b_i$，此时抗剪强度指标采用有效应力指标 c_i'、φ_i'，$m_{\theta i}$ 也应按 $\tan\varphi_i'$ 求出，表达式为

$$F_s = \frac{\sum \dfrac{1}{m_{\theta i}}[(W_i - u_i b_i)\tan\varphi_i' + c_i' b_i]}{\sum W_i \sin\theta_i} \tag{8-27}$$

　　注意的是，上述也是针对某一假定滑动面求得的稳定性系数，为了求出最小的 F_s，同样必须假定若干个滑动面，按前述方法进行试算。但用毕肖普条分法求出的最危险滑动面位置不一定和瑞典条分法求出的完全一致。

　　【例 8-5】 已知某均质黏性土坡高度 $H = 6\text{m}$，坡角 $\beta = 55°$，土的性质为：重度 $\gamma = 16.7\text{kN/m}^3$，内摩擦角 $\varphi = 12°$，黏聚力 $c = 16.7\text{ kPa}$。已按泰勒经验方法确定了最危险滑动面的圆心位置，即滑动面为坡脚圆，圆心角为 68°，滑弧半径为 8.346m，如图 8-20

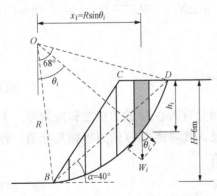

图 8-20　[例 8-5] 土坡坡面

所示。试用简化毕肖普条分法计算土坡的稳定性系数。

解 （1）将滑动土体 $BCDB$ 划分成若干个竖直土条。圆弧滑动面 BD 的水平投影长度为 $H\cot\alpha = 6\times\cot40° = 7.15$（m）。把滑动土体划分为 7 个土条，从坡脚 B 开始，编号，把 $1\sim6$ 条的宽度 b 均取 1m，而余下的第 7 条块的宽度则为 1.15m。

（2）各土条滑动面中点与圆心的连线同竖直线的夹角为 θ_i，按下式计算

$$\sin\theta_i = \frac{x_i}{R}$$

（3）从图 8-20 中量取各土条的中心高度，计算各土条的重力 $W_i = \gamma b_i h_i$ 及 $W_i\sin\theta_i$ 和 $W_i\cos\theta_i$ 的值，将结果列于表 8-4 中。

表 8-4 简化毕肖普条分法计算表（圆心：O；滑弧半径：8.346m；滑动面圆心角：68°）

土条编号	α_i (°)	b_i (m)	W_i (kN/m)	$W_i\sin\alpha_i$ (kN/m)	$W_i\tan\alpha_i$ (kN/m)	c_ib_i (kN/m)	$m_{\theta i}$		$(W_i\tan\alpha_i+c_ib_i)/m_{\theta i}$	
							$F_s=1.20$	$F_s=1.19$	$F_s=1.20$	$F_s=1.19$
1	9.5	1.00	11.16	1.84	2.37	−1.26	1.016	1.016	18.71	18.71
2	16.5	1.00	33.48	9.51	7.12	−1.90	1.009	1.010	23.72	23.69
3	23.8	1.00	53.01	21.39	11.27	0	0.986	0.987	28.33	28.30
4	31.8	1.00	69.75	36.56	14.83	3.5	0.945	0.945	33.45	33.45
5	40.1	1.00	76.26	49.12	16.21	1.6	0.879	0.880	37.47	37.43
6	49.8	1.00	56.73	43.33	12.06	10.20	0.781	0.782	36.98	36.93
7	63.0	1.15	27.90	24.86	5.93	7.20	0.612	0.613	42.89	42.82
合计				186.6					221.55	221.33

（4）第一次试算假定稳定性系数 $F_s=1.20$，计算结果列于表 8-4 中，可按式（8-26）求得稳定性系数

$$F_s = \frac{\sum\dfrac{1}{m_{\theta i}}[W_i\tan\varphi_i + c_ib_i]}{\sum W_i\sin\theta_i} = \frac{221.55}{186.6} = 1.187$$

（5）第一次试算假定稳定性系数 $F_s=1.19$，计算结果列于表 8-4 中，可得

$$F_s = \frac{\sum\dfrac{1}{m_{\theta i}}[W_i\tan\varphi_i + c_ib_i]}{\sum W_i\sin\theta_i} = \frac{221.33}{186.6} = 1.186$$

计算结果与假定接近，故得土坡的稳定性系数为 $F_s=1.19$。

第四节 非圆弧滑动面的土坡稳定性分析

在实际工程中往往遇到滑动面不是滑弧滑动面的情况，如在填方土坡地基中有软弱夹层或在倾斜的岩层面上填筑土堤，以及在挖方中遇到裂隙比较发育的土层或有老滑坡体等薄弱环节。此时土坡将在软弱层中发生破坏，其破坏面可能和圆弧滑动面相差甚远，

瑞典条分法和毕肖普条分法将不再适用。下面介绍几种常用的非圆弧滑动面土坡稳定性的计算方法。

一、简布法（普遍条分法）

简布法是挪威科学家简布（N. Janbu）于20世纪50年代提出，并在70年代完善的一种普遍条分法（N. Janbu, 1973）。如图8-21所示为一任意滑动面的土坡，划分土条后，简布假定条间力合力作用点的位置是已知的。分析表明，土条间作用点的位置对土坡稳定性系数的影响不大，一般可假定其作用于土条底面以上1/3高度处，这些作用点的连线称为推力线。取任一土条，其上作用力如图8-21（b）所示，土中h_i为条件力作用点的位置，α_i为推力线与水平线的夹角，这些都是已知量。简布确定土坡稳定性分析的未知量见表8-5。可以通过每一土条的极限平衡以及力和力矩平衡共$3n$个方程来求解。

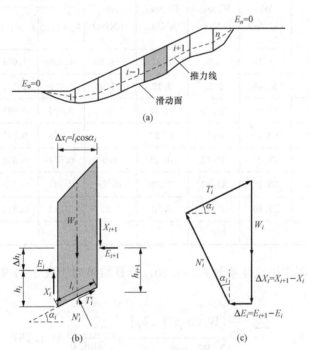

图 8-21　简布的普遍条分法

表 8-5   简布法滑动土体的未知量

未知量	个数	未知量	个数
稳定性系数 F_s	1	切向条间力 X_i	$n-1$
土条底面法向反力 N'_i	n	合计	$3n$
法向条间力之差 ΔE_i	n		

对每一土条取竖直方向力的平衡，有

$$N'_i \cos\alpha_i = W_i + \Delta X_i - T'_i \sin\alpha_i \qquad (8-28)$$

或

$$N'_i = (W_i + \Delta X_i)\sec\alpha_i - T'_i\tan\alpha_i \tag{8-29}$$

对每一土条取水平方向力的平衡，有

$$\Delta E_i = T'_i\cos\alpha_i - N'_i\sin\alpha_i = T'_i\sec\alpha_i - (W_i + \Delta X_i)\tan\alpha_i \tag{8-30}$$

根据极限平衡条件和莫尔 - 库仑强度准则，有

$$T'_i = \frac{c_i l_i + N'_i\tan\varphi_i}{F_s} \tag{8-31}$$

将式（8-28）代入式（8-30），整理后得

$$T'_i = \frac{\dfrac{1}{F_s}\left[\dfrac{(W_i + \Delta X_i)\tan\varphi_i}{\cos\alpha_i} + c_i l_i\right]}{1 + \dfrac{\tan\alpha_i\tan\varphi_i}{F_s}} \tag{8-32}$$

将式（8-32）代入式（8-30），整理后得

$$\Delta E_i = \frac{1}{F_s}\frac{\sec\alpha_i}{m_{ai}}\left[(W_i + \Delta X_i)\tan\varphi_i + c_i l_i\cos\alpha_i\right] - (W_i + \Delta X_i)\tan\alpha_i \tag{8-33}$$

式中

$$m_{ai} = \cos\alpha_i + \frac{\sin\alpha_i\tan\varphi_i}{F_s} \tag{8-34}$$

在极限平衡状态下有

$$E_0 = E_n = \sum_{i=1}^{n}\Delta E_i = 0 \tag{8-35}$$

式中 n——划分的土条数。

作用在土条侧面的法向力 E_i 按下式计算

$$E_i = \sum_{j=1}^{i}\Delta E_i \tag{8-36}$$

将式（8-33）代入式（8-35），整理后得

$$F_s = \frac{\sum\left[c_i l_i\cos\alpha_i + (W_i + \Delta X_i)\tan\varphi_i\right]\dfrac{1}{m_{ai}\cos\alpha_i}}{\sum(W_i + \Delta X_i)\tan\alpha_i} \tag{8-37}$$

将作用在土条 i 上的力对该土条滑动面中点取力矩平衡，并整理得

$$X_i\Delta x_i + \Delta X_i\frac{\Delta x_i}{2} = E_i\Delta h_i + \Delta E_i h_i - \Delta E_i\frac{1}{2}\Delta x_i\tan\alpha_i + \Delta E_i\Delta h_i \tag{8-38}$$

略去高阶微量，整理后得

$$X_i\Delta x_i = E_i\Delta h_i + \Delta E_i h_i \tag{8-39}$$

或

$$X_i = E_i\frac{\Delta h_i}{\Delta x_i} + \Delta E_i\frac{h_i}{\Delta x_i} \tag{8-40}$$

由式（8-30）～式（8-40），利用迭代法求得简布法的土坡稳定性系数，求解步骤如下：

（1）假定 $\Delta X_i = X_{i+1} - X_i = 0$，并假定 $F_s = 1.0$，算出 m_{ai}，代入式（8-37）算出 F_s，与假定值比较，如相差较大，则由新的 F_s 值求出 m_{ai} 后再计算 F_s，如此逐步逼近求出 F_s 的第一次近似值，并用这个 F_s 值算出每一土条的 T'_i。

（2）用此 T_i' 值代入式（8-30），求出每一土条的 ΔE_i，并根据式（8-36）求出作用于每一土条的法向条间力 E_i，再由式（8-39）或式（8-40）算出每一土条的切向条间力 X_i，并算出 ΔX_i。

（3）用新求出的 ΔX_i 重复步骤 1，求出 F_s 的第二次近似值，并以此重新算出每一土条的 T_i'。

（4）再重复步骤 2 和 3，直到 F_s 收敛于一个给定的容许误差值内。此时的 F_s 即为土坡沿该滑动面的稳定性系数。

简布法可以满足所有土条的静力平衡和力矩平衡条件，所以是"严格"的条分法，但其推力线的假定必须满足条间力的合理性要求（即土条间不产生拉力和不产生剪切破坏）。除简布法之外，适用于任意滑动面的普遍条分法还有多种。它们多是假定条间力的方向，如假定条间力的方向为常数（Spencer 法），或者其方向为某种函数（Morgenstern-Price 法）。

二、不平衡推力法

山区一些土坡往往覆盖在起伏变化的基岩面上，土坡失稳多数沿这些界面发生，形成折线形滑动面，对这类土坡稳定性分析可采用不平衡推力法，也称传递系数法。

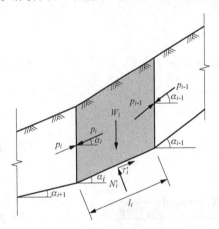

图 8-22 折线形滑动面
稳定性计算图

按折线形滑动面将滑动土体划分成若干条块，并假定条间力的合力与上一个土条平衡，如图 8-22 所示。根据力的平衡条件，逐条向下推求，直至最后一个土条的下滑推力为零。《建筑地基基础设计规范》（GB 50007—2011）规定滑坡推力作用点，可取在滑体厚度的二分之一处。

对任一土条，去垂直和平行于土条底面方向力的平衡，有

$$N_i' - W_i\cos\alpha_i - p_{i-1}\sin(\alpha_{i-1}-\alpha_i) = 0$$
$$T_i' + p_i - W_i\sin\alpha_i - p_{i-1}\cos(\alpha_{i-1}-\alpha_i) = 0$$

根据稳定性系数的定义和莫尔-库仑强度准则，有

$$T_i' = \frac{c_i l_i + N_i'\tan\varphi_i}{F_s} = \frac{c_i l_i + W_i\cos\alpha_i\tan\varphi_i}{F_s}$$

联合以上三式联合求解，得

$$p_i = W_i\sin\alpha_i - \frac{c_i l_i + W_i\cos\alpha_i\tan\varphi_i}{F_s} + p_{i-1}\psi_{i-1} \tag{8-41}$$

式中 ψ_{i-1}——传递系数，表示为式（8-42）。

$$\psi_{i-1} = \cos(\alpha_{i-1}-\alpha_i) - \frac{\tan\varphi_i}{F_s}\sin(\alpha_{i-1}-\alpha_i) \tag{8-42}$$

在计算时，先假定一个 F_s，然后从坡顶第一条块开始逐条向下推求，直至求出最后一个条块的下滑推力 p_n，且要求 $p_n = 0$，否则要重新假定 F_s 进行试算。

《建筑地基基础设计规范》（GB 50007—2011）中将式（8-41）简化为

$$p_i = F_s W_i\sin\alpha_i - (c_i l_i + W_i\cos\alpha_i\tan\varphi_i) + p_{i-1}\psi_{i-1} \tag{8-43}$$

式（8-43）中的传递系数 ψ_{i-1} 改由下式计算

$$\psi_{i-1} = \cos(\alpha_{i-1} - \alpha_i) - \tan\varphi_i \sin(\alpha_{i-1} - \alpha_i) \tag{8-44}$$

上述计算方法中，c、φ 值可根据土的性质和当地经验，采用试验和滑坡反算相结合的方法确定。另外，土条之间不能承受拉力，所以任何土条的推力 p_i 如果为负值，此 p_i 不再向下传递，而对下一土条取 $p_{i-1}=0$。

不平衡推力法也常用来按照设计确定的稳定安全系数 F_{st}，反推各土条和最后一个土条所承受的推力大小，以便确定是否需要和如何设置挡土建筑物，如分级设置挡土墙、抗滑桩。此时，F_{st} 值根据滑坡现状及其对工程的影响可取 1.10～1.30，具体规定详见《建筑地基基础设计规范》(GB 50007—2011)。

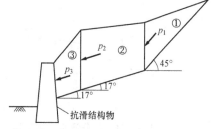

图 8-23　滑坡主轴断面图

【例 8-6】　某一滑动面为折线形的单个滑坡，拟设计抗滑结构物，其主轴端面及力学参数如图 8-23 和表 8-6 所示。当设计的稳定安全系数为 1.10 时，其最终作用在抗滑结构物上的下滑推力 p_3 为多大？

表 8-6　　　　　　　　　[例 8-6]中下滑推力计算力学参数

条块编号	下滑分力 (kN/m)	抗滑力 (kN/m)	滑动面倾角 α_i (°)	传递系数 ψ_{i-1}
1	12 000	5500	45	0.733
2	17 000	19 000	17	1.0
3	2400	2700	17	

解　按式(8-43)有

$$p_1 = 1.10 \times 12\,000 - 5500 = 7700(\text{kN/m})$$

$$p_2 = 1.10 \times 17\,000 - 19\,000 + p_1\psi_1 = -300 + 7700 \times 0.733 = 5344(\text{kN/m})$$

$$p_3 = 1.10 \times 2400 - 2700 + p_2\psi_2 = -60 + 5344 \times 1.0 = 5284(\text{kN/m})$$

由计算结果可知，当设计的稳定安全系数为 1.10 时，其最终作用在抗滑结构物上的下滑推力为 5284kN/m。

第五节　稳定渗流时土坡稳定性分析

如果土坡部分浸水，如图 8-24 所示，此时水下土条的重量按照饱和重度计算，同时还要考虑滑动面上的孔隙水压力（静水压力）和作用在土坡坡面上的水压力。现以静水面 EF 以下滑动土体内的孔隙水作为隔离体，其上作用的力除滑动面上的静孔隙水压力（合力为 p_1）、水下坡面上的水压力（合力为 p_2）以外，在重心位置还作用有孔隙水的重量和土颗粒浮力的反力（其合力大小等于 EF 面以下滑动土体的同体积水的重量，以 W_1 来表示）。因为是静水，这三个力组成一个平衡力系。也就是说，滑动土体周界上的水压力 p_1 和 p_2 的合力与 W_1 大小相等，方向相反。因此，在静水条件下滑动土体周界上的水压力对滑动土体的影响就可以用静水面以下滑动土体所受的浮力来代替。这实际上就相当于水下土条的重量均按浮重度来计算。因此，对于部分浸水土坡的稳定性系数，在其计算表达式中只要将水位以

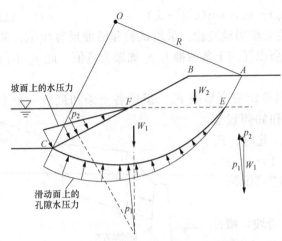

图 8-24 部分浸水土坡的稳定性计算

下土的重度用浮重度 γ' 代替即可。另外，由于 p_1 的作用线经过圆心 O，根据力矩平衡条件，p_2 对圆心的力矩也恰好与 W_1 对圆心的力矩相互抵消。

当水库蓄水或库水位降落，或码头岸坡处于低潮位而地下水位又比较高，或基坑排水时，土坝坝坡、码头岸坡或基坑边坡都要受到由于渗流而产生的渗透力（seepage force）的作用，在进行土坡稳定性分析时必须考虑它的影响。当渗流稳定时，土坡内的孔隙水压力也属于静孔隙水压力，可以较容易准确地确定，如绘制流网法。如图 8-25 所示为稳定渗流时土坡的稳定性计算图。根据选取隔离体方式的不同，可以用以下两种方法来计算。

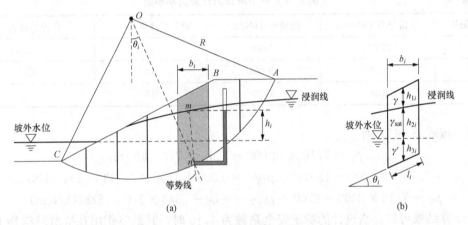

(a)

(b)

图 8-25 稳定渗流时土坡的稳定性计算（取土体为隔离体）

1. 方法一

将土骨架与孔隙水一起当成整体取隔离体，进行力的平衡分析。

从滑动土体上取第 i 条块进行分析。如图 8-25（a）所示，由于土骨架和孔隙水为一整体，因此土条 i 处于渗流场中时，作用于滑动面上的总水压力为 $\gamma_w h_{ti} l_i$，其中 h_{ti} 为土条 i 中发生渗流的总水头差，取等势线与浸润线的交点 m 至坡外水位线的垂直高度。

如前所述，坡外水位以下的滑动土体，静水压力对土坡的稳定性影响不起作用，只需在计算土重时用浮重度即可。因此，如图 8-25（b）所示，土条 i 的重度按下列方法确定：浸润线以上的土体取天然重度 γ，浸润线以下至坡外水位线的这部分土体处于饱水状态，取饱和重度 γ_{sat}，坡外水位线以下的土体取浮重度 γ'。此时有

$$W_i = (\gamma h_{1i} + \gamma_{sat} h_{2i} + \gamma' h_{3i}) b_i \qquad (8-45)$$

根据瑞典条分法，土坡的稳定性系数为

$$F_s = \frac{\sum [c'l_i + (W_i\cos\theta_i - \gamma_w h_{ti} l_i)\tan\varphi']}{\sum W_i\sin\theta_i} \tag{8-46}$$

如果浸润线的坡度平缓且圆心角 θ_i 不大时，则 $b_i\cos\theta_i \approx b_i\sec\theta_i = l_i$，此时有

$$\begin{aligned}
W_i\cos\theta_i - \gamma_w h_{ti} l_i &= (\gamma h_{1i} + \gamma_{sat} h_{2i} + \gamma' h_{3i})b_i\cos\theta_i - \gamma_w h_{ti} l_i\\
&\approx (\gamma h_{1i} + \gamma_w h_{2i} + \gamma' h_{2i} + \gamma' h_{3i})b_i\cos\theta_i - \gamma_w h_{2i}b_i\cos\theta_i \quad (8-47)\\
&= (\gamma h_{1i} + \gamma' h_{2i} + \gamma' h_{3i})b_i\cos\theta_i
\end{aligned}$$

将式（8-47）代入式（8-45），整理得

$$F_s = \frac{\sum [c'l_i + (\gamma h_{1i} + \gamma' h_{2i} + \gamma' h_{3i})b_i\cos\theta_i\tan\varphi']}{\sum (\gamma h_{1i} + \gamma_{sat} h_{2i} + \gamma' h_{3i})b_i\sin\theta_i} \tag{8-48}$$

与式（8-46）相比，式（8-48）中，分子项中 h_{2i} 土体的重度改用 γ' 计，而水压力不再出现。这就是说，水压力对土坡稳定性的作用可用近似的方法替代，即计算抗滑力时，浸润线至坡外水位之间的这一部分土体重量用浮重度（有效重度）代替饱和重度，而在计算滑动力时则仍用饱和重度，这种方法称为替代重度法，在工程上常用。所以，式（8-48）为式（8-46）的近似表达式。

若用简化毕肖普法计算稳定渗流时的土坡稳定性，则有

$$F_s = \frac{\sum \dfrac{1}{m_{\theta i}}[(W_i - \gamma_w h_{ti} b_i)\tan\varphi'_i + c'_i b_i]}{\sum W_i\sin\theta_i} \tag{8-49}$$

2. 方法二

将土骨架作为隔离体，孔隙水当成土骨架孔隙中流动的连续介质，两者是独立的相互作用的传力体系。

分析图 8-26 中土条 i 的土骨架受力特征。它除了受重力和滑动面的反力外，还受渗透力作用。因土骨架置于渗流的水中，受水的浮力和渗透力作用，所以计算土条的重量时，浸润线以下土体均用浮重度，即

$$W_i = (\gamma h_{1i} + \gamma' h_{2i} + \gamma' h_{3i})b_i \tag{8-50}$$

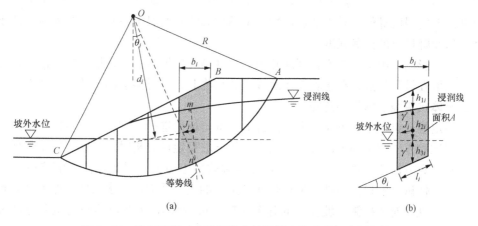

图 8-26　稳定渗流时土坡的稳定性计算（取土骨架为隔离体）

渗透力作用于渗透水流流过的全部体积中，对于平面问题，即如图 8-26（b）所示阴影

部分面积 A。单位体积的渗透力 $j=\gamma_w i$，其中水力梯度（渗透坡降）i 可以从绘制好的流网中确定。j 的方向就是流线的方向。作用于条块的总渗透力 $J=\gamma_w iA$，方向取渗流面积 A 的平均方向，作用点取渗流面积 A 的形心处。根据作用点和作用方向即可确定渗透力 J_i 对圆心的力臂 d_i。通常不考虑渗透力所产生的抗滑作用，而仅考虑其滑动作用。因此，以土骨架为隔离体的瑞典条分法计算土坡稳定性系数的表达式为

$$F_s=\frac{\sum(c'l_i+W_i\cos\theta_i\tan\varphi')}{\sum W_i\sin\theta_i+\sum J_id_i/R}=\frac{\sum[c'l_i+(\gamma h_{1i}+\gamma'h_{2i}+\gamma'h_{3i})b_i\cos\theta_i\tan\varphi']}{\sum(\gamma h_{1i}+\gamma'h_{2i}+\gamma'h_{3i})b_i\sin\theta_i+\sum J_id_i/R}$$

$$(8-51)$$

由于隔离体的取法不同，利用瑞典条分法计算土坡稳定性系数的表达式形式不一样，但都是有效应力法，计算结果应很接近。由于取土骨架为隔离体的方法需要精确地绘制流网来计算渗流力，计算较为烦琐，故在工程设计中较少应用。

第六节　土坡稳定性的影响因素及防治措施

一、影响土坡稳定性的因素

影响土坡稳定的因素很多，大体上可以分为内部因素和外部因素两大部分。

1. 影响土坡稳定的内部因素

(1) 土的性质。土的性质越好，土坡就越稳定。不同土质的抗剪强度是不一样的，如湿陷性黄土，遇水后结构破坏，强度会发生骤降。

(2) 土坡的坡角。坡角越小越安全（但不经济）；坡角越大越经济（但不安全）。

(3) 土坡的坡高。试验研究表明，其他条件相同的土坡，坡高越小，土坡越稳定。

2. 影响土坡稳定的外部因素

(1) 土坡的渗透性。由于持续的降雨或地下水的渗入，会使土中含水量增高，土中易溶盐溶解，土质变软，强度降低；渗透还会使土的重度增加，以及产生孔隙水压力，促使土体失稳，故在设计土坡时应针对这个情况，采取相应的排水措施。

(2) 振动的作用。在强烈地震、打桩、工程爆破和车辆振动等情况下，砂土极易发生液化，这会使土的强度降低，对土坡稳定性产生不利影响；而对于黏性土，振动时易使土的结构破坏，从而降低土的抗剪强度。

(3) 人为影响。由于人类不合理地开挖，特别是开挖坡脚；或开挖基坑、沟渠、道路边坡时将弃土堆在坡顶附近；在土坡上建房或堆放重物时，都可能引起土坡发生滑坡。

二、土体抗剪强度指标的选择

土坡稳定性分析成果的可靠性受土体抗剪强度指标的选择影响很大。对任一给定的土体而言，不同试验方法测定的土体抗剪强度应用于土坡稳定性分析时，其稳定性系数变化幅度远超过不同计算方法之间的结果差异，尤其是对软黏土边坡。因此，在测定抗剪强度指标时，原则上应使试验的模拟条件尽量符合现场土体的实际受力和排水条件，保证试验指标具有一定的代表性。对于控制土坡稳定的各个时期，可按表 8-7 选取不同的试验方法和测定结果。

表 8 - 7　　　　　　　　　　　　　土坡稳定性计算时抗剪强度指标的选用

控制稳定情况	强度计算法方法	土类		仪器	试验方法	采用的强度指标	试样初始状态
正常施工	有效应力法	无黏性土		直剪	慢剪	c'、φ'	填土用填筑含水率和填筑密度，地基用原状土
				三轴	排水剪		
		粉土、黏性土	饱和度小于等于80%	直剪	慢剪		
				三轴	不排水剪测定孔隙水压力		
			饱和度大于80%	直剪	慢剪	c_{cu}、φ_{cu}	
				三轴	固结不排水剪测定孔隙水压力		
快速施工	总应力法	粉土、黏性土	渗透系数小于10^{-7} cm/s	直剪	快剪	c_u、φ_u	
			任何渗透系数	三轴	不排水剪		
长期稳定渗流	有效应力法	无黏性土		直剪	慢剪	c'、φ'	同上，但要预先饱和
				三轴	排水剪		
		粉土、黏性土		直剪	慢剪	c_{cu}、φ_{cu}	
				三轴	固结不排水剪测定孔隙水压力		

三、土坡滑动破坏的防治措施

防治滑坡应当贯彻早期发现，预防为主；查明情况，对症下药；综合整治，有主有从；治早治小，贵在及时；力求根治，以防后患；因地制宜，就地取材；安全经济，正确施工的原则。防治滑坡的措施和方法有以下几种。

1. 避让

选择场址时，通过搜集资料、调查访问和现场踏勘，查明是否有滑坡存在，并对场址的整体稳定性作出判断，对场址有直接危害的大、中型滑坡应避开为宜。

2. 减少水对滑坡的危害

"水"是促使滑坡发生和发展的主要因素，应尽早消除或减轻地表水和地下水对滑坡的危害，其方法有：

(1) 截。在滑坡体可能发展的边界 5m 以外的稳定地段设置环形截水沟（或盲沟），以拦截和旁引滑坡范围外的地表水和地下水，使之不进入滑坡区

(2) 排。在滑坡区内充分利用自然沟谷，布置成树枝状排水系统，或修筑盲洞、支撑盲沟和布置垂直孔群及水平孔群等排除滑坡范围内的地表水和地下水。

(3) 护。在滑坡体上种植草皮或在滑坡上游严重冲刷地段修筑"丁"坝，改变水流流向和在滑坡前线抛石、铺石笼等以防地表水对滑坡坡面的冲刷或河水对滑坡坡脚的冲刷。

(4) 填。用黏土填塞滑坡体上的裂缝，防止地表水渗入滑坡体内。

3. 改善滑坡体力学条件，增大抗滑力

(1) 减与压。对于滑床上陡下缓、滑体头重脚轻的或推移式滑坡，可在滑坡上部的主滑

地段减重或在前部的抗滑地段增加压重，以达到滑体的力学平衡。对于小型滑坡可采取全部清除。

（2）挡。设置支挡结构（如抗滑挡墙、抗滑桩等）以支挡滑坡体或把滑坡土体锚固在稳定地层上。由于采用挡的措施即能够比较少地扰动滑坡土体，又有效地改善滑体的力学平衡条件，故"挡"是目前用来稳定滑坡的有效措施之一。

4. 改善滑带土的性质

采用焙烧法、灌浆法、孔底爆破灌注混凝土法，以及砂井、砂桩、电渗排水、电化学加固等措施，改变滑带土的性质，以提高其强度指标，以增强滑坡的稳定性。

思 考 题

8-1　影响土坡稳定的因素有哪些？

8-2　无黏性土坡的稳定条件是什么？何为无黏性土坡的自然休止角？

8-3　土坡圆弧滑动面的整体稳定性分析原理是什么？如何确定最危险圆弧滑动面？

8-4　试比较土坡稳定性分析的瑞典条分法、毕肖普条分法和简布法的异同点。

8-5　分析土坡稳定性时，应如何根据工程情况选取土体的抗剪强度指标？

习 题

8-1　某无限长土坡与水平面成 α 角，土的重度 $\gamma=19\text{kN/m}^3$，土与基岩接触面的抗剪强度指标 $c=0$，$\varphi=30°$。求稳定性系数为 1.2 时的 α 角是多大？

8-2　某砂砾土坡，其饱和重度 $\gamma=19\text{kN/m}^3$，内摩擦角 $\varphi=32°$，坡比为 1：3. 试问在干坡或完全浸水时，其稳定性系数为多少？又问当有顺坡水流时土坡还能保持稳定吗？若坡比改为 1：4，其稳定性如何？

8-3　已知某挖方土坡，土的物理力学性质指标为 $\gamma=18.9\text{kN/m}^3$，$\varphi=10°$，$c=12\text{kPa}$，若稳定性系数 $F_s=1.5$，试问：

（1）将坡角做成 $\beta=60°$ 时边坡的最大高度是多少？

（2）若挖方的开挖高度为 4m，坡角最大能做成多大？

8-4　一均质黏土土坡，高 15m，坡比为 1：2，填土重度 $\gamma=19\text{kN/m}^3$，$\varphi=8°$，$c=40\text{kPa}$。使用简化毕肖普条分法计算土坡的稳定性系数。

8-5　土坡外形尺寸与习题 8-4 相同。设土体 $c'=10\text{kPa}$，$\varphi'=36°$，$\gamma=18\text{kN/m}^3$，土条底面上的孔隙水压力 u_i 可用 $\gamma h_i \bar{B}$ 求出，其中 h_i 为土条中心高度，$\bar{B}$ 为土条的平均孔隙水压力系数，取 0.60。试用简化毕肖普条分法计算该土坡的稳定性系数。

参 考 文 献

[1] 河海大学土力学编写组. 土力学 [M]. 3 版. 北京：高等教育出版社，2019.

[2] 李广信，张丙印，于玉贞. 土力学 [M]. 2 版. 北京：清华大学出版社，2017.

[3] 赵树德，廖红建. 土力学 [M]. 2 版. 北京：高等教育出版社，2010.

[4] 唐大雄，刘佑荣，张文殊，等. 工程岩土学 [M]. 2 版. 北京：地质出版社，1999.

[5] 陈希哲. 土力学地基基础 [M]. 5 版. 北京：清华大学出版社，2013.

[6] 刘松玉. 土力学 [M]. 5 版. 北京：中国建筑工业出版社，2020.

[7] 林斌. 土力学 [M]. 北京：中国电力出版社，2017.

[8] 赵成刚，白冰. 土力学原理 [M]. 2 版. 北京：清华大学出版社，北京交通大学出版社，2017.

[9] 陈国兴，樊良本，陈甦. 土质学与土力学 [M]. 2 版. 北京：水利水电出版社，2006.

[10] 殷宗泽. 土工原理 [M]. 北京：中国水利水电出版社，2007.

[11] 姚仰平. 土力学 [M]. 北京：高等教育出版社，2016.

[12] 李栋伟，崔树琴. 土力学 [M]. 武汉：武汉大学出版社，2015.

[13] 陈仲颐，周景星，王洪谨. 土力学 [M]. 北京：清华大学出版社，1994.

[14] 洪毓康. 土质学与土力学 [M]. 北京：人民交通出版社，1995.

[15] Braja M. Das. Advanced Soil Mechanics [M]. Fifth Edition. CRC Press，2019.

[16] Braja M. Das, Khaled Sobhan. Principles of Geotechnical Engineering [M]. Ninth Edition. Boston：Cengage Learning，2016.

[17] Karl Terzaghi, Ralph B. Peck, Gholamreza Mesri. Soil Mechanics in Engineering Practice [M]. Third Edition. New York：John Wiley & Sons, Inc. ，1996.

[18] James K. Mitchell, Kenichi Soga. Fundamentals of Soil Behavior [M]. Third Edition. New York：John Wiley & Sons, Inc. ，2005.

[19] 李广信. 岩土工程 50 讲 [M]. 2 版. 北京：人民交通出版社，2010.

[20] 沈扬. 土力学原理十记 [M]. 2 版. 北京：中国建筑工业出版社，2021.

[21] 中华人民共和国住房和城乡建设部. 建筑地基基础设计规范：GB 50007—2011 [S]. 北京：中国建筑工业出版社，2011.

[22] 中华人民共和国建设部. 岩土工程勘察规范（2009 年版）：GB 50021—2001 [S]. 北京：中国建筑工业出版社，2009.

[23] 中华人民共和国住房和城乡建设部. 土工试验方法标准：GB/T 50123—2019 [S]. 北京：中国计划出版社，2019.

[24] 中华人民共和国建设部. 土的工程分类标准：GB/T 50145—2007 [S]. 北京：中国计划出版社，2008.

[25] 中华人民共和国水利部. 碾压式土石坝设计规范：SL 274—2020 [S]. 北京：中国水利水电出版社，2020.

[26] 中华人民共和国水利部. 水利水电工程地质勘察规范（2022 年版）：GB 50487—2008 [S]. 北京：中国计划出版社，2022.

[27] 国家能源局. 水电工程水工建筑物抗震设计规范：NB 35047—2015 [S]. 北京：中国电力出版社，2015.

[28] 《工程地质手册》编委会. 工程地质手册 [M]. 5 版. 北京：中国建筑工业出版社，2018.